Matthias Mehner

# Messenger Marketing

## Wie Unternehmen WhatsApp & Co erfolgreich für Kommunikation und Kundenservice nutzen

Matthias Mehner
MessengerPeople GmbH
München, Deutschland

ISBN 978-3-658-26059-0      ISBN 978-3-658-26060-6   (eBook)
https://doi.org/10.1007/978-3-658-26060-6

Die Deutsche Nationalbibliothek verzeichnet diese Publikation in der Deutschen Nationalbibliografie; detaillierte bibliografische Daten sind im Internet über http://dnb.d-nb.de abrufbar.

Springer Gabler
© Springer Fachmedien Wiesbaden GmbH, ein Teil von Springer Nature 2019

Springer Gabler ist ein Imprint der eingetragenen Gesellschaft Springer Fachmedien Wiesbaden GmbH und ist ein Teil von Springer Nature
Die Anschrift der Gesellschaft ist: Abraham-Lincoln-Str. 46, 65189 Wiesbaden, Germany

# Vorwort

Dass ich mal ein Buch schreibe würde, damit hätte wohl niemand, der mich kennt (und ich selbst am wenigsten) gerechnet. Deutsch war in der Schule nie „mein" Fach und auch später habe ich lieber vor Publikum oder in eine Kamera gesprochen. Wenn ich aber eines in den ersten 40 Jahren meines Lebens gelernt habe, dann sicher das: dass Herausforderungen etwas extrem Motivierendes sind. Nur durch lebenslanges Lernen können wir uns an die stetigen Veränderungen nicht nur anpassen – sondern sie aktiv mitgestalten. *Change is Good* ist so etwas wie mein Mantra geworden. In Zeiten der Digitalisierung – aber auch des gesellschaftlichen, sozialen und globalen Wandels – ist eine positive Herangehensweise an Veränderungen meiner Meinung nach die wichtigste Voraussetzung für Erfolg und Erfüllung.

Als ich im Sommer 2017 meinen gut bezahlten und prominenten Job bei einem großen Konzern kündigte, um für ein (damals noch 17-Köpfiges) Start-up zu arbeiten, hielten mich nicht Wenige für verrückt. Die acht Jahre davor beschäftigte ich mich sehr stark mit dem Thema Social Media, das mittlerweile fester Bestandteil jedes vernünftigen Media-Mixes und jeder crossmedialen Kommunikationsstrategie ist. Ich bin quasi mit Social Media erwachsen geworden – zumindest, was das Thema „digitale Kommunikation" angeht.

Dabei habe ich in der Folge das Marketing zahlreicher größerer, aber auch kleinerer Marken auf den diversesten Social-Media-Kanälen verantwortet. Am prägendsten davon waren sicher die fünf Jahre bei der ProSiebenSat.1 Media AG als Head of Social Media. Wir waren auf Facebook – aber auch auf Kanälen wie Twitter, YouTube, Snapchat oder Instagram recht erfolgreich und das Thema entwickelte sich mehr und mehr zum wichtigsten Faktor für das Medienhaus. Strategisch stand dabei immer die Frage im Raum „Was kommt nach Social Media"?

Bereits 2015 begannen wir mit ersten Tests auf WhatsApp – damals in Form eines exklusiven Gruppen-Chats mit „The Voice of Germany"-Kandidaten, für den man per Gewinnspiel eine Einladung erhielt. Mit MessengerPeople (damals hieß das Unternehmen noch WhatsBroadcast) fanden wir dann einen Technologie-Partner, über den wir unsere Fans zuverlässig mit WhatsApp-Newslettern informieren und unterhalten konnten. Und das Ergebnis lag bereits am ersten Tag weit über meinen Erwartungen!

Der Live Faktor von WhatsApp bot für uns als linearen TV-Sender einen enormen Mehrwert. Ich habe mir später die wichtigsten Kennzahlen genauer angeschaut und da stand für mich fest: Nach Social Media wird Messenger Marketing die nächste große Ära!

Wie schon früher wollte ich alles darüber lernen und ausprobieren. Daher kam für mich nur ein radikaler Schnitt in Frage. Raus aus dem Konzern und weg von Social Media – rein in ein Start-up und 120 % Vollgas für das Thema Messenger.

Heute, gut 2 Jahre später, habe ich diesen Schritt nicht einen Tag bereut. Meine Lernkurve war extrem steil und die Herausforderungen nicht zu knapp. Ich habe in der Zeit mehr als 800 Messenger-Kampagnen analysiert, über 100 Vorträge gehalten und zig Gastbeiträge für so ziemlich alle Medien geschrieben.

Und nun also ein Buch? Mir ist bewusst, dass gerade die Entwicklung der Messenger-Welt für Unternehmen so rasant ist, dass einige Dinge zum Zeitpunkt der Veröffentlichung schon nicht mehr aktuell sein werden. Dennoch wollte ich nicht zu strategisch und theoretisch werden. Ich denke, am besten lernt man immer noch von der Praxis.

In diesem Buch geht es primär darum, Marketing- und anderen Kommunikationsverantwortlichen praxisnah aufzuzeigen, weshalb und wie sich Messenger-Apps in der externen Kommunikation eines Unternehmens mit Kunden, Zuschauern, Fans oder Mitgliedern erfolgreich einsetzen lassen. Daher wird in diesem Kontext auf Aspekte, wie Messenger-Lösungen für die Kommunikation innerhalb einer Organisation eingesetzt werden können (Threema Work, Facebook Workplace, QQ Enterprise, Skype for Business, Microsoft Teams u. a.), nur am Rande eingegangen. Vielleicht wünscht sich der ein oder andere Leser noch mehr wissenschaftlichen Fakten in einem Fachbuch. Für ein Thema, dass noch keine drei Jahre alt ist, stehen jedoch noch nicht viele Studien zur Verfügung. Außerdem bin ich ein Fan der Praxis. „Build – Measure – Learn" heißt das im Start-up-Jargon und bedeutet so viel wie, „Mach' es, schau', ob es funktioniert und lerne daraus."

Ich hoffe, dass auch Sie als Leser einiges durch dieses Buch lernen werden, bestenfalls ein paar Ideen für den Einsatz in Ihrem Unternehmen dabei herauskommen und der Funke der Begeisterung, den ich für dieses neue Form der Kommunikation habe, überspringen wird.

Matthias Mehner

# Danksagung

Bedanken möchte ich mich in erster Linie bei meinen Eltern und Geschwistern, die mich immer dazu ermutigt haben, neue Dinge einfach auszuprobieren und keine Angst vor Veränderung zu haben.

Franz Buchenberger, CEO der MessengerPeople GmbH, habe ich zu verdanken, dass er mir dieses Job und damit den Schlüssel zu extrem viel Wissen gegeben hat. Außerdem gilt ein ganz herzlicher Dank meinem Team, besonders Katharina Kremming, Sören Purz und Patrick Kügle, ohne die dieses Buch wohl immer noch auf meiner Wunschliste stehen würde. Auch meinen zwei Gastautoren Stephan Schreyer und Dr. Carsten Ulbricht gilt mein Dank. Ihre Expertise bei Strategie und Recht komplettiert dieses Werk hervorragend und macht es zu einer runden Sache, wie ich finde.

Last but not least „een heel grote kus" für meine Frau Judith, die mir den Rücken freihält, um so verrückte Dinge zu tun, wie ein Buch zu schreiben. Deine Unterstützung und Liebe fühlen sich unendlich gut an.

# Inhaltsverzeichnis

# Über die Autoren

**Matthias Mehner** Matthias „Messenger Matze" Mehner ist als Speaker, Autor, Referent und Coach für digitale Kommunikation viel unterwegs. Nach einigen Jahren und in prominenten Unternehmen als Social Media Experte, hat er sich seit 2017 voll und ganz dem Thema Messenger Kommunikation verschrieben. Als CMO und Mitglied des Management Boards beim Software Spezialisten „MessengerPeople" hat er dabei Einblick in die Praxis von über 2000 Unternehmen und Kampagnen. Aus diesen Erfahrungen entwickelt er ständig neue Strategien, Methoden sowie Guidelines für den erfolgreichen und professionellen Umgang mit Messenger Apps. Mehner hat Lehraufträge an verschiedenen Akademien und schreibt eine wöchentliche Kolumne im LEAD Digital Magazin.

## Mit Gastbeiträgen von

**Stephan Schreyer** berät Unternehmen, Verbände und Kommunen zu strategischer Kommunikation. Dabei liegt sein Fokus besonders auf den Themen Digitalisierung, Audio und Messenger. Seine Expertise vermittelt er auch als Dozent und Autor. Das Buch des Audioexperten „Podcasts in der Unternehmenskommunikation" erscheint 2019 im Springer-Gabler Verlag. Stephan Schreyer entwickelte bereits mehrere eigene Audio- und Bewegtbildformate – u. a. „Bankhofer's 60 s Gesundheit" mit dem Medizinjournalisten Hademar Bankhofer oder „Unterhaltung ungeschminkt" mit ZDF-Moderator Achim Winter.

**RA Dr. Carsten Ulbricht** ist Rechtsanwalt und Partner bei der Stuttgarter Kanzlei Menold Bezler. Rechtsanwalt Ulbricht berät vor allem bei IT-, internet- und datenschutzrechtlichen Fragen. Dabei unterstützt er Unternehmen vor allem im Bereich Internet, Mobile und Social Media, aber auch bei der Digitalen Transformation der unternehmensinternen Prozesse oder des Geschäftsmodells. Zu entsprechenden Themen bloggt er seit 2007 unter www.rechtzweinull.de.

# Einleitung

**1**

**Zusammenfassung**

Messenger Apps wie WhatsApp, Facebook Messenger oder WeChat haben die Art der Kommunikation in den letzten Jahren grundlegend verändert! Besonders im privaten Umfeld sind sie längst beliebter als Facebook oder E-Mail. Welches Potential, welche Chancen und Risiken halten sie aber für Unternehmen bereit? Sind Messenger schon die logische nächste Stufe im Marketing oder nur eine modernere Form von E-Mail Newslettern? Warum Messenger das Potential zum echten Gamechanger der digitalen Kommunikation haben, besprechen wir in Kap. 1.

„Der Begriff „Messenger" ist eigentlich viel zu klein für das, was dahintersteht: die wirkmächtigste, digitale Plattform, die wir heute kennen. Die Unterscheidung zwischen Text- und Stimm-Kommunikation ist dabei veraltet, es geht um die Niedrigschwelligkeit und die Möglichkeit, sowohl mit einzelnen Menschen, Menschengruppen und Maschinen zu interagieren" (Sascha Lobo, Autor, Vortragsredner, Internetexperte [7]).

Wer im Frühjahr 2018 als erster wissen wollte, von welcher Koalition die Bundesrepublik zukünftig regiert würde, musste WhatsApp auf seinem Smartphone installiert haben. Nach monatelangem Ringen um eine neue Bundesregierung schrieb der SPD-Parteivorstand am 07. Februar 2018 um 10:37 Uhr LIVE aus den Koalitionsverhandlungen mit der Union: *„Müde. Aber zufrieden. Der Vertrag steht!"*.

Begleitet wurde die WhatsApp-Nachricht von einem Selfie des zufrieden, aber müde in die Kamera lächelnden SPD-Verhandlungsteams – bestehend aus Manuela Schwesig, Malu Dreyer, Martin Schulz, Andrea Nahles, Carsten Schneider, Olaf Scholz und Lars Klingbeil.

© Springer Fachmedien Wiesbaden GmbH, ein Teil von Springer Nature 2019    1
M. Mehner, *Messenger Marketing,* https://doi.org/10.1007/978-3-658-26060-6_1

**„Erster großer WhatsApp-Moment"**

Exklusive Empfänger der Message waren die rund 20.000 Abonnenten des SPD-eigenen WhatsApp-Channels. Erst mit zeitlicher Verzögerung wurde die Nachricht vom erfolgreichen Abschluss der Koalitionsverhandlungen auch von anderen Medien aufgegriffen – etwa auf den Websites von Stern, FOCUS, SPIEGEL und Co. bis hin zu Facebook und Twitter. Ein Screenshot der WhatsApp-Nachricht wurde sogar in den „tagesthemen" und der „tagesschau" ausgestrahlt [10] (Abb. 1.1).

Wenn die Notlandung eines Passagierflugzeugs im Hudson River vor New York 2009 der wahrscheinlich stärkste Moment der Twitter-Historie war [3] – dann handelte es bei „GroKo"-Nachricht um einen der ersten großen „WhatsApp-Momente" in Deutschland: Er zeigte eindrucksvoll, welches Potenzial für erfolgreiche Kommunikation in dem grünen Messenger steckt.

**Messenger revolutionieren die Kommunikation**

Seit der Erfindung des Buchdrucks gibt es kein Medium, das die Art und Weise, wie Menschen miteinander kommunizieren, grundlegender revolutioniert hat

**Abb. 1.1** WhatsApp first! Der Abschluss der GroKo-Verhandlungen wurde zuerst über Messenger verkündet. (Quelle: Tagesschau.de [10])

als der Aufstieg der so genannten „Messenger-Apps". WhatsApp, Facebook Messenger, Telegram, Viber und Co. verändern nicht nur die *Funktion* der Kommunikation – sondern auch deren *Form.*

Statt dem (rein funktionalen) Austausch von Informationen in Textform – etwa via Brief, Fax, E-Mail oder Telefonat – gewinnt gerade auch im Business-Kontext die Übertragung von Emotionen via Messenger zunehmd an Bedeutung. Die bevorzugte Sprache ist dabei *visuell – und somit: universell* [5].

Einer weltweiten Studie zufolge haben 56 % der befragten Messenger-Nutzer bereits einmal eine Nachricht gesendet, die nur aus Emojis besteht [8]. So können Emojis im Kundenservice (vgl. Abschn. 7.2) Unternehmen dabei helfen, den „Grundtenor" für eine Konversation festzulegen und den Kundeninteraktionen die benötigten Emotionen und Empathie zu verleihen.

Dem entsprechend gibt es kaum eine geschäftliche WhatsApp-Nachricht, die ohne einen der beliebten „Emojis" auskommt: ein nachdenklicher Smiley, ein kurzes „Daumen hoch!" oder ein Lächeln … Durchschnittlich drei bis fünf Emojis verwenden bundesdeutsche Unternehmen in der Messenger-Kommunikation mit ihren Kunden [6].

Auch die Form der Kommunikation hat sich geändert: War es noch vor wenigen Jahren für die meisten Marken undenkbar, einen Kunden mit „Du" anzureden, so sind es mittlerweile 95 % (!) der Unternehmen, welche die Empfänger ihrer Messages „duzen" – und sich damit im Kundenkontakt a priori auf einer sehr persönlichen Ebene bewegen [6].

Hinzu kommt: Die verbale Kommunikation via WhatsApp und Co. fällt deutlich knapper und prägnanter aus als auf anderen, mittlerweile fast schon „klassisch" zu nennenden Kanälen der Kundenansprache: Eine erfolgreiche Marketing-WhatsApp umfasst größtenteils nicht mehr als 15 Wörter. Mit weiterführenden Sprachnachrichten, Videos, Links und Bildern bietet Messenger Marketing vielfältige ergänzende Möglichkeiten, den Kunden zu informieren und ihn in seiner Customer Journey erfolgreich zu unterstützen (vgl. Kap. 6).

**Vier Gründe für die Relevanz von Messengern**
Der erfolgreiche Aufstieg der Messenger-Apps im privaten wie im geschäftlichen Kontext sowie die zunehmende strategische Bedeutung des Business-Messagings für Marketing und Kundenservice lässt sich im Wesentlichen auf vier Faktoren zurückführen:

a) **effektive Zielgruppen-Ansprache:** Das Umfeld für PR- und Marketingverantwortliche in der erfolgreichen Ansprache ihrer Zielgruppen ist zunehmend fragmentierter geworden. Algorithmen filtern die Beiträge von Unternehmen

aus der Social-Media-Timeline, Tageszeitungen leiden unter teilweise drasti-
schen Auflageneinbrüchen, die überbordende Informationsflut des Internets
macht es den Kunden zunehmend schwer, Wesentliches vom Unwesentlichen
zu unterscheiden.

Hier bieten Messenger-Apps neue Sicherheit und Verlässlichkeit: Unternehmen erreichen mit ihren Nachrichten nur diejenigen Abonnenten, die sich
tatsächlich auch für die Inhalte interessieren. Und das bei absoluter Verlässlichkeit in der Zustellung: Im Gegensatz zu Social Media oder klassischer
Werbung haben Messenger eine Distributionsrate von rund 100 %. Das heißt,
eine WhatsApp-Nachricht erreicht alle Empfänger in Echtzeit („Real-Time").

b) **Messenger sind „Volksphänomen":** Die Nutzung von Messenger Apps
nimmt seit Jahren konstant zu. Dabei handelt es sich um einen weltweiten
Trend, der nicht nur alle gesellschaftlichen Schichten, sondern auch *alle
Altersgruppen* umfasst. Rund 90 % der Internetnutzer in Deutschland verwenden Messenger, 81 % davon nutzen WhatsApp (vgl. Kap. 3). Bereits mehr
als zwei Drittel der Über-65-Jährigen (70 %) setzen in der Kommunikation
mit Freunden, Verwandten und Kollegen auf die grüne Messenger-App aus
dem Facebook-Konzern [2].

Global betrachtet, verzeichnen die weltweit führenden Messenger-Apps bereits
seit 2015 insgesamt mehr aktive Nutzer als die größten Social Networks – und
konnten diesen Abstand bis heute konstant ausbauen (vgl. Kap. 2) [1].

c) **Überdurchschnittliche Erfolgsquoten:** In allen relevanten Leistungskenn-
zahlen (engl. Key Performance Indicator, KPI) übertreffen Messenger-Apps
bislang dominierende Marketing-Kanäle wie E-Mail-Marketing oder Social-
Media-Anzeigen. *Rund 90 % der über Messenger verschickten Nachrichten
eines Unternehmens werden innerhalb der ersten 15 Min gelesen.* Zum Vergleich: Marketing-E-Mails erzielen eine durchschnittliche Öffnungsrate von
ca. 30 %, Social-Media-Anzeigen erreichen im Schnitt etwa 8 %.

Über alle Branchen gemittelt, liegen die durchschnittlichen Klickraten (Click
Through Rate, CTR) von Messenger-News bei rund 30 %. Gerade im E-Com-
merce-Segment, das mit besonderen Angeboten CTRs von über 80 % erzielt,
zählen Messenger mittlerweile zu den erfolgreichsten Marketingkanälen (vgl.
Kap. 7) [9].

d) **Service via Messenger wird vom Kunden gewünscht:** Auch die Kunden
erwarten zunehmend Service und Beratung via Messenger. Laut der You-
Gov-Studie „WhatsApp im Kundenkontakt" findet jeder dritte WhatsApp-Nut-
zer die Kommunikation mit Institutionen und Unternehmen via WhatsApp,
Facebook Messenger und Co. deutlich angenehmer als die klassischen
Kontaktwege wie E-Mail, Post oder Hotline [11].

Zu einem ähnlichen Fazit kommt auch die „MessengerPeople Studie 2018"
[12]. Im Rahmen der repräsentativen Erhebung wurden 2000 Deutsche zu
ihrer Messenger-Nutzung befragt. Demnach ist Kundenservice via Messenger
über drei Mal mehr gefragt als über Social Media – und doppelt so beliebt wie
die Möglichkeit des Live-Chats auf einer Website. WhatsApp und Co. überzeugen dabei besonders durch den Wegfall der Warteschleife, die Unabhängigkeit von Öffnungszeiten und die Möglichkeit, Informationen in Form von
Text, Bild, Video oder Sprache erhalten zu können (Abb. 1.2).

Wer als Unternehmen heute mit seinen Kunden via Messenger kommuniziert
und es dabei versteht, nutzwertige, spezifisch auf diesen Kanal zugeschnittene
Information und Support zu bieten, erarbeitet sich somit nicht nur einen Markt-
vorteil, sondern liefert zugleich Customer Service nach den Wünschen und
Bedürfnissen seiner Kunden (vgl. Kap. 9). Dabei lassen sich Messenger perfekt
einbetten in die Marketingstrategie eines Unternehmens, indem sie an sämtlichen Touchpoints der Customer Journey einen relevanten Mehrwert bieten können (vgl. Kap. 6).

**Rechtssicher und datenschutzkonform**
Um Messenger erfolgreich in der Praxis einzusetzen (vgl. Kap. 10), ist meist
weniger Aufwand nötig, als von Systemadministratoren und Marketingleitern
häufig befürchtet: Dabei gibt es für (nahezu) jede Anforderung die richtige
Lösung – vom kleinen Ein-Personen-Betrieb bis hin zum großen Global Player.

Dank spezieller Schnittstellen (Application Programming Interface, API) lassen sich Messenger-Tools wie die WhatsApp Business API auch in die technische Infra- und Kommunikationsstruktur eines Unternehmens – beispielsweise in
bereits bestehende CMR-oder Accounting-Programme – integrieren (vgl. Kap. 11).

Mit Inkrafttreten der „Datenschutzgrundverordnung" (DSGVO) im Mai 2018
ist auch das Interesse an einem datenschutzkonformen Umgang mit Messengern
gestiegen: In Kap. 5 verrät der IT-Experte und Rechtsanwalt Dr. Carsten Ulbricht,
Autor des Blogs „Recht 2.0", was Unternehmen und sonstige Organisationen
beachten müssen, um Messenger in Marketing und Kundenservice rechtssicher
einsetzen zu können. Dabei gibt Ulbricht eine klare „Entwarnung" für alle, die
wegen Datenschutzbedenken bislang den Einsatz von WhatsApp und anderen
Messengern verzichtet haben.

**Messenger & Chatbots: Nützliche Helfer im Kundenservice**
Messenger sind für den schnellen Austausch entwickelt worden. So wird der
Messenger von den Anwendern genutzt – und geliebt. Im Gegensatz zu Hotlines

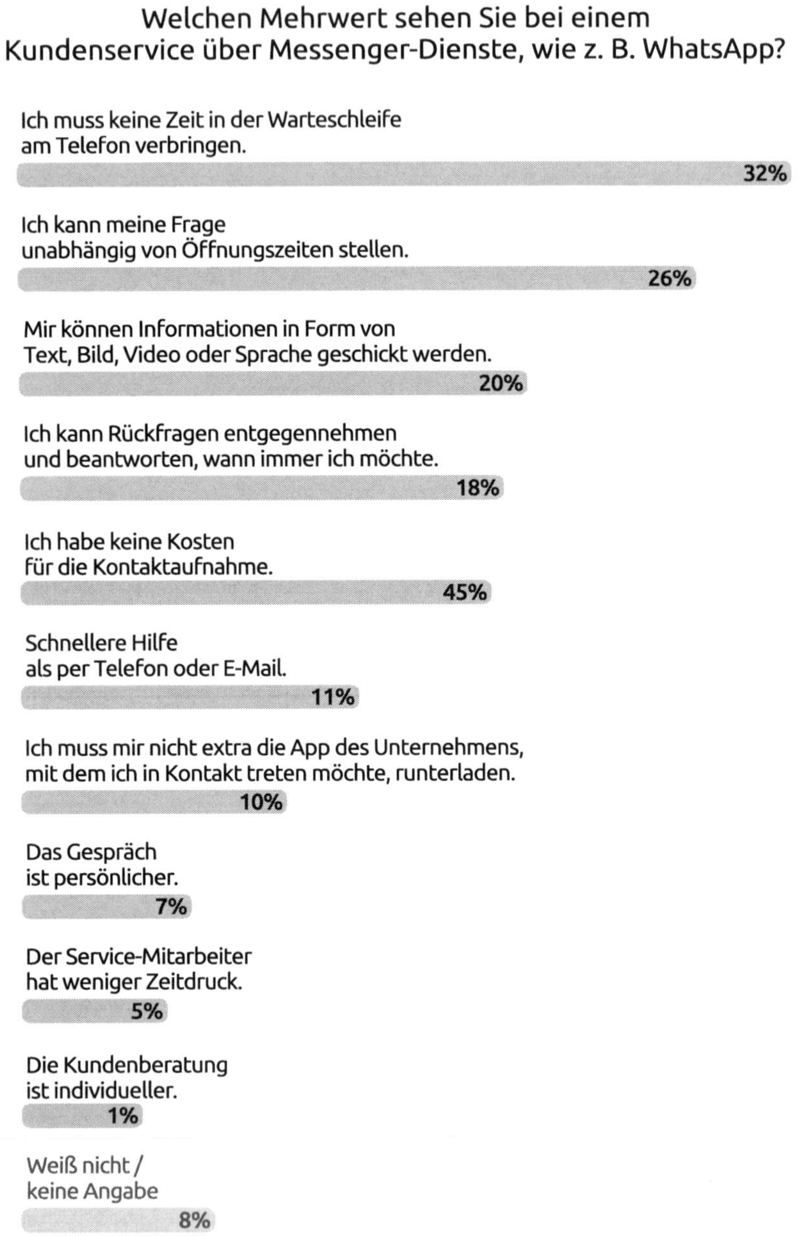

## Welchen Mehrwert sehen Sie bei einem
## Kundenservice über Messenger-Dienste, wie z. B. WhatsApp?

Ich muss keine Zeit in der Warteschleife
am Telefon verbringen.

32%

Ich kann meine Frage
unabhängig von Öffnungszeiten stellen.

26%

Mir können Informationen in Form von
Text, Bild, Video oder Sprache geschickt werden.

20%

Ich kann Rückfragen entgegennehmen
und beantworten, wann immer ich möchte.

18%

Ich habe keine Kosten
für die Kontaktaufnahme.

45%

Schnellere Hilfe
als per Telefon oder E-Mail.

11%

Ich muss mir nicht extra die App des Unternehmens,
mit dem ich in Kontakt treten möchte, runterladen.

10%

Das Gespräch
ist persönlicher.

7%

Der Service-Mitarbeiter
hat weniger Zeitdruck.

5%

Die Kundenberatung
ist individueller.

1%

Weiß nicht /
keine Angabe

8%

**Abb. 1.2** Messenger im Kundenservice: Knapp die Hälfte der Bundesbürger freut sich über Support ohne Warteschleife. (Quelle: YouGov/MessengerPeople 2018 [12])

und E-Mail erwarten Kunden über Messenger eine schnelle und zielgerichtete Kommunikation. In diesem Kontext können Chatbots dabei helfen, sich wiederholende Anfragen im Kundenservice umgehend zu beantworten – und sparen dem Unternehmen damit nicht nur personelle und zeitliche Ressourcen, sondern erhöhen bei richtiger Umsetzung auch die Kundenzufriedenheit.

Geldautomaten, an denen sich rund um die Uhr abheben lässt, belegen greifbar, dass die Automatisierung wichtiger Dienst- und Kommunikationsleistungen bereits heute einen festen Bestandteil unseres Wirtschaftssystems darstellt. Deshalb wird in einem Exkurs erklärt, wie sich Chatbots auf Messenger-Basis zielgerichtet und erfolgreich von Unternehmen einsetzen lassen – und welche Best Cases aus der Praxis es bereits heute gibt (Kap. 8).

### Messenger: „Lagerfeuer des 21. Jahrhundert"

Prinzipiell zeichnen sich Messenger-Kanäle durch eine besondere, *sehr persönliche* Kommunikationsebene aus. Im Gegensatz zu den (Teil-) Öffenlichkeiten der Social-Media-Ära findet Messenger-Kommunikation in geschlossenen, digitalen Kanälen statt. Sie sind damit „das Lagerfeuer des 21. Jahrhunderts", wie Gastautor Stephan Schreyer, Berater für digitale und strategische Kommunikation, in Kap. 4 beschreibt. Damit liegen Messenger-Apps genau im soziokulturellen Trend des Rückzugs in die private Geborgenheit: Sie sind nach Jahren der Reizüberflutung im Internet deutliche Anzeichen eines *digital cocooning*.

Ein Unternehmen, das seine Kunden via WhatsApp und Co. kontaktiert, bewegt sich im direkten Umfeld von Bekannten, Verwandten, Freunden und Kollegen. Entsprechend hoch priorisieren Empfänger die Informationen, die sie auf diesem Weg von einem Unternehmen erhalten.

### Dialog statt Werbung: Messenger werden zentrale Schnittstelle

Über den professionellen Einsatz von Messengern in Marketing und Kundenservice lässt sich eine Kundennähe aufbauen, die über andere (On- wie Offline-) Medien nicht gegeben ist. Das zeigen auch die Ergebnisse des „Trust Barometer" 2018 der Kommunikationsagentur Edelman [4]. Eine der Kernaussagen daraus ist, dass die Teilnehmer der Erhebung einen Dialog als wesentlich überzeugender einstuften als klassische Werbung nach dem 1:n-Prinzip. Insofern kann 1:1-Kommunikation via Messenger auch als ein wesentlicher Erfolgsfaktor für die Entstehung einer emotionalen Markenbindung betrachtet werden.

### „Das Beste aus zwei Welten"

WhatsApp und Co. führen die Beziehung zwischen Kunde und Unternehmen wieder zurück in den Dialog (vergleichbar dem Einkaufserlebnis von „früher") und bringen „das Beste aus zwei Welten" zusammen: Sie verbinden die Möglichkeit der individuellen und persönlichen Beratung eines Offline-Shops mit der Geschwindigkeit, Bequemlichkeit und Unabhängigkeit der digitalen Kommunikation.

Bereits kurz- bis mittelfristig wird sich Messenger-Kommunikation dadurch zur zentralen Schnittstelle im Unternehmensalltag entwickeln: für das Customer-Relationship-Management (CRM) ebenso wie für das (digitale) Marketing. Der Kunde ist dazu bereit. Nun liegt es an den Unternehmen, WhatsApp und Co. richtig einzusetzen – um dafür mit hoher Loyalität und guter Konversion „belohnt" zu werden.

## Literatur

1. Business Insider Deutschland (2016): Messaging apps are now bigger than social networks. https://www.businessinsider.de/the-messaging-app-report-2015–11. Zugegriffen: 16.12.2018
2. Bitkom (2018): Neun von zehn Internetnutzern verwenden Messenger. https://www.bitkom.org/Presse/Presseinformation/Neun-von-zehn-Internetnutzern-verwenden-Messenger.html. Zugegriffen: 17.12.2018
3. Dettweiler, Marco (2009). „Da ist ein Flugzeug im Hudson. Verrückt.". FAZ.net. https://www.faz.net/aktuell/technik-motor/digital/die-notlandung-bei-twitter-da-ist-ein-flugzeug-im-hudson-verrueckt-1752682.html. Zugegriffen: 12.12.2018
4. Edelman (2018): TRUST BAROMETER SPECIAL REPORT UNCOVERS NEW CONCERN ABOUT LONGSTANDING MARKETING PRACTICES. https://www.edelman.com/news-awards/trust-barometer-special-report-uncovers-new-concern-about-longstanding-marketing. Zugegriffen: 16.12.2018
5. Hansmann, Friederike (2018): 7 Hacks für Content Marketing auf WhatsApp und Co.. Statista.de. https://de.statista.com/infografik/16335/content-marketing-messenger-dienste/. Zugegriffen: 18.12.2018
6. Laura Melchior (2018): 7 Tipps für erfolgreiches Content Marketing via Messenger. Internet World Business. https://www.internetworld.de/mobile/whatsapp/7-tipps-erfolgreiches-content-marketing-via-messenger-1660931.html. Zugegriffen: 13.12.2018
7. Lenz Johannes (2018): Messenger Kommunikation: 18 Kundenservice- und Digitalexperten über die Trends 2019. MessengerPeople.com. https://www.messengerpeople.com/de/messenger-kommunikation-18-kundenservice-und-digitalexperten-trends-2019/. Zugegriffen: 13.01.2019
8. Messenger (2017): The Art of Communication. Messages that matter. Facebook Inc. https://fbnewsroomus.files.wordpress.com/2017/11/messagesthatmatter_editorial-2.pdf. Zugegriffen: 23.12.2018
9. MessengerPeople (2018): 8 Kennzahlen, auf die Du im Messenger Marketing achten solltest!. https://www.messengerpeople.com/de/8-kennzahlen-auf-die-du-im-messenger-marketing-achten-solltest. Zugegriffen: 17.12.2018
10. Tagesschau (2018): Der Koalitionsvertrag steht. Tagesschau.de. https://www.tagesschau.de/inland/groko-einigung-103.html. Zugegriffen: 25.11.2018

11. YouGov (2017): Jeder Fünfte hält Nutzung von WhatsApp in der Kommunikation mit Unternehmen für längst überfällig. https://yougov.de/news/2017/07/05/jeder-funfte-halt-nutzung-von-whatsapp-der-kommuni/. Zugegriffen: 17.12.2018

12. YouGov/MessengerPeople (2018): MessengerPeople Studie 2018: Exklusive Zahlen und Statistiken zur Messenger Kommunikation für Unternehmen. https://www.messengerpeople.com/de/studie2018/. Zugegriffen: 17.12.2018

# Die Welt der Messenger

**2**

**Zusammenfassung**

Messenger Apps gibt es viele und nicht erst seit heute. WhatsApp und der Facebook Messenger sind dabei die prominentesten und weltweit am erfolgreichsten. Aber besonders im Asiatischen Raum, haben sich viele regionale Player fest etabliert. Kap. 2 wirft einen Blick in die 10 wichtigsten Messenger der Welt und ihre Besonderheiten und Möglichkeiten für Unternehmen.

„Messaging is one of the few things people do more than social networking."

Dieses Zitat aus dem Jahr 2014 stammt von keinem anderen als dem Gründer des weltweit größten sozialen Netzwerks, Mark Zuckerberg [21]. Wenige Wochen zuvor hatte Facebook bekannt gegeben, dass es mit dem 22-Mrd.-US\$-Zukauf von WhatsApp den weltmarktführenden Anbieter für Messenger-Kommunikation übernommen hatte. Zugleich begründete Social-Media-Guru Zuckerberg mit dieser Aussage, weshalb die Chatfunktion seines sozialen Netzwerks zukünftig in eine eigenständige Anwendung ausgelagert wird. Damit verfügt der Facebook-Konzern bis heute über eine „grüne" (WhatsApp) und eine „blaue" Chat-Applikation – den Facebook Messenger, von Facebook selbst nur „Messenger" genannt.

Seit dieser „Akquisition der Superlative" (FAZ [34]) konnten Messenger-Apps wie WhatsApp, der Facebook Messenger, das chinesische WeChat, Telegram oder Viber ihren Siegeszug in allen Bereichen kontinuierlich fortsetzen – von der stetigen Erweiterung der integrierten Features und Funktionen bis hin zum Nutzerwachstum.

© Springer Fachmedien Wiesbaden GmbH, ein Teil von Springer Nature 2019
M. Mehner, *Messenger Marketing,* https://doi.org/10.1007/978-3-658-26060-6_2

**Messenger ersetzen SMS und Telefon**

Dabei handelt es sich bei „Instant Messaging" um eine Art Online-Chat, der Echtzeit-Übertragung von Text, Sprache und Dateien über das Internet ermöglicht. Mit der zunehmenden Verbreitung von Smartphones seit der Jahrtausendwende und der darauf folgenden Angebots- und Nachfragexplosion mobiler Anwendungen haben sich die (oft kostenlosen) Chat- und Social-Messenger-Apps als preiswerte Alternative zu den Netzbetreiber-basierten Kurznachrichten (SMS) erwiesen. Viele Messenger-Apps bieten darüber hinaus Funktionen wie Gruppenchats, den Austausch von Grafiken, Telefonie, Video- und sogar Audiomitteilungen sowie Sticker oder Emoticons.

Die zunehmende Nutzung von Messenger-Apps wirkt sich auch auf die etablierten Kommunikationskanäle aus: So befindet sich die „klassische" SMS seit 2013 auf einem steilen „Sinkflug". 2017 wurden 10 Mrd. SMS in Deutschland versendet – das entspricht einem Rückgang von rund 21 % gegenüber dem Vorjahr. 2012 waren es mit 59,8 Mrd. noch fast fünfmal so viele Kurznachrichten [8]. Zum Vergleich: Täglich werden auf WhatsApp weltweit rund 65 Mrd. Messages versendet (Abb. 2.1).

Auch das klassische Telefonat hat als Kommunikationskanal erhebliche Marktanteile an WhatsApp und Co. verloren: Insgesamt ist das Gesprächsvolumen seit 2010 konstant rückläufig. „In der Ära der Messenger scheint das Telefonieren, gerade bei jungen Menschen, zunehmend aus der Mode zu geraten. (...) manch

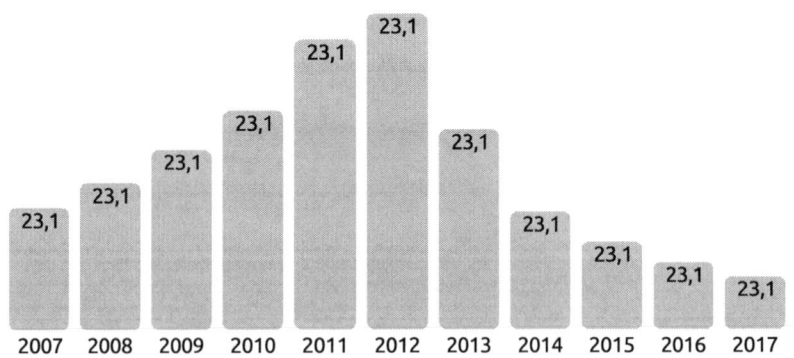

**Anzahl der in Deutschland per SMS verschickten Kurznachrichten**
(in Mrd.)

**Abb. 2.1**  Das Ende der SMS? Messenger-Dienste ersetzen als Chat-Apps zunehmend die klassische SMS. (Quelle: Statista [8])

passionierter Smartphone-Nutzer schreckt förmlich auf, wenn das geliebte Telefon tatsächlich mal klingelt", berichtet das Statistikportal Statista [49]. So ist nach Angaben der Bundesnetzagentur „im Zuge der Verbreitung von Messenger Diensten wie WhatsApp" die Anzahl der abgehenden Gesprächsminuten in Deutschland von 295 Mrd. (in 2010) auf 235 Mrd. (in 2017) gesunken. 2017 hat, bedingt durch die zunehmend häufiger genutzte Möglichkeit, via Messenger Gespräche ohne Zusatzkosten für den Telefonanbieter führen zu können, erstmals auch das Volumen mobiler Telefonate abgenommen [9].

## 2.1  Marktentwicklung von 2014 bis heute

**„Messenger kills the Social Media Star"**
Vergleicht man die Nutzerzahlen vier führender Messenger-Apps mit denen der vier führenden sozialen Netzwerke, wird die Nachhaltigkeit und Dynamik des Wachstums auf dem globalen Messenger-Markt sehr schnell deutlich: 2015 hatten WhatsApp, Facebook Messenger, WeChat und Viber zusammen erstmals mehr aktive Nutzer (Monthly Active Users, MAU) als die Social-Media-Giganten Facebook, Instagram, Twitter und LinkedIn [10] (Abb. 2.2).

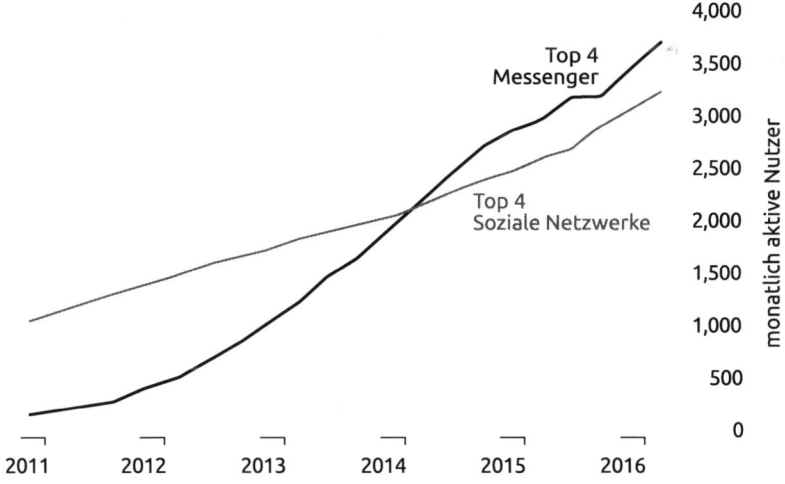

**Abb. 2.2**  „Das Jahr der Wachablösung": 2015 verzeichneten Messenger-Services erstmals mehr aktive Nutzer als Social Media. (Quelle: Business Insider Intelligence [10])

Besonders der Facebook-Konzern befindet sich dabei auf einem guten Weg zur „Weltherrschaft": Mit WhatsApp (mehr als 1,5 Mrd. monatlich aktive Nutzer) und dem Facebook Messenger (1,3 Mrd. monatlich aktive Nutzer) ist das Unternehmen in den meisten Ländern Messenger-Marktführer [40]. Der „grüne" und der „blaue" Messenger aus Zuckerbergs Imperium wachsen mittlerweile rund doppelt so schnell wie die ursprüngliche „Mutter-Plattform" Facebook.

„Die Menschen teilen heute mehr Fotos, Videos und Links auf WhatsApp und Messenger als in sozialen Netzwerken", so Mark Zuckerberg anlässlich der Vorstellung des Facebook-Geschäftsberichtes für das dritte Quartal 2018 [13]. Dabei ist WhatsApp die weltweit meist verbreitete Messenger-App: In nur 25 Ländern der Erde ist WhatsApp *nicht* der marktführende Chat-Anbieter. Zählt man alle zum Facebook Inc.-Universum gehörenden Apps zusammen, gibt es nur zehn Länder auf der Welt, deren Messenger-Platzhirsch nicht aus dem Hause Facebook kommt [75] (Abb. 2.3).

**Abb. 2.3** Die Welt der Messenger: WhatsApp and Facebook Messenger dominieren mit jeweils 1,5 Mrd. bzw. 1,3 Mrd. monatlich aktiven Nutzern die Karte der Messenger Apps. WeChat ist zwar in China mit über einer Milliarde Nutzer sehr populär, spielt aber in anderen Weltregionen eine eher untergeordnete Rolle. (Quelle: MessengerPeople 2018)

**Facebook vs. Apple**

Der Erfolg von Facebooks Messengern korreliert dabei auch mit der jeweiligen nationalen Verbreitung des Smartphone-Betriebssystems Android, bei dem Nutzer individuell ihre eigene Standard-Messenger-App auswählen können. „Unser bei weitem größter Konkurrent ist Apples iMessage", gibt der Facebook-Gründer folgerichtig zu. Hintergrund der Aussage: In entwickelten Märkten wie den USA, in denen das iPhone weit verbreitet ist, dominiert iMessage als fest in das Betriebssystem iOS integrierte, voreingestellte Standard-Messenger-App den Chat-Markt.

Apple kommuniziert bis dato (Stand: Januar 2019) keine validen Zahlen zur tatsächlichen Nutzung von iMessage. Allerdings ist die App fest auf in jedem neueren Apple-Gerät integriert und kann zusätzlich – auch von Desktop-Nutzern – per App gedownloadet werden. Damit erzielt iMessage eine *potenzielle Reichweite von über 1,3 Mrd. Nutzern* weltweit, wie Apple-CEO Tim Cook im Januar 2018 bestätigte: „Mit rund 1,3 Mrd. Nutzern haben wir einen bedeutenden Meilenstein unserer Unternehmensgeschichte erreicht. Innerhalb der letzten beiden Jahre sind wir damit um rund 30 % gewachsen" [2].

**Die globalen Messenger-Stars**

Während in den Vereinigten Staaten die Menschen in puncto Messenger neben iMessage vor allem den Facebook Messenger für ihre Kommunikation nutzen, dominiert in Mittel- und Südamerika sowie Afrika vor allem WhatsApp. Und auch in Deutschland ist WhatsApp unangefochten die Nummer eins in allen Altersgruppen (vgl. Kap. 3).

Neben iMessage treffen der Facebook Messenger und WhatsApp bei ihrem Siegeszug durch die Mobilwelt auf weitere, in den jeweiligen Märkten teilweise sehr stark genutzte Messenger-Konkurrenz: So hat die in Deutschland nahezu unbekannte, chinesische Messenger App WeChat im März 2018 die Benchmark von 1 Mrd. monatlich aktiven Nutzern erreicht [42].

Zu den starken Playern auf ihrem Heimatmarkt zählt auch der japanische Messenger-Service-Anbieter LINE, der ursprünglich als Reaktion auf die beschädigte Telekommunikations-Infrastruktur nach dem verheerenden Tohoku-Erdbeben von 2011 („Fukushima-Katastrophe") entwickelt wurde. Neben einem eigenen Bezahldienst (LINE Pay) bietet der Messenger auch eine Gaming-Plattform und ist einer der weltweit führenden Publisher für mobile Spiele-Apps im Google Play Store (vgl. Abschn. 2.2.9) (Abb. 2.4).

Die vier beliebtesten Messenger-Apps weltweit (WhatsApp, Facebook Messenger, WeChat und QQ) bringen es zusammen bereits auf über 4,6 Mrd. monatlich aktive Nutzer – das sind rund 60 % der Weltbevölkerung.

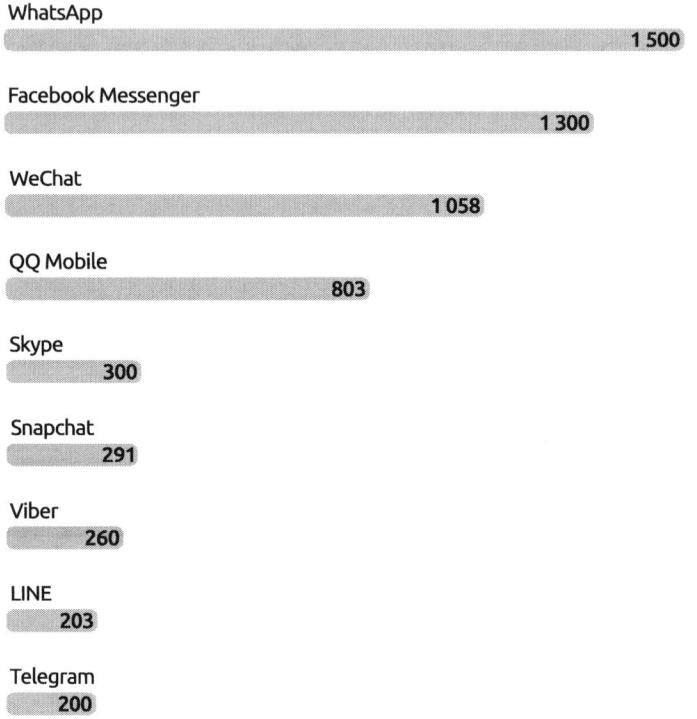

**Abb. 2.4**  „Mehr als nur WhatsApp": Die meist genutzten Messenger-Apps weltweit (ohne iMessage mit potenziell 1,3 Mrd. Nutzern). (Quelle: Statista [58])

Neben den in dieser Grafik aufgeführten Chat-Anwendungen gibt es zahlreiche weitere Anbieter auf dem globalen Messenger-Markt, die sich zum Teil sehr erfolgreich in einer bestimmten Zielgruppe positioniert haben. Dazu zählen etwa das kanadische Kik, der von einer gemeinnützigen Stiftung betriebene Messenger Signal oder das koreanische KakaoTalk [30].

**Zielgruppe: „ALLE"**
Sieht man von diesen sehr „spitz" aufgestellten Messengern ab, lassen sich keine größeren *soziodemografischen Unterschiede* hinsichtlich der Nutzerstruktur der

verschiedenen Messenger-Apps ausmachen: Alle großen Messenger-Dienste werden alters- und geschlechtsunabhängig, über alle gesellschaftlichen Schichten hinweg stark genutzt – meist mehrmals täglich. Eine Ausnahme stellen hier das chinesische QQ (vgl. Abschn. 2.2.5) und Snapchat (vgl. Abschn. 2.2.7) dar, die vor allem von Jüngeren genutzt werden.

**Entscheidungskriterien für die Wahl des „richtigen" Messengers**
Relevant für Unternehmen, die in ihrer Kommunikation auf Messenger setzen wollen, ist daher in erster Linie die jeweilige *regionale Verbreitung*. Überspitzt formuliert: In Deutschland, Südamerika oder Indien kommt man nicht an WhatsApp vorbei. Möchte man den chinesischen Markt ansprechen, ist WeChat der Messenger der ersten Wahl. Und in Frankreich oder den USA sollte man sich als Unternehmen vor allem auf den Facebook Messenger konzentrieren [75].

Dass sich die regionalen Messenger-Platzhirsche gegen den Andrang der „Großen" seit Jahren erfolgreich behaupten können, kann man mit ihrer schieren Verbreitung erklären. Das „Metcalfesches Gesetz" geht davon aus, dass der *Nutzen eines Kommunikationssystems proportional zur Anzahl der möglichen Verbindungen zwischen den Teilnehmern wächst,* während die Kosten nur proportional zur Teilnehmerzahl selbst wachsen. Vereinfacht gesagt, umso mehr Menschen ein Kommunikationssystem nutzen, desto mehr Relevanz hat es und desto schwerer ist es, dieses nicht zu nutzen. Daher stellt sich hier auch nicht die Frage nach eigenen Messenger App Lösungen, wie Unternehmen immer wieder für sich entwickeln, aber dann von Kunden nicht genutzt werden.

Dazu kommt: Gerade diejenigen Messenger, die wie etwa WeChat, iMessage oder LINE in eine umfangreiche Service- und Erlebniswelt (mit eigenen Bezahlfunktionen, App Stores, Shops, Reservierungstools etc.) integriert sind, haben sich mittlerweile fest im „Alltagsmanagement" ihrer Nutzer integriert. Dadurch ist es für den Einzelnen mit hohen Opportunitätskosten verbunden, sich „mal eben so" abzumelden. Aus diesem Grund sind übrigens auch virale Aufrufe, eine bestimmte Plattform ab sofort zu boykottieren, in der Praxis oft nur von begrenzter Wirkung.

**Öffnung für geschäftliche Nutzung**
Neben Nutzungszahlen und Durchdringung im Zielmarkt spielt auch der *Grad der B2B-Professionalisierung* der verschiedenen Messenger-Apps eine wesentliche Rolle. Denn natürlich ist es ein ausschlaggebendes Entscheidungskriterium für das Messenger-Engagement eines Unternehmens, welche Funktionen es zu welchen Kosten über den jeweiligen Messenger nutzen kann. Der folgende

Abschn. 2.2 gibt daher einen kurzen Überblick über die zehn wichtigsten Messenger und zeigt, welche Möglichkeiten sie für den professionellen Einsatz im Kundenkontakt bieten.

## 2.2 Die Top 10 Messenger für Unternehmen

Was die Möglichkeiten einer kommerziellen Nutzung betrifft, zählt WeChat zu den Messenger-Vorreitern: Bereits seit 2012 bietet die Plattform aus dem Land des Lächelns eine Fülle von Anwendungen für Unternehmen und institutionelle Nutzer. Facebook hat 2016 seine Messenger-Schnittstelle für Entwickler geöffnet und bietet insbesondere im Chatbot-Bereich (vgl. Kap. 8) interessante Möglichkeiten für Firmenanwendungen.

WhatsApp hingegen war jahrelang ein reiner User-Chat-Kanal ohne jegliche Feature, Schnittstellen oder sonstige Möglichkeiten für die professionelle Nutzung durch Unternehmen. Nur mit Hilfe hoch spezialisierter IT Dienstleister konnte das Potenzial des Messenger-Riesen für geschäftliche Zwecke genutzt werden. Seit der Einführung der WhatsApp Business App und dem Launch der WhatsApp API (beide seit 2018 in Deutschland verfügbar) bietet nun auch der grüne Messenger eigens für die Anforderungen von Unternehmen konzipierte Lösungen.

**Messenger vs. Social Media: Nie ganz trennscharf**
Natürlich gibt es eine ganze Reihe an Messenger Apps und Chat Programmen. Ich habe mich daher hier auf die zehn beliebtesten (nach monatlichen Nutzerzahlen) und von Statista veröffentlichten Anbieter beschränkt. Dazu habe ich iMessage von Apple noch mit aufgenommen, da ich davon überzeugt bin, dass deren „Apple Business Chat" zukünftig eine wichtige Rolle gerade für Unternehmen spielen kann. Dafür habe ich Snapchat hier bewusst weggelassen. Wie auch Twitter oder Instagram bietet natürlich auch Snapchat eine Chat Funktion an und hat sogar das Chat im Namen. Da man bei Snapchat aber auch sehr viel Content einfach nur konsumiert (Stories) zähle ich Snapchat eher zu den Social Networks.

**Aus drei werden eins: Zusammenlegung von Facebook Messenger, WhatsApp und Instagram**
Eine wesentliche Rolle für die zukünftige Entwicklung des B2B-Geschäfts im Messenger-Markt spielt, dass mit den entsprechenden Nachrichtenfunktionen der Plattformen Facebook und Instagram sowie mit WhatsApp das Unternehmen

aus Menlo Park lange Zeit drei bislang voneinander unabhängige Messenger-Anwendungen bot. Mit der Integration in eine Messaging-Infrastruktur ließe sich die potenzielle Reichweite der drei Apps ohne technische Verluste oder Opportunitätskosten addieren. Im Januar 2019 veröffentlichte die New York Times erste Pläne zu einer *Verschmelzung der Messenger-Funktionen von Instagram, WhatsApp und Facebook* – wobei, um Bestandskunden zu halten, die drei Messaging-Dienste weiterhin als eigenständige Anwendungen verfügbar bleiben sollen. Mit einer solchen, primär technischen Integration – im Verbund mit der Einführung der Ende-zu-Ende-Verschlüsselung bei allen drei Apps (bislang lediglich bei WhatsApp) – ist bis Ende 2019, spätestens Anfang 2020 zu rechnen [23].

## 2.2.1  WhatsApp

„It's clear WhatsApp is the global messaging app of choice" (Adam Blacker, Communications Lead & Vice President Mobile Research, Apptopia [26]).

Seit 2014 gehört der 2009 gegründete Instant-Messenger-Dienst WhatsApp zu Facebook. Mit 22 Mrd. US$ handelte es bei der Übernahme um die bislang teuerste Transaktion des Social-Media-Konzerns. Zum Vergleich: Für die 2012 zugekaufte Fotoplattform Instagram bezahlte Facebook weniger als eine Milliarde Dollar [34].

Damit hat sich die Plattform aus Menlo Park den größten Konkurrenten für den eigenen Messenger clever ins Haus geholt: WhatsApp verzeichnet über 1,5 Mrd. monatlich aktive User und ist damit der klare Marktführer unter allen Messenger-Apps. Addiert man die durchschnittliche Verweildauer pro Nutzer, verbringen alle Nutzer des grünen Messenger-Riesen insgesamt 85 Mrd. h auf WhatsApp – pro Quartal! Das sind umgerechnet rund 9,5 Mio. Jahre – oder 11.425 h für jeden Menschen auf dieser Erde [26].

Doch nicht nur die Fakten zur Nutzung, auch die weltweiten Downloadzahlen für die beiden weltweit wichtigsten Betriebssysteme Android und iOS unterstreichen die Marktposition des grünen Messengers: So lag WhatsApp mit monatlich über 70 Mio. Downloads den Großteil des Jahres 2018 auf Platz 1 der weltweit am häufigsten gedownloadeten Anwendungen im Google Play Store [31].

Und auch bei den Downloadzahlen im App Store von Apple – das mit iMessage standardmäßig eine leistungsstarke Messenger-Konkurrenz in alle iOS-Geräte integriert hat – landet WhatsApp regelmäßig in den TOP 3 der weltweit beliebtesten Apps. In den beliebtesten iOS-Anwendungen seit Bestehen des App Stores (von 2010 bis 2018) erreicht der grüne Messenger Platz 5 [12].

**Sichere Aufmerksamkeit**
Dazu kommt: Rund 90 % aller über WhatsApp verschickten Nachrichten werden innerhalb weniger Minuten gelesen [80]. Allein daran lässt sich erkennen, welch hohen Stellenwert die Messenger-App bei ihren Anwendern einnimmt.

Einer WhatsApp-Nachricht ist die Aufmerksamkeit des Empfängers sicher: Keiner anderen Anwendung wird so oft der Zugriff auf den Sperrbildschirm des Smartphones (sog. Push-Benachrichtigungen) erteilt wie WhatsApp [83] (Abb. 2.5).

Nur jeder Zehnte hingegen erlaubt Unternehmen Push-Notifications: Deshalb sollten Unternehmen vor der Entwicklung einer eigenen App für Sales und/oder Kundenservice genau prüfen, ob das Kosten-Nutzen-Verhältnis diesen Aufwand wert ist. Nutzen Unternehmen Messenger, können sie sehr niedrigschwellig auf bestehende Software- und Nutzungsgewohnheiten zugreifen.

Dadurch gewinnt WhatsApp für Unternehmen als relevanter und wertvoller Kommunikationskanal zunehmend an Bedeutung. Dasselbe gilt aber auch umgekehrt: Nachdem es der Messenger jahrelang nicht verstand, sein Geschäftsmodell erfolgreich zu monetarisieren, stehen nun zunehmend Unternehmen als Kunden und Partner im Fokus der Aktivitäten.

**WhatsApp Business: Lösung für Kleinbetriebe**
Nach umfangreichen Tests in seinen beiden größten Märkten Indien und Brasilien hat WhatsApp mit der WhatsApp Business App (vgl. Abschn. 11.1.2) im Januar 2018 in Deutschland eine Lösung ausgerollt, die es Unternehmen nun offiziell ermöglicht, mit Kunden per Messenger zu kommunizieren [76].

Nutzer müssen sich zunächst explizit für den Service anmelden. Ohne dieses Opt-In-Verfahren können Firmen nicht mit dem Kunden über WhatsApp Business in Kontakt treten. Damit stellt WhatsApp sicher, dass die Vorgaben der Datenschutzgrundverordnung eingehalten werden.

Bei der WhatsApp Business App handelt es sich prinzipiell um eine zweite eigenständige Anwendung (für Smartphones, aber auch als Desktop-Version), die sich vor allem an Einpersonen-Betriebe und kleinere Firmen richtet. Unternehmen können dabei ein eigenes Geschäftsprofil (Name, Foto, Öffnungszeiten, Adresse, Kontaktdaten) anlegen. Über die Business-App können Firmen mit einzelnen Kunden in Kontakt treten und Nachrichten verschicken.

Dadurch eignet sich die Anwendung vor allem, um auf einzelne Anfragen zu antworten oder etwa Termine zu vereinbaren. Als Kanal für Content oder Brand Marketing ist das Tool eher ungeeignet: Um dem Spamrisiko zu begegnen, wurde – wie bereits bei der Endkunden-App – die Größe einer Broadcast-Liste zum Versand an eine größere Empfängerzahl auf 256 Kontakte begrenzt.

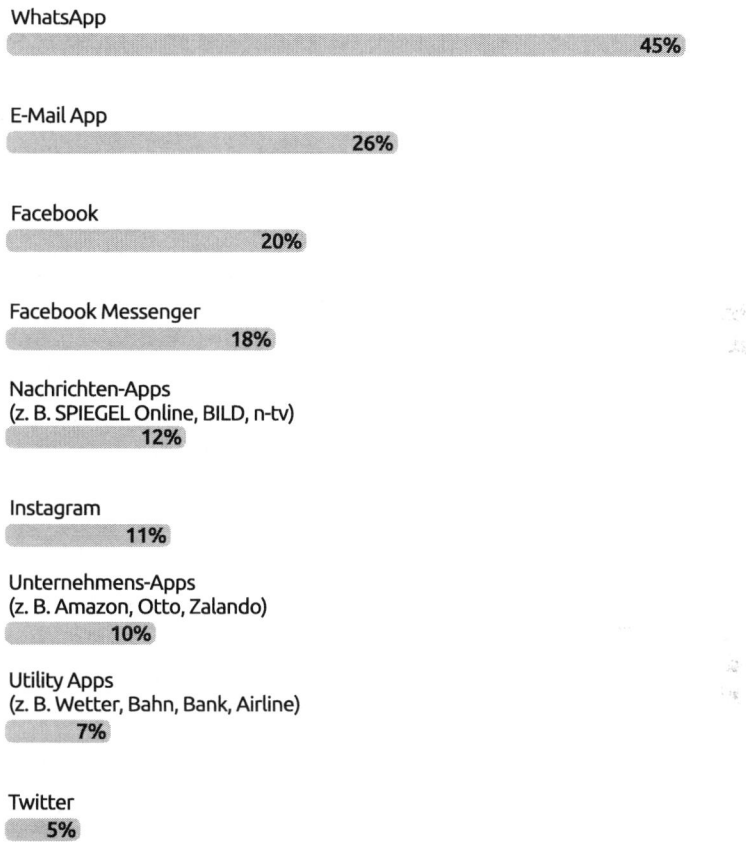

**Abb. 2.5** 100 % Aufmerksamkeit! Knapp die Hälfte der Deutschen gestattet WhatsApp, ihnen Push-Notifications auf den Sperrbildschirm zu schicken. (Quelle: YouGov/Messen-gerPeople 2018 [83])

**WhatsApp Business API**

Im Frühjahr 2018 kündigte David Marcus, damaliger Vice President Messaging Products bei Facebook, auf der jährlichen Entwickler-Konferenz F8 an, dass sich WhatsApp zukünftig auch für größere Unternehmen und Werbung öffnen will:

„As far as advertising is concerned, we're definitely getting WhatsApp more open.
We're now going to have the ability to enable larger companies, not only small bus-
inesses, to integrate a new API to send and receive messages with people on the
WhatsApp platform" [18].

Im Sommer 2018 launchte WhatsApp seine API – eine Schnittstelle für mitt-
lere, große Unternehmen und Konzerne (vgl. Abschn. 11.1.3). Die Nutzung der
WhatsApp API ist für Unternehmen grundsätzlich kostenlos, allerdings blieb die
Anbindung zunächst nur ausgewählten Partnern und Unternehmen vorbehalten.

**API ermöglicht Kundenservice via WhatsApp**
Zu den ersten Unternehmen, denen der Zugriff auf das Tool gestattet wurde, zählten etwa der Streaming-Anbieter Netflix, die Fluggesellschaften KLM und Singapore Airlines, das Online-Reiseportal Booking.com, die Einkaufsplattform Wish,
der Fahrdienstservice Uber oder der Münchner Messenger-Dienstleister MessengerPeople [43].

Die WhatsApp-Lösung für Großunternehmen basiert auf der gewohnten
Standard-App und deren Funktionen. So können etwa Online-Händler über die
Schnittstelle Kunden in Echtzeit über den Verlauf ihrer Paketzustellung informie-
ren.

Wie bereits die WhatsApp Business App zielt auch die Business-Solution API
vor allem auf Kundenservice via Messenger. Dabei lassen sich zwei grundlegende
Funktionen unterscheiden:

1. Die *Customer-Service-Funktion* ermöglicht den direkten WhatsApp-Chat mit
   Kunden und ist kostenfrei. Liegt die letzte Nachricht im Chatverlauf mehr als
   24 h zurück, kann das Unternehmen den Kunden nicht mehr kontaktieren.
2. *Notifications* sind Nachrichten an Kunden, die außerhalb des 24-h-Zeitfensters
   liegen. Notifications sind kostenpflichtig (Staffelung nach Anzahl) und können
   nur unter bestimmten Voraussetzungen von Unternehmen genutzt werden.

Die WhatsApp API soll vor allem die direkte Echtzeit-Kommunikation im
Kundenservice erleichtern und Kunden eine Möglichkeit bieten, Statusabfragen
anzufordern oder Supportanfragen zu stellen. Natürlich ist dabei gesamte Kommunikation, wie bereits bei der „normalen" App, Ende-zu-Ende-verschlüsselt.

Der Leitgedanke der WhatsApp API ist die persönliche 1:1-Kommunikation
mit Kunden – und nicht das 1:n-Content-Marketing. Um dem Spamrisiko zu
begegnen, ist ein WhatsApp-Nachrichtenversand an eine breite Masse von Empfängern über die offizielle WhatsApp Business API daher nur sehr eingeschränkt

möglich: So erschwert u. a. das Durchsatzlimit (aktuell: 20 Nachrichten pro Sekunde) eine Nutzung der offiziellen Schnittstelle für Messenger Marketing mit größere Zielgruppen [77].

Für den zuverlässigen Versand von WhatsApp-Newslettern an eine größere Empfängerzahl können Unternehmen allerdings auf die Messenger-Marketing-Solutions spezialisierter Dienstleister zurückgreifen (vgl. Abschn. 11.1.6) (Abb. 2.6).

**2019: Erstmals Werbung auf WhatsApp**
Die WhatsApp-Gründer Jan Koum und Brian Acton, die Facebook 2017 bzw. 2018 unter großem öffentlichem Aufsehen verließen, hatten sich in der Vergangenheit stets gegen eine Finanzierung des Messenger-Dienstes durch Werbung ausgesprochen. Als sie den Messenger an Facebook verkauften, ließen sie angeblich sogar vertraglich festhalten, dass WhatsApp bis 2019 keine Gewinne erwirtschaften sollte. Mit Beginn des Jahres 2019 ist dieser juristische „Ad-Blocker" entfallen.

**Abb. 2.6**  Content Marketing via WhatsApp: Zahlreiche Unternehmen setzen mittlerweile auf WhatsApp, um ihre Zielgruppen zu erreichen. (Quelle: Messenger People 2018)

Entsprechend kündigte WhatsApp-Vizepräsident Chris Daniels Ende Oktober 2018 im Interview mit der Economic Times India an: [55]

> „In the future, we'll place ads in WhatsApp Status, which is our Stories feature. We think this is an appropriate place for ads within WhatsApp. WhatsApp will remain free for people to use and we remain fully committed to end-to-end encryption. With our full set of features in place for both people and businesses, we believe WhatsApp will continue to contribute to economic growth …"

Seit dem ersten Quartal 2019 erscheinen also auch auf WhatsApp Werbeanzeigen – allerdings nicht, wie von vielen Endkunden ursprünglich befürchtet, in den privaten WhatsApp-Chats, sondern im „Status"-Bereich des Nutzers. Im „WhatsApp Status" lassen sich (à la Snapchat) seit dem Frühjahr 2017 Texte, Fotos, Videos und (animierte) Bilder teilen, die nach 24 h automatisch wieder verschwinden. Das Feature wird derzeit von rund 450 Mio. Menschen täglich aktiv genutzt [60]. Allerdings können WhatsApp-Nutzer bislang selbst einstellen, ob sie in ihrem Status Werbung erlauben wollen.

**Eigene Währung für WhatsApp?**
Die flächendeckende Einführung von Apple Pay – die das einfache Bezahlen von Produkten und Dienstleistungen in Apples Messenger-App iMessage (seit Herbst 2018 auch in Deutschland, vgl. Abschn. 2.2.4) ermöglicht, setzt auch Facebook unter Druck: Einer der Gründe für den überwältigenden Erfolg von Messengern wie WeChat oder LINE besteht darin, dass sich mit diesen Apps sämtliche Transaktionen des Alltags auf einer Plattform abwickeln lassen („One-Stop-Prinzip").

Insofern ist es wenig überraschend, dass auch der WhatsApp-Mutterkonzern über eine Möglichkeit nachdenkt, über den grünen Messenger auch finanzielle Transaktionen abzuwickeln. So berichtete die Nachrichtenagentur Bloomberg, dass Facebook bereits seit Längerem an der Einführung einer eigenen Kryptowährung arbeitet, die – um extreme Schwankungen zu vermeiden – an den US-Dollar gekoppelt sein soll [19].

## 2.2.2  Facebook Messenger

Der Facebook Messenger (offiziell lediglich als „Messenger" bezeichnet) wurde 2011 gelaunched. Als „Facebook Chat" war die App von 2008 bis 2011 fest in die „normale" Facebook-App integriert. Mit monatlich rund 1,3 Mrd. aktiven Nutzern ist der Messenger nach WhatsApp die weltweite Nr. 2 unter den Messenger-Apps [58].

Nachdem die Chat-App 2016 eine eigene API für Entwickler veröffentlichte, hat sich der Facebook Messenger zu einer wahren Spielwiese für professionelle Bots und Miniprogramme entwickelt: Über 300.000 Chatbots agieren mittlerweile auf der Basis des Messengers und versenden pro Monat rund 8 Mrd. Messages zwischen Kunden und Unternehmen [24].

Auf der DMEXCO 2018 hat Stan Chudnovsky, Head of Product Facebook Messenger, die Bedeutung des Messengers für sein Unternehmen wie folgt umschrieben [50]:

> „Würden Sie lieber 10 Minuten in der Telefon-Warteschleife hängen oder 10 Minuten warten auf eine Antwort im Facebook Messenger?"

Die Strategie ist klar: Ähnlich wie WhatsApps Business-Lösungen zielt auch der Facebook Messenger vor allem auf den Bereich Customer Service und Support ab. Dadurch wollen die Messenger-Vorreiter aus dem Hause Facebook die Bekanntheit und Akzeptanz von Messengern für „geschäftliche" Angelegenheiten bei Endkunden weiter steigern.

Mit dem „Facebook Business Manager", der das Zusammenspiel zwischen Unternehmensseiten, Instagram, Werbeanzeigen, WhatsApp und dem Messenger koordiniert, bietet Zuckerbergs Plattform dabei ein nützliches Ecosystem für Unternehmen. Dadurch ist etwa die Nutzergenerierung (bspw. über Facebook Ads) einfacher als auf anderen Messengern.

Facebook unterscheidet derzeit (Stand: Januar 2019) zwischen zwei unterschiedlichen Formaten für Anzeigen im Messenger:

1. „Messenger Ads"
2. „Sponsored Messages"

**Messenger Ads im Facebook Messenger**
Nach erfolgreichen Tests in Australien und Thailand, rollte der Facebook Messenger Ende Juli 2017 die Möglichkeit für Displayanzeigen weltweit aus: Unternehmen können sich seitdem einen Anzeigenplatz zwischen den Chat-Verläufen („Unterhaltungen") des Nutzers erwerben, der jedoch inhaltlich nicht in Bezug zu den eigentlichen Nachrichten steht (beispielsweise sind keine Ads zu in Messages verwendeten Keywords möglich).

Die Buchung einer Anzeige im Facebook Messenger ist derzeit (Stand: Januar 2019) nur in Verbindung mit einer Anzeige im „normalen" Facebook-Feed möglich. Dabei funktionieren Displayanzeigen im Facebook Messenger nach zwei Prinzipien: Zum einen können sie, wie eine Display-Ad auf anderen Kanälen, auf eine Website oder Landing Page führen, die im internen Browser der App gerendert und angezeigt wird.

Alternativ sind auch *Click-To-Message-Anzeigen* möglich, die via WhatsApp oder dem Facebook-Messenger einen Chat mit dem werbeschaltenden Unternehmen starten: Klickt ein Kunde auf die entsprechende Anzeige, wird er direkt in den Messenger bzw. zu WhatsApp weitergeleitet – und der Chat startet mit einer vom Unternehmen hinterlegten, d. h. vordefinierten und personalisierbaren (Willkommens-)Nachricht.

Im Sinne des Opt-In-Prinzips ist dabei entscheidend, dass der Kunde der erste sein muss, der das Unternehmen via Message kontaktiert, bevor das Unternehmen in den weiteren Dialog mit dem Nutzer treten kann. Um den Erfolg solcher „Click-To-Message"-Ads zu evaluieren, bietet Facebook eigene Statistiken an (u. a. Anzahl der erstmaligen Nachrichten, Anzahl gestarteter Chats).

**„Sponsored Messages"**

Im Unterschied zu den „Subscription Messages" (s. u.) sind die kostenpflichtigen „Sponsored Messages" Werbenachrichten, die als Direktnachricht in den Posteingang des Nutzers zugestellt werden. Ein Unternehmen, das Sponsored Messages verschicken will, kann dies allerdings nur an Kunden tun, die schon einmal mit dem betreffenden Unternehmen per Messenger in Kontakt waren. Als Message-Empfänger kommen deshalb in erster Linie nur Nutzer in Frage, die der Facebook-Seite des Unternehmens bereits einmal eine Nachricht gesendet haben (Abb. 2.7).

**Subscription Messaging**

Das so genannte „Subscription Messaging" („Abonnement-Messaging") ermöglicht es Unternehmen, nach vorheriger Zustimmung des Kunden über den Facebook Messenger regelmäßig wiederkehrenden Content zu senden. Grundvoraussetzung dabei ist, dass es sich ausnahmslos um nicht-werbliche Inhalte (non-promotional content) handeln muss. Nachrichten mit werblichem Inhalt müssen über das kostenpflichtige Facebook-Anzeigenformat als „Sponsored Messages" versendet werden.

Die Grenzen zum Subscription Messaging hat Facebook recht eng gesteckt [15]. Als zulässige Anwendungsfälle gelten:

- Nachrichten: Integrationen, deren primärer Zweck es ist, die Menschen über neue oder wichtige Events zu informieren oder Informationen aus Kategorien wie Sport, Finanzen, Wirtschaft, Immobilien, Wetter, Verkehr, Politik, Regierung, gemeinnützige Organisationen, Religion, Prominente und Unterhaltung bereitzustellen.

**Abb. 2.7** Sponsored Messages: Ohne „Start"-Nachricht vom Kunden können Unternehmen nicht chatten

- Produktivität: Integrationen, deren primärer Zweck es ist, Personen die Verwaltung ihrer persönlichen Produktivität mithilfe von Aufgaben zu ermöglichen. Hierzu zählen z. B. das Verwalten von Kalenderveranstaltungen, das Empfangen von Erinnerungen oder das Bezahlen von Rechnungen.
- Persönliche Tracker: Integrationen, die es Personen ermöglichen, Informationen über sich selbst in Kategorien wie Fitness, Gesundheit, Wellness und Finanzen zu erhalten und zu überwachen.

Da Facebook, im Gegensatz zu WhatsApp, standardmäßig alle Nachrichten scannt, sollten sich Seitenbetreiber unbedingt an diese Vorschriften halten.

Ein Nutzer kann den Erhalt von Abonnement-Nachrichten von einer Seite jederzeit abbestellen. Um Newsletter-Nachrichten zu senden, müssen Seitenadministratoren ihren Newsletter oder den entsprechenden Bot zur Überprüfung bei Facebook einreichen (vgl. Abschn. 11.1.5). Dies funktioniert über ein

Formular im Bereich Seiteneinstellungen/Messenger-Plattform der jeweiligen Facebook Seite. Sobald dieser Prozess durchlaufen und genehmigt wurde, können Unternehmensseiten Abonnementnachrichten an jede Person senden, die den Kontakt zuerst initiiert hat (sog. „aktiver Subscriber").

### 2.2.3   WeChat

Der WeChat-Messenger wurde 2011 gelaunched. Das Mutterunternehmen, die Tencent Holdings Limited, liegt mit einem Markenwert von rund 179 Mrd. US$ auf Platz 5 der wertvollsten Marken der Welt – hinter Google, Apple, Amazon, Microsoft und vor Facebook [7].

Im Frühjahr 2018 durchbrach WeChat als dritte Messenger-App hinter WhatsApp und dem Facebook Messenger die 1-Milliarde-Nutzer-Benchmark. Die App wird bislang überwiegend in China und von im Ausland lebenden Chinesen genutzt. Neben seinem chinesischen „Stammpublikum" setzt der Messenger seit 2016 auch erfolgreich auf internationale Expansion: Mittlerweile ist WeChat in mehr als 25 Märkten aktiv und konnte sich als Chat-Plattform erfolgreich auch in den Nachbarländern Japan, Süd-Korea und Taiwan etablieren [82].

**Mehr als „nur" ein Messenger**
Dabei ist WeChat weit mehr als eine reine Chat-App. Mit WeChat wird in China bezahlt, werden Versicherungen abgeschlossen, Handwerker und Taxis bestellt, Tische in Restaurants reserviert … So nimmt die „mächtigste App der Welt" (Mobilegeeks) einen Stellenwert im Leben der Menschen ein, an den selbst die hohe Popularität von WhatsApp in Deutschland nicht annähernd heranreicht [14]. Den wesentlichen Beitrag zur erfolgreichen Verknüpfung von On- und Offline leisten die in China allgegenwärtigen QR-Codes.

83 % aller Smartphone-Besitzer in China nutzen die App aktiv – in den wichtigsten Städten liegt die Durchdringung bei über 93 % [22]. Das macht WeChat zum Must-Have-Kommunikationskanal für alle Firmen, die auf dem chinesischen Markt aktiv sind – ebenso wie die Tatsache, dass 44 % der Nutzer pro Tag über 4 h auf WeChat verbringen [74].

So genannte Official Accounts ermöglichen es Unternehmen, auf WeChat nicht nur präsent zu sein – sondern darüber hinaus auch Waren und Dienstleistungen zu vermarkten und zu verkaufen. Durch die recht frühe Einführung der Official Accounts im Jahr 2012 (als ein Großteil der chinesischen Bevölkerung noch nicht „online" war) erlangten E-Mails als Marketingkanal in China nie eine so hohe Bedeutung wie im Rest der Welt.

Die WeChat-Firmenaccounts waren ursprünglich direkt in der Inbox der Nutzer, gleichrangig zu Nachrichten von Familie, Freunden und Bekannten, platziert. Nachdem jedoch viele Firmen diese Position bis zum Extrem ausreizten, indem sie massenweise Push-Newsletter an ihre Kunden schickten, spaltete WeChat die Official Account-Plattform auf.

Die WeChat-Official Accounts lassen sich nunmehr nach zwei Funktionen unterteilen: *Subscription Accounts* fungieren als Content-Plattformen, über die Neuigkeiten, Blogbeiträge, Pressemitteilungen gepostet werden können. So nutzt etwa der Sportartikel-Konzern Nike WeChat, um seinen Abonnenten Sporttipps zu geben oder sie über Events, Laufrouten und Trainingspläne zu informieren.

> „Ein integrierter Schuhguide sorgt für die perfekte Platzierung der eigenen Kollektion. Spannend ist auch der Customizer: User fotografieren ein beliebiges Motiv, folgen Nike auf WeChat, senden das Bild an den Firmen-Account und können unverzüglich ihre eigene Schuhkreation mit den Kontrastfarben der aufgenommenen Bilder kaufen sowie liefern lassen. Kurze Wege, Interaktion, Individualisierung: Damit wird die App zu einem wichtigen Verkaufskanal des Herstellers" [11].

*We-Chat-Service Accounts* machen das, was schon ihr Name sagt: Sie leisten Kundenservice und Beratung, die den Kunden bestenfalls direkt in den unternehmenseigenen WeChat-Shop führt (in dem dann direkt per „WeChat Pay" bezahlt werden kann).

**One-Stop-Plattform**

2017 führte WeChat die so genannten „Mini-Programme" ein – kleine Web-Anwendungen, die direkt aus WeChat heraus gestartet werden können (und die zusätzliche Installation externer Apps dadurch größtenteils überflüssig machen).

WeChat ist somit eine multifunktionale One-Stop-Plattform, mit der sich alle Dinge des Alltags online regeln müssen, ohne das WeChat- „Messengeruniversum" verlassen – und ins „eigentliche" Internet gehen zu müssen. So können etwa über ein Mini-Programm der lokale Busfahrplan und Ankunftszeiten je nach aktueller Verkehrslage abgerufen werden.

Über E-Commerce-Mini-Programme lassen sich Produkte direkt bestellen und via WeChat Pay bezahlen. Damit decken die kleinen Applets einen Schritt in der Customer Journey ab, der sonst den Umweg auf eine externe Shop-Seite erfordert hätte. Durch die Kombination von Official Accounts und Mini-Programmen lassen sich somit bei WeChat für zahlreiche Branchen alle relevanten Schritte im Business-Modell eines Unternehmens direkt auf einer Plattform abbilden – vom Marketing (etwa über WeChat-Influencer) über Beratung und Verkauf bis hin zum After-Sales-Prozess [56].

## 2.2.4   iMessage

Bei „iMessage" handelt es sich um die Apple-eigene Software für direkte
Nachrichten zwischen zwei Gesprächspartnern – ein Mix aus SMS-Chat und
Messenger-Dienst à la WhatsApp: Da die Chat-Funktion fest in Apple-System-
infrastruktur integriert ist, gibt es kaum einen iPhone- oder iPad-User, der die
App nicht nutzt, wenn auch oftmals unbewusst.

Wer über kein Apple-Gerät verfügt, bekommt iMessages als normale SMS
zugesendet. Der Unterschied zwischen einer SMS und einer iMessage ist für den
Apple-User farblich gekennzeichnet: Blaue Sprechblasen stehen für iMessage,
grüne für herkömmliche SMS.

Seit dem 2016-er iOS10-Update gilt iMessage unter Apple-Fans als „die
schönste" aller Chat-Lösungen: User können per digital Touch ihre Chatverläufe
mit bunten Bildchen, selbst erstellten Animationen oder der Integration von Apps
„aufhübschen" [32].

Für Businesskunden bietet iMessage mehrere Optionen, den Messenger für
Unternehmenszwecke zu nutzen. Dabei bietet der eigens für iMessage gebaute
AppStore eine Reihe plattformübergreifender Tools und Services, um auch mit
jenen Kunden zu kommunizieren, die kein Apple-Gerät besitzen (Abb. 2.8).

Apple gibt keine konkreten Zahlen über die Nutzung seines iMessages-
Services bekannt. Allerdings ist die App fest auf in jedem neueren Apple-Gerät
integriert und kann zusätzlich – bspw. auch von Desktop-Nutzern – per App
gedownloadet werden. Damit erzielt iMessage laut Apple-CEO Tim Cook eine
potenzielle Reichweite von rund 1,3 Mrd. Nutzern weltweit [2].

**Apple Business Chat**
Am 29.03.2018 ging der so genannte „Apple Business Chat" (ABC) online –
zunächst ausschließlich in den USA und Kanada. Mittlerweile ist Apples Lösung
für Unternehmenskunden in nahezu allen relevanten Märkten verfügbar, seit
02.10.2018 auch in Deutschland. Die neue Funktion soll es Kunden ermöglichen,
direkt via iMessage mit Unternehmen zu kommunizieren, Kundenservice zu
erhalten, Zahlungen über Apple Pay zu tätigen oder Termine zu planen [3].

Mit dem Launch von „Business Chat" unternimmt Apple den Versuch, den
derzeitigen Boom von B2C-Kommunikation via Messenger sowie Zahlungen
und Kundenservice auf die eigene Messenger-Plattform zu verlagern. Damit tritt
der Konzern in den Wettbewerb mit Anbietern, die bislang den globalen Busi-
ness-Messenger-Markt dominierten – wie etwa dem Facebook Messenger, WhatsApp oder WeChat (vgl. Abschn. 11.1.4).

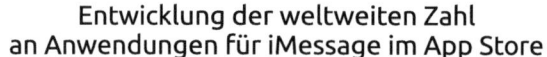

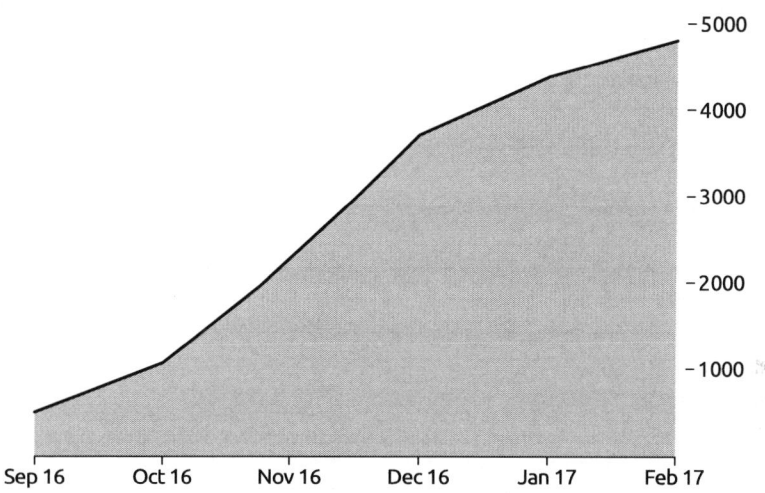

Entwicklung der weltweiten Zahl
an Anwendungen für iMessage im App Store

*Hinweis: Grafik enthält nur iMessage-Anwendungen (ohne Sticker-Pakete)*

**Abb. 2.8** Über 5000 Apps sind bislang in Apples eigenem iMessage-App Store erhältlich – die meisten davon aus den Bereichen Gaming, Entertainment und Utility-Tools. (Quelle: SensorTower [28])

Im Rahmen der Entwicklerkonferenz WWDC stellte Apple im Juni 2018 erstmals konkrete Nutzungsszenarien für seinen Business Chat vor: So können etwa Unternehmen per Link auf der Website einen Live-Chat bieten. Ein Tap des Nutzers genügt und schon beginnt die Konversation in iMessage. Angemeldete Unternehmen werden bei Suchanfragen im Safari-Browser mit einem Symbol zur direkten Kontaktaufnahme via iMessage versehen [32].

Dies gilt ebenso für die Suche mithilfe von Spotlight, Siri oder in Apple Maps. Damit wird für Kunden der Weg von der Suche über die Kontaktaufnahme bis hin zum Kaufprozess erheblich verkürzt. Zudem garantiert iMessage eine Anbindung an zahlreiche Anwendungen (Maps, Calendar, Notizen etc.), ohne die Messenger-App dazu verlassen zu müssen [3].

**Apple Pay: Rundum-Service via Messenger**

Das gilt vor allem im Hinblick auf den Bezahlvorgang: Am 11.12.2018 rollte Apple seine Payment-Funktion Apple Pay (Motto: „Einfach. Sicher. Bezahlen") –

unterstützt von Partnern wie der Deutschen Bank, der HypoVereinsbank oder den Kreditkartenunternehmen VISA, Mastercard und American Express – auch in Deutschland aus [4].

Neben der Möglichkeit, online und in Echtzeit finanzielle Transaktionen tätigen zu können (erkennbar am Apple-Pay-Symbol), können Apple-Pay-Nutzer nun auch im stationären Handel in zahlreichen Geschäften ihre Einkäufe mobil an NFC-Terminals begleichen. So ist es via Apples Business Chat möglich, sich via Messenger beispielsweise über Zugverbindungen zu informieren, einen Sitzplatz zu reservieren und diesen umgehend zu begleichen.

Durch die tiefe Integration in das Apple-Universum mit seinen unzähligen Tools, Apps und Services bietet Apple dem Kunden einen neuen 360-Grad-Service. Damit ist der Apple Business Chat dem derzeitigen Angebot von WhatsApp und Facebook einen Schritt voraus.

## 2.2.5  QQ

QQ – wie WeChat im Besitz des chinesischen Online-Riesen Tencent – ist ein überwiegend in Asien weit verbreiteter, kostenloses Instant-Messaging-„Urgestein". Der Dienst wurde bereits 1998 von dem Chinesen „Pony Ma" Huateng als OICQ (Open ICQ) gegründet. Beim Start war QQ nur ein einfacher Instant Messenger – und als solcher eine ziemlich genaue Kopie des damals weit verbreiteten israelischen „ICQ".

Es folgten jedoch schnell umfangreiche Erweiterungen: Heute lassen sich via QQ Online-Games spielen, eigene Avatare erstellen und anpassen, E-Mails und große Dateien senden und empfangen, „selbst löschende" Videos und Animationen im Snapchat-Stil teilen und Gruppenchats führen. Zudem lässt sich über QQ Musik streamen, ein Partner über den eigenen QQ-Dating-Service finden und die Facebook-ähnliche „Qzone" nutzen, um Inhalte mit Freunden zu teilen und deren Beiträge im Newsfeed zu lesen. Mit QQ Coin bietet die Anwendung eine eigene Währung für (In-) App-Käufe und Transaktionen innerhalb der QQ-Welt.

Mit über 806 monatlich aktiven Nutzern ist QQ nach den drei „Messenger-Riesen" WhatsApp, Facebook Messenger und WeChat der viertgrößte Messenger Dienst weltweit [58]. Obwohl QQ den Großteil seiner Nutzer in China hat, wird der Dienst auch international genutzt: QQ ist in Englisch, Französisch, Deutsch, Spanisch, Japanisch und Koreanisch verfügbar [36]. Darüber hinaus bietet QQ einen integrierten Live-Übersetzer für Chats, der Nachrichten in über 50 Sprachen übersetzen kann. Das erklärt auch die Popularität der App unter jungen Chinesen, weil sie es auch verwenden, um Fremdsprachen zu lernen [45].

**Vor allem jüngere Nutzer**
Demografisch besteht die Nutzergruppe von QQ vor allem aus Jüngeren und/oder Menschen mit geringerem Bildungsniveau. Rund 60 % der QQ-Nutzer sind unter 30 Jahre alt. Viele Benutzer sind Grundschul- und Oberstufenschüler, die noch nicht über ein eigenes Smartphone verfügen, aber Zugang zu einem Computer haben. Auch aus diesem Grund steht QQ nicht im Fokus der Vermarkter: Die meisten Einnahmen des Messenger-Dienstes stammen von den Nutzern selbst – in Form von (Glücks-)Spiel-Erlösen, Freemium-Upgrades und digitalen Einkäufen [33].

**One-Stop-Entertainment-Portal**
Anstatt mit WeChat, dem zweiten Messenger aus dem Haus Tencent, um Nutzer zu konkurrieren, hat sich QQ seit 2017 als One-Stop-Entertainment-Portal für junge Chinesen neu positioniert: „Wir verwandeln QQ von einer reinen Messenger-App in einen Anbieter für Chat, Sharing, Gruppen und digitale Inhalte wie Spiele, Anime, Literatur, Musik und Live-Streaming", so ein Tencent-Sprecher [20].

Bereits seit 2007 bietet QQ Enterprise-Lösungen für Geschäftskunden an. Das sind zum einen die Instant-Messenger-Lösung QQ Enterprise (ähnlich Threema Work oder Skype for Business) für die firmeninterne Kommunikation, zum anderen Möglichkeiten für Werbung (QQ Marketing Enterprise, vergleichbar etwa mit Facebook Ads) [46]. Weit über 300.000 Unternehmen nutzen die kostenpflichtige Business-Lösung von QQ [64].

Neben der Möglichkeit, Anzeigen zu schalten, Kampagnen zu fahren oder Produkte über Apps zu verkaufen, können Unternehmen auf QQ in der Qzone kostenfrei ein Unternehmensporträt anlegen und Gruppenchats eröffnen. Mit einem einfachen, kostenfreien Konto können bis zu 500 Fans verwaltet werden. Abhängig davon, wie oft Nutzer im Konto angemeldet sind, können Unternehmen ihr Ranking verbessern und dadurch das maximal zulässige Fan-Limit erhöhen.

Darüber hinaus gibt es kostenpflichtig die Möglichkeit, sich verschiedene Formen eines VIP-Status zu erkaufen, wodurch sich die Anzahl der maximal möglichen Fans ebenfalls erhöhen lässt (ab 5 US$ für drei Monate) [38].

Prominente und Unternehmen, die auf Qzone werben, haben mittlerweile weit über 2,2 Mrd. Fans angesammelt, von denen rund 400 Mio. aktive QQ-Nutzer sind [38]. Die chinesische Boygroup "TFBoys" verfügt über mehr als 42 Mio. QQ-Follower – mehr ihr amerikanisches Pendant „One Direction" auf Facebook [53].

Auch der Keksanbieter Oreo führte bereits eine erfolgreiche Social-Marketing-Kampagne auf Qzone durch. Die „Zone of Child Innocence"-Kampagne erzielte innerhalb von drei Tagen 130 Mio. Page Impressions von 3,28 Mio.

Teilnehmern [79]. Weitere bekannte Brands, die bereits erfolgreich Kampagnen auf QQ durchgeführt haben, sind Nike [41] und KFC [81].

## 2.2.6 Skype

Wie QQ zählt auch Skype zu den „Urgesteinen" der Messenger-Kommunikation: „Skype Technologies" wurde als eines der ersten Tools für VoIP-Anrufe im Juli 2003 von dem schwedischen Internetpionier Niklas Zennström und dem dänischen Unternehmer Janus Friis in Luxemburg gegründet. Im September 2005 kaufte eBay Skype für 3,1 Mrd. US$. Seit 2011 ist Skype im Besitz von Microsoft. Microsoft bezahlte für das Unternehmen 8,5 Mrd. US$ – die bislang höchste Summe für eine Übernahme in der Geschichte des Konzerns [78].

Skype unterstützt mittlerweile Videokonferenzen, IP-Telefonie, Instant-Messaging, Dateiübertragung und Screen-Sharing. Besonderer Vorteil des Dienstes: Dank der Zugehörigkeit zu Microsoft ist Skype komplett in die Windows-Systemstruktur (MS Office, Outlook) integriert – und erzielt allein dadurch immer wieder neue Nutzer.

Im Jahr 2017 lag die geschätzte Zahl der weltweit registrierten Skype-Nutzer bei 1,33 Mrd. [62]. Während das Handy 25 Jahre und das Festnetztelefon immerhin 104 Jahre brauchte, um 300 Mio. Nutzer zu erreichen, war Skype das erste Medium, dass diese Mauer innerhalb von 10 Jahren durchbrechen konnte [27].

In Litauen, Lettland, Estland, Island und Moldawien ist Skype der zweitbeliebteste Messenger-Dienst (hinter dem Facebook Messenger oder WhatsApp; in Moldawien: hinter Viber) [54].

**Business-Messaging: Skype als Pionier**
Skype war einer der ersten Kommunikations-Dienste, der mit „Skype for Business" (seit 2012) nicht nur Telefonie, sondern auch Messaging für Unternehmen anbot: Microsofts Skype for Business bietet Messenger-Funktionen, Anrufe, Termine und die Funktion zum Bildschirm-Teilen in einer App. Nutzer können beispielsweise Termine in Outlook anlegen und Konversationen aus Apps wie Word und PowerPoint starten [39].

Mit der Enterprise-Version lassen sich Online-Meetings mit bis zu 10.000 Teilnehmern abhalten, die sich über fast jedes Endgerät einwählen können. Alternativ können kleinere Unternehmen die kostenfreie Version für Teams mit bis zu 250 Personen nutzen. Als zusätzliche Features in Office 365 stellt Skype for Business den Nutzern auch einen Online-Speicherplatz von einem Terrabyte und ein eigenes Teamwork-Tool zur Verfügung [39].

**Microsoft Teams**

Im September 2017 gab Microsoft bekannt, dass Skype for Business in Zukunft durch die Kommunikationsplattform „Microsoft Teams" ersetzt wird [5]. Mit Microsoft Teams will Skype seine Marktführerschaft im Bereich Kollaboration/ interne Kommunikation stärken und sich als MS-Alternative zu gängigen Projekt-management-Tools (Asana, Slack, Evernote, Jira etc.) und Kommunikations-features (Slack, Allo, Jive, MindLinke etc.) behaupten.

Dank des Messaging-Pioniers Skype haben sich Chat und Video zwar in der Privatkommunikation längst etabliert – eine spezielle Lösung für Unternehmen, die strukturiert mit einer größeren Anzahl an Endkunden kommunizieren oder etwa professionell und skalierbar Kundenservice via Skype betrieben wollen, ist seitens Microsoft bislang nicht in Aussicht.

Spezielle Dienstleister (Enghouse Interactive u. a.) bieten allerdings Möglich-keiten, um Skype an bestehende CRM- und Kundeninteraktionssysteme anzu-binden – und damit im Support oder Kundenservice zu nutzen.

## 2.2.7 Viber

Viber ist ein kostenloser Chat Service für Smartphones und Desktop. Der Dienst wurde ursprünglich von vier israelischen Entwicklern auf Zypern als Alternative zu Skype gegründet. Im Februar 2014 wurde Viber für 900 Mio. US$ von dem japanischen Internetriesen Rakuten übernommen. Damit ist Viber bis heute die zweit-teuerste Akquisition des Konzerns – nach „EBates" (ca. 1 Mrd. US$) [57].

Weltweit haben sich mehr als 1 Mrd. Menschen in 193 Ländern für Vibers Chat-App angemeldet [59]. Gemessen an den aktiven Nutzern ist Viber mit über 260 Mio. monatlich aktiven Nutzern (Stand: Juli 2018) der sechstgrößte Messen-ger-Dienst der Welt [58].

In Osteuropa (Russland, Serbien, Weißrussland, Moldawien, Armenien, Ukraine), aber auch in Somalia, Äthiopien, dem Irak und Libyen sowie auf Sri Lanka zählt Viber zu den beliebtesten Messengern [54]. So haben etwa zwei Drit-tel aller ukrainischen Android-Nutzer Viber auf ihrem Smartphone installiert [44].

Nachdem der Dienst ursprünglich wegen mangelnder Datensicherheit wieder-holt in der Kritik stand, wirbt Viber mittlerweile aktiv mit einer end-to-end-Ver-schlüsselung der Kommunikation und seiner DSGVO-Konformität.

**Individuelle Sticker und Emojies**

Neben den grundlegenden Möglichkeiten, Gruppenchats zu erstellen und zu ver-walten sowie Dateien zu senden, bietet Viber Video-Telefonie ohne Registrierung und zahlreiche Möglichkeiten zum User Fitting: So lassen sich eingehende Nachrichten etwa von animierten Tieren vorlesen und individuelle Sticker oder Emoticons kreieren. Mittlerweile ergänzen zahlreiche Chatextensions (etwa zum Versenden von Videos oder Musikdateien) sowie die Möglichkeit der Standort-übertragung an den Gesprächspartner die ursprüngliche Nachrichtenfunktion.

Viber bietet bereits seit 2016 spezielle Lösungen für Geschäftskunden: So können sich Unternehmen kostenfrei einen offiziellen Unternehmens-Account anlegen, um von diesem aus entweder Nachrichten an einzelne Follower zu versenden – oder einen öffentlichen Beitrag in die Community zu posten. Diese Funktion ist vergleichbar mit den kostenfreien Unternehmensseiten bei Facebook, wobei auch bei Viber die Empfänger dem Unternehmen zunächst folgen müssen.

Über lizenzierte „Service Messages Partners" wie GMS, SMS Traffic, Infobip oder MessengerPeople können Geschäftskunden auch Messenger-Newsletter verschicken. Die Nachrichten eines registrierten Unternehmens werden dann mit einem grünen Haken markiert (Green V) um zu symbolisieren, dass es sich nicht um Spam, sondern um offizielle Unternehmensinformationen handelt [47].

Neben diesen Business Messages über lizenzierte Partner bietet Viber weitere Möglichkeiten für Unternehmen, ihre Zielgruppen zu erreichen: So besteht die Möglichkeit für Geschäftskunden, Anzeigen im Telefonmenü des Nutzers zu schalten (Viber Ads) oder eigene Promo-Sticker zu entwerfen (Viber Stickers). Darüber hinaus bietet Viber eine speziell auf eCommerce- und Online-Shops zugeschnittene Business-Lösung (Viber Message Commerce), bei der sich Online-Shops direkt in den Nachrichtenverlauf einbinden lassen.

Die neueste B2B-Lösung im umfangreichen Viber-Business-Portfolio ist die Möglichkeit für Unternehmen, Marken und Organisationen, eigene offizielle Fangruppen zu erstellen und zu verwalten (Viber Communities). Zu den Kunden von Vibers Business-Lösungen zählen etwa CocaCola, LÓreal, der FC Barcelona oder die Popsängerin Shakira [48].

## 2.2.8   LINE

Grundsätzlich ist es eine der schwierigsten Aufgaben für eine kostenfreie Messenger-App, Profit zu machen. Gerade bei WhatsApp konnten wir 2018 verfolgen, wie der grüne Messenger aus dem Facebook-Konzern Modelle entwickelte, um die umfangreiche Nutzung und Beliebtheit des Dienstes zu monetarisieren.

Eines der erfolgreichsten Social-Chat-App-Unternehmen in Bezug auf Umsatzgenerierung ist Japans LINE. LINE wird von dem japanischen

Unternehmen Line Corporation (gegründet 2000, Hauptsitz in Tokyo) betrieben, das zur koreanischen Naver Corporation gehört.

Durch eine kreative Kombination aus Stickerverkäufen und einer Reihe integrierter Apps und Spiele sowie einem eigenen Taxi- und einem Bezahl-Service konnte LINE in den letzten Jahren schnell und profitabel wachsen. 2017 erzielte LINE einen Umsatz von 1,6 Mrd. US$ bei einem Nettogewinn von 72 Mio. US$ – eine Steigerung von 15 % [65]. Davon stammen 73 % aus dem japanischen Markt [37].

**Vor allem in (Süd-)Ostasien beliebt**
Die App ist in bis zu siebzehn Sprachen verfügbar. Sie will in Asien dem chinesischen WeChat, dem koreanischen KakaoTalk und dem indischen Hike sowie in Europa vor allem WhatsApp und dem Facebook Messenger Konkurrenz machen: Besonders beliebt ist die Messenger-App in Japan (rund 71 Mio. monatlich aktive Nutzer) [51], Thailand, Taiwan und Indonesien. In diesen vier Kernmärkten kommt LINE auf rund 169 Mio. monatlich aktive Nutzer [37].

Mit weltweit 203 Mio. monatlich aktiven Nutzern ist LINE nach WhatsApp, dem Facebook Messenger, WeChat, QQ Mobile, Skype, Viber und Snapchat der achtgrößte Messengerdienst [58].

Mit LINE@ bietet LINE bereits seit 2015 eine spezielle Möglichkeit für Unternehmen, mit ihrer Zielgruppe via Messenger zu kommunizieren: Unternehmen können sich kostenfrei ein Unternehmensprofil anlegen, Meldungen an ihre Abonnenten/Follower schicken sowie Nachrichten an einzelne Nutzer- und Nutzergruppen absetzen. Auch individuelle Antworten auf Rückfragen sind möglich [17] (Abb. 2.9).

Ein weiterer Vorteil von LINE ist die Suche und das Verbinden mit Unternehmen: Nutzer können gezielt nach Unternehmen suchen bzw. sich Listen von aktiven Unternehmen anzeigen lassen, denen sie folgen können. LINE@ bietet neben dem reinen Nachrichtenversand an FreundeFans zahlreiche weitere Funktionen für Unternehmen: 1:1-Chat, individualisierte Unternehmensseiten, zeitversetzter Versand an einen ausgewählten Empfängerkreis, PR-Seiten (z. B. für Mitteilungen, Coupons, Aktionen, Verlosungen), Marktforschungsseiten (Umfragen, Erhebung von Nutzerdaten) Statistik und Evaluation.

Die Nutzung dieser Funktionen ist für Unternehmen kostenlos. Darüber hinaus bietet LINE für Unternehmen auch die Möglichkeit, ein Premium-Paket zu buchen (24 US$/Jahr für die ersten 12 Monate, danach 12 US$/Jahr). Vorteil des Premiumpakets: Unternehmen können ihr bevorzugte LINE-ID selbst auswählen – und dadurch mit Hilfe der Suchfunktion in der LINE-App leichter und schneller gefunden werden [36].

**Abb. 2.9** Zahlreiche
Möglichkeiten für
Unternehmen bietet
der japanische
Messengerservice LINE.
(Quelle: LINE)

**Eigene Payment-Lösung**

Darüber hinaus bietet LINE mit LINE Pay einen eigenen Zahlungsdienst, der es
Nutzern ermöglicht, ihre LINE-Konten mit Kreditkarten und Bankkonten zu ver-
knüpfen. Der Dienst kann auf Websites zum Online-Shopping sowie im stationären Handel verwendet werden.

Der LINE Creators Market ist eine Plattform, über die Nutzer selbst erstellte
LINE-Stickers und -Themen an andere LINE-Nutzer weltweit über die Auf-
kleber- und Themenshops der App sowie den webbasierten LINE STORE
verkaufen können. Seit ihrem Start im Mai 2014 ist die Plattform konstant
gewachsen. Über 600.000 Menschen weltweit haben sich als LINE Sticker Crea-
tor registriert und verkaufen diese über den LINE Store [35].

Die animierten Sticker lösten einen wahren Sticker-Hype aus: Die User waren
so begeistert von den ursprünglichen Maskottchen Cony und Brown, dass bald
Fernsehauftritte und eigene Fanartikel (von Plüschtieren zu Essen über Kleidung)
folgten [16]. Marken wie Disney verfügen über ihre eigenen Sticker – ebenso wie
beispielsweise Taylor Swift, Linkin Park, Maroon 5 oder Paul McCartney.

## 2.2.9 Telegram

Telegram wurde 2013 von den Brüdern Nikolai und Pawel Durow gegründet, die bereits das meistgenutzte russische soziale Netzwerk „Vk.com" gegründet hatten. Im Zug der WhatsApp-Übernahme durch Facebook 2014 konnte sich Telegram erfolgreich als kostenlose Instant-Messenger-Alternative für alle gängigen Plattformen etablieren. Die Gesellschaft Telegram Messenger LLP ist nach eigenen Angaben ein unabhängiges Non-Profit-Unternehmen [66].

**Selbstlöschende Chats**
Telegram unterstützt prinzipiell zwei Arten von Chats

a) *Cloud-basierte Chats* sind die Standardeinstellung. Diese Chats werden lediglich über das MTProto-Protokoll zwischen dem Endgerät und dem Server verschlüsselt.
b) *Geheime Chats:* Diese werden zwischen den Endgeräten beider Chat-Teilnehmer Ende-zu-Ende-verschlüsselt und können zusätzlich nach einer vorgegebenen Zeitspanne (bspw. 30 s) von beiden Endgeräten gelöscht werden.

Da die „normalen" im Gegensatz zu den „geheimen" Nachrichten – ebenso wie die Verknüpfung zu den Kontakten – für die Betreiber von Telegram prinzipiell im Klartext zugänglich sind, ist der Zugriff auf den Dienst auch für staatliche Akteure attraktiv. Um einen solchen Zugriff zu erzwingen, ist der Dienst in Russland blockiert. Des Weiteren gibt oder gab es aus Zensurgründen Blockaden im Iran, in Indonesien und in China [25].

**Bevorzugter Messenger in repressiven Staaten**
2018 verzeichnete Telegram 200 Mio. aktive Nutzer weltweit [58]. Wegen seiner Geschwindigkeit und der Möglichkeit zu geheimen Chats zählt Telegram in Usbekistan, dem Iran [44] und Russland zu den beliebtesten Messengern [54].

Wie die Messenger-App Signal erzielt auch Telegram ein überdurchschnittliches Wachstum in Ländern, die laut Transparency International als korrupt gelten (Venezuela, Kenia, Russland, Ukraine, Nigeria). Insofern ist es wenig überraschend, dass laut Apptopia Audience Intelligence 89,8 % der Telegram-Benutzer auch Psiphon auf ihrem Mobilgerät installiert haben – eine VPN-App, die den genauen Standort des Gerätes verschleiert [29].

**Crowdfunding, Blockchain, Bots**

Telegram verfügt (noch) über keine eigene Business-Lösung für Geschäftskunden. Allerdings hat der Dienst große Pläne: Neben einem 1,2 Mrd. schweren ICO (Crowdfunding) hat der Messenger auch klare Ambitionen in Richtung Blockchain-basierter Dienste [52]. Seit Februar 2018 bietet Telegram zudem ein Web-Login-basiertes Widget an: Die neue Funktion ermöglicht es Unternehmen, mit Telegram-Benutzern direkt von der Firmenhomepage aus über einen Telegramm-Bot via Messenger in Kontakt zu treten.

Zahlungen über Telegram sind mit Hilfe von Bots bereits seit Sommer 2017 möglich [67]. Zudem bietet der Dienst seit dem 24. Juni 2015 eine API an, um eigene Bots zu erstellen. Durch diese Bot-Plattform von Telegram erlebte das Thema Chatbot (vgl. Kap. 8) einen wahren Kreativitätsschub in der Entwicklerbranche. Im Telegram Store Bot können Nutzer Bots bewerten und nach verschiedenen Kategorien durchsuchen.

Im Januar 2016 wurde die Bot-Plattform um sogenannte Inlinefunktionen erweitert. Mit Inlinefunktionen ausgerüstete Bots können seitdem auch Funktionen in privaten Chats oder Gruppen ausführen, in denen sie ursprünglich nicht aufgesetzt sind [68].

## 2.2.10  Threema

Threema ist ein Instant-Messenger-Dienst zur Nutzung auf Smartphones und Tablet. Seit Dezember 2016 gibt es auch eine Desktop-Lösung. Das Markenzeichen des Dienstes ist sein Anspruch, die höchste Datensicherheit und den besten Schutz der Privatsphäre zu bieten. Im Zuge des NSA-Affäre („Abhörskandal") zählte Threema deshalb im Sommer 2013 und Frühjahr 2014 zu den beliebtesten kostenpflichtigen Apps im deutschsprachigen Raum [1].

Entwickelt wurde Threema vom Schweizer Manuel Kasper. Im Frühjahr 2014 wurde die Threema GmbH mit Sitz in Pfäffikon (Schweiz) gegründet. Nach der Übernahme von WhatsApp durch Facebook konnte der Dienst im Februar 2014 seine Nutzerzahlen innerhalb eines Tages verdoppeln [63].

**Vor allem in der DACH-Region stark**

Threema wird aktuell von über 4,5 Mio. Menschen (Stand: 1. Quartal 2018) genutzt [61]. Dabei macht der DACH-Markt (Deutschland, Österreich und Schweiz) den größten Anteil aus: Über 80 % der Threema-Nutzer stammen aus dem deutschsprachigen Raum, gefolgt von den USA und Russland [69].

Alle Threema-Nachrichten werden ausschließlich Ende-zu-Ende-verschlüsselt verschickt. Die Kommunikation zwischen den Threema-Servern und dem Endgerät ist zusätzlich durch ein Verschlüsselungsprotokoll gesichert. Mit Threema können Textnachrichten, Bilder, Videos, der eigene Standort und Sprachnachrichten versandt sowie Sprachanrufe getätigt werden. Unter Android und iOS können ab Version 2.4 Dateien mit bis zu 50 MB versendet werden.

**Sichere Umfragen**
Bereits seit Januar 2015 gibt es auch die Möglichkeit, Umfragen innerhalb einer Konversation oder im Gruppenchat durchzuführen [70]. Weitere Besonderheiten von Threema sind die Datensparsamkeit („so wenig Daten wie möglich"), die Möglichkeit, den Dienst anonym zu nutzen, sowie der sog. „optionale Adressbuch-Abgleich" [71]. Das heißt, die Nutzung der App ist auch ohne Freigabe der Kontakte im Adressbuch des Nutzers möglich. Threema bietet zudem Unterstützung für Android-Wear-Smartwatches und Android Auto.

Seit Mai 2016 bietet der Dienst mit Threema Work (Preis nach Anzahl der Geräte: ab 1,40 CHF/Monat pro Gerät) eine interne Chat-Lösung für Firmen und Organisationen, die Wert auf Datenschutz und Sicherheit legen [72].

**Geschützter Newsletter-Versand mit Threema-Broadcast**
Am 9. August 2018 stellte Threema einen neuen Newsletter-Dienst für Geschäftskunden vor: Threema Broadcast bietet seitdem eine Lösung für Unternehmen, die via Messenger auf sicherem Weg an ihre Zielgruppe kommunizieren wollen. Threema Broadcast steht Kunden von Threema Work kostenlos zur Verfügung. Das Angebot ist aber auch als eigenständiges Produkt erhältlich:

Das Pricing beginnt beim kleinsten Paket „Broadcast 1" (für 4,90 CHF/ Monat) für einen Empfängerkreis von 15 Adressaten und geht über „Broadcast 50" (9,90 CHF/Monat), „Broadcast 100" (29,90 CHF/Monat), „Broadcast 500" (79,90 CHF/Monat), „Broadcast 1000" (149,00 CHF/Monat) bis hin zur Maximallösung „Broadcast Unlimited" (249,00 CHF/Monat). Um in den Versand aufgenommen zu werden, melden sich Nutzer bei den gewünschten Newsletter-Feeds an – und können sich jederzeit wieder abmelden.

**Kostenfreier Chatbot-Emulator**
Alle Broadcast-Pakete bieten u. a. einfache und bequeme Administration via intuitiver Benutzeroberfläche, einen kostenfreien und unbegrenzten interaktiven Chatbot-Emulator und die Möglichkeit, Verteilerlisten anzulegen und zu verwalten [73].

Zu den Kunden von Threemas Business-Lösungen (Work, Broadcast) gehören „namhafte DAX-Konzerne und staatliche Verwaltungen" [6]. Seit März 2017 nutzt etwa Daimler Threema Work als internen Firmen-Messenger. Auch die Schottel GmbH, die deutsche Partei Bündnis 90/Die Grünen, die KBC Bank- und Versicherungsgruppe, die Erasmus-Universität Rotterdam oder der ADAC sind Threema-Kunden [72].

## Literatur

1. Appgefahren (2013): Threema-Entwickler im Interview: Die NSA hilft mit. https://www.appgefahren.de/threema-entwickler-im-interview-76352.html. Zugegriffen: 23.01.2019
2. Apple (2018): Press Release: Apple Reports First Quarter Results. https://www.apple.com/newsroom/2018/02/apple-reports-first-quarter-results/. Zugegriffen: 18.12.2018
3. Apple (2018): Business Chat. https://developer.apple.com/business-chat/. Zugegriffen: 21.12.2018
4. Apple (2018): Apple Pay. Einfach. Sicher. Bezahlen. https://www.apple.com/de/apple-pay/. Zugegriffen: 21.12.2018
5. Berger Daniel (2017): Microsoft Teams ersetzt Skype for Business. https://www.heise.de/newsticker/meldung/Microsoft-Teams-ersetzt-Skype-for-Business-3841477.html. Zugegriffen: 14.01.2019
6. Berger Daniel (2018): Krypto-Messenger Threema Broadcast erleichtert Firmen-Kommunikation. Heise Online. https://www.heise.de/newsticker/meldung/Instant-Messaging-Threema-Broadcast-erleichtert-Firmen-Kommunikation-4132895.html. Zugegriffen: 23.01.2019
7. Bialek Catrin (2018): Alibaba greift an – Chinesische Marken sind die großen Gewinner. Handelsblatt.com. https://www.handelsblatt.com/unternehmen/management/markenranking-2018-alibaba-greift-an-chinesische-marken-sind-die-grossen-gewinner/22611962.html?ticket=ST-113110-6b7haktNptVRTxUheNXA-ap1. Zugegriffen: 19.12.2018
8. Brandt Mathias (2018): Auslaufmodel SMS. Statista. https://de.statista.com/infografik/2208/pro-jahr-in-deutschland-verschickte-sms/. Zugegriffen: 19.12.2018
9. Bundesnetzagentur (2018): Bundesnetzagentur stellt Jahresbericht 2017 vor. https://www.bundesnetzagentur.de/SharedDocs/Pressemitteilungen/DE/2018/20180508_Jahresbericht2017.html. Zugegriffen: 18.12.2018
10. Business Insider (2016): Messaging apps are now bigger than social networks. https://www.businessinsider.de/the-messaging-app-report-2015-11. Zugegriffen: 16.12.2018
11. Carsten Christian (2018): Markenerfolg auf Wechat- zwei Firmen zeigen, wie es geht. OSK.de. https://www.osk.de/blog/marken-auf-wechat. Zugegriffen: 19.12.2018
12. Cheney Sam (2018): The Most Popular iOS Apps of All Time. AppAnnie.com. https://www.appannie.com/en/insights/market-data/popular-ios-apps-time/. Zugegriffen: 19.12.2018
13. Constine, Josh (2018): Zuckerberg says the future is sharing via 100B messages & 1B Stories/day TechCrunch.com. https://techcrunch.com/2018/10/30/close-friendsbook/?guccounter=1. Zugegriffen: 17.12.2018

14. Drees Carsten (2018): WeChat: Die mächtigste App der Welt, die (hier) niemand kennt. MobileGeeks.de. https://www.mobilegeeks.de/artikel/wechat/. Zugegriffen: 19.12.2018
15. Facebook (2018): Übersicht zur Messenger-Plattformrichtlinie. https://developers.facebook.com/docs/messenger-platform/policy/policy-overview?locale=de_DE. Zugegriffen: 19.12.2018
16. Fast Company (2015): How Japan's Line App Became A Culture-Changing, Revenue-Generating Phenomenon. https://www.fastcompany.com/3041578/how-japans-line-app-became-a-culture-changing-revenue-generat. Zugegriffen: 15.01.2019
17. Firsching Jan (2016): Mobile Messenger Bots an die Macht? WhatsApp & Facebook Messenger brauchen eine persönliche Kommunikation. http://www.futurebiz.de/artikel/mobile-messenger-bots-whatsapp-facebook-messenger-persoenliche-kommunikation. Zugegriffen: 15.01.2019
18. Fox Michelle (2018): WhatsApp will be 'more open' to advertisers, says Facebook Messaging head. CNBC.com. https://www.cnbc.com/2018/05/01/facebook-messaging-boss-david-marcus-whatsapp-more-open-to-ads.html. Zugegriffen: 19.12.2018
19. Frier Sarah, Verhage Julia (2018): Facebook Is Developing a Cryptocurrency for WhatsApp Transfers, Sources Say. Bloomberg.com. https://www.bloomberg.com/news/articles/2018-12-21/facebook-is-said-to-develop-stablecoin-for-whatsapp-transfers. Zugegriffen: 26.12.2018
20. Goldkorn Jeremy (2017): QQ's not dead: 861 million users – China's latest business and technology news. Supchina.com. https://supchina.com/2017/08/07/qqs-not-dead-861-million-users-chinas-latest-business-technology-news/. Zugegriffen: 15.01.2019
21. Hamburger, Ellis (2014): Mark Zuckerberg finally explains why he forced you to download the standalone Messenger app. TheVerge.com. https://www.theverge.com/2014/11/6/7170791/mark-zuckerberg-finally-explains-why-he-forced-you-to-download-the. Zugegriffen: 17.12.2018
22. Hollander Rayna (2018): WeChat has hit 1 billion monthly active users. BusinessInsider.de. https://www.businessinsider.de/wechat-has-hit-1-billion-monthly-active-users-2018-3?r=US&IR=T. Zugegriffen: 19.12.2018
23. Isaac Mike (2019): Zuckerberg Plans to Integrate WhatsApp, Instagram and Facebook Messenger. New York Time online. NYTimes.com. https://www.nytimes.com/2019/01/25/technology/facebook-instagram-whatsapp-messenger.html. Zugegriffen: 30.01.2019
24. Johnson Khari (2018): Facebook Messenger passes 300,000 bots. VentureBeat.com. https://venturebeat.com/2018/05/01/facebook-messenger-passes-300000-bots/. Zugegriffen: 19.12.2018
25. Karasz Palko (2018): What Is Telegram, and Why Are Iran and Russia Trying to Ban It? https://www.nytimes.com/2018/05/02/world/europe/telegram-iran-russia.html. Zugegriffen: 15.01.2019
26. Koetsier John (2018): People Spent 85 Billion Hours In WhatsApp In The Past 3 Months (Versus 31 Billion In Facebook). Forbes.com. https://www.forbes.com/sites/johnkoetsier/2018/08/20/people-spent-85-billion-hours-in-whatsapp-in-the-past-3-months-versus-31-billion-in-facebook/#36626ccb1725. Zugegriffen: 18.12.2018

27. Kroker Michael (2013): 10 Jahre Skype: Von 0 auf 300 Millionen Nutzer. http://blog.
    wiwo.de/look-at-it/2013/09/03/10-jahre-skype-von-0-auf-300-millionen-nutzer/.
    Zugegriffen: 14.01.2019
28. Kuo Daniel (2017): iMessage App Store Nears 5,000 Apps After Six Months. SensorTo-
    wer.com. https://sensortower.com/blog/imessage-app-store-six-months-later. Zugegriffen:
    20.12.2018
29. Labelle Brandon (2018): Secure Messaging Apps Are Growing faster in
    Corrupt Countries. https://blog.apptopia.com/secure-msging-growth-corrupt?hs_pre-
    view=kCHOlnjy-5530097328. Zugegriffen: 15.01.2019
30. Lenz Johannes (2018): Messenger und Business: Die wichtigsten Messaging Apps
    weltweit auf einen Blick! MessengerPeople.com. https://www.messengerpeople.com/
    de/ueberblick-messenger-fuer-unternehmen/. Zugegriffen: 18.12.2018
31. Lenz Johannes (2018): Top 10 Android & iPhone Apps global: WhatsApp & Facebook
    Messenger dominieren! MessengerPeople.com. https://www.messengerpeople.com/
    de/top-10-android-iphone-apps-weltweit-whatsapp-facebook-messenger/. Zugegriffen:
    19.12.2018
32. Lenz Johannes (2018): Messaging Apps & Brands: Der Apple Business Chat. Mess-
    engerPeople.com. https://www.messengerpeople.com/de/ueberblick-zu-apple-busi-
    ness-chat/. Zugegriffen: 12.01.2019
33. Liao Rita (2017): WeChat's older sibling QQ plans to stay forever young. Demystify-
    Asia.com. http://www.demystifyasia.com/popular-messaging-apps-asia/. Zugegriffen:
    11.01.2019
34. Linder Roland (2014): Mark Zuckerbergs Mega-Deal. Frankfurter Allgemeine online.
    FAZ.net. https://www.faz.net/aktuell/wirtschaft/agenda/facebook-kauft-whatsapp-mark-
    zuckerbergs-mega-deal-12811209.html. Zugegriffen: 30.01.2019
35. Line (2016): Creators Can Now Sell Sticker Sets with as few as Eight Stickers on the
    LINE Creators Market. https://linecorp.com/en/pr/news/en/2016/1535. Zugegriffen:
    15.01.2019
36. Line@ (2019): Tarife und Preise für LINE@. https://at.line.me/de/plan. Zugegriffen:
    15.01.2019
37. Lomas Natasha (2018): Line's Q2: Fewer active users but profits leap off rising ad
    revenues. TechCrunch.com https://techcrunch.com/2017/07/26/lines-q2-fewer-acti-
    ve-users-but-profits-leap-off-rising-ad-revenues/?ncid=mobilenavtrend. Zugegriffen:
    15.01.2019
38. Maruma Misha (2014): How To Use QQ For Marketing FAQ. Nanjing Marke-
    ting    Group.    https://www.nanjingmarketinggroup.com/blog/qq/qq-marketing-faq.
    Zugegriffen: 11.01.2019
39. Microsoft (2019): Skype. Professional online meetings built for business. https://
    www.skype.com/en/business/. Zugegriffen: 14.01.2019
40. Molla Rani (2018): WhatsApp is now Facebook's second-biggest property, followed by
    Messenger and Instagram. Redcode.net. https://www.recode.net/2018/2/1/16959804/
    whatsapp-facebook-biggest-messenger-instagram-users. Zugegriffen: 18.12.2018
41. Nike (2014): Nike rise basketball campaign gets underway in China. https://news.nike.com/
    news/nike-rise-basketball-campaign-gets-underway-in-china. Zugegriffen: 11.01.2019

42. Ong Thuy (2018): Chinese social media platform WeChat reaches 1 billion accounts world-wide. TheVerge.com. https://www.theverge.com/2018/3/5/17080546/wechat-chinese-social-media-billion-users-china. Zugegriffen: 18.12.2018
43. Perez Sarah (2018): Wish, Netflix, Uber and ~100 others testing WhatsApp's new Business API. TechCrunch.com. https://techcrunch.com/2018/08/31/100-comapnies-now-testing-whatsapps-business-api/. Zugegriffen: 19.12.2018
44. Pinngle (2016): Popularity of Different Android Messaging Apps by Countries https://pinngle.me/blog/popularity-of-different-android-messaging-apps-by-countries/. Zugegriffen: 15.01.2019
45. QQ International (2019): About QQ. https://www.imqq.com/html/about/about.html. Zugegriffen: 11.01.2019
46. QQ (2019): QQ Business. http://b.qq.com/main.html. Zugegriffen: 15.01.2019
47. Rakuten Viber (2019): Get Started With Viber Business Messages. https://info.viber.com/Viber-Business-Messages-Partners.html. Zugegriffen: 15.01.2019
48. Rakuten Viber (2019): Viber for Business. https://www.viber.com/de/business/. Zugegriffen: 15.01.2019
49. Richter Felix (2018): Ruf doch mal an! Statista. https://de.statista.com/info-grafik/13121/gespraechsminuten-festnetz-und-mobilfunk/. Zugegriffen: 18.12.2018
50. Rondinella Guiseppe (2018): „Messenger-Kommunikation wird die E-Mail nicht ersetzen". HORIZONT.net. https://www.horizont.net/tech/nachrichten/facebook-manager-stan-chudnovsky-messenger-kommunikation-wird-die-e-mail-nicht-ersetzen-169677. Zugegriffen: 19.12.2018
51. Russell Jon (2018): Mobike lands investment from Line to grow ist bike-sharing service in Japan. TechCrunch.com. https://techcrunch.com/2017/12/19/mobike-line-japan/?ncid=rss. Zugegriffen: 15.01.2019
52. Russell Jon (2018): Telegram's new widget lets businesses connect directly with users of ist chat app. https://techcrunch.com/2018/02/07/telegram-web-login-widget/. Zugegriffen: 15.01.2019
53. Sentance Rebecca (2017): Tfboys QQ page. https://www.clickz.com/qq-the-biggest-digital-platform-youve-never-heard-of/113476/tfboys-qq-page/. Zugegriffen: 11.01.2019
54. SimilarWeb (2018): Mobile Messaging App Map – February 2018 https://www.similarweb.com/blog/mobile-messaging-app-map-2018. Zugegriffen: 15.01.2019
55. Sing, Shelley (2018): Fighting fake information is a societal challenge: Chris Daniels, WhatsApp. The Economic Times. https://economictimes.indiatimes.com/tech/internet/fighting-fake-information-is-a-societal-challenge-chris-daniels-whatsapp/articleshow/66423678.cms. Zugegriffen: 19.12.2018
56. Spöde Sven (2017): WeChat Mini-Programme – Tencents neuer Digitalisierungs-Turbo. Storyblogger.de. https://storyblogger.de/2017/01/wechat-mini-programme/. Zugegriffen: 21.12.2018
57. Statista (2017): Price of selected acquisitions by Rakuten as of July 2017 (in million U.S. dollars) https://www.statista.com/statistics/225760/price-of-selected-acquisitions-by-rakuten-since-2005/. Zugegriffen: 15.01.2019
58. Statista (2018): Most popular mobile messaging apps worldwide as of October 2018, based on number of monthly active users (in millions). https://www.statista.com/statistics/258749/most-popular-global-mobile-messenger-apps/. Zugegriffen: 18.12.2018

59. Statista (2018): Number of unique Viber user IDs from June 2011 to September 2018 (in millions). https://www.statista.com/statistics/316414/viber-messenger-registered-users/. Zugegriffen: 15.01.2019

60. Statista (2018): Number of daily active WhatsApp Status users from 1st quarter 2017 to 2nd quarter 2018 (in millions). https://www.statista.com/statistics/730306/whatsapp-status-dau/. Zugegriffen: 19.12.2018

61. Statista (2018): Anzahl der Nutzer des Schweizer Messengers Threema von Februar 2014 bis Januar 2018 (in Millionen). https://de.statista.com/statistik/daten/studie/445619/umfrage/nutzer-des-schweizer-messaging-dienstes-threema/. Zugegriffen: 23.01.2019

62. Statista (2019): Schätzung zur Anzahl der weltweit registrierten Skype-Nutzer in den Jahren 2009 bis 2024 (in Milliarden). https://de.statista.com/statistik/daten/studie/185958/umfrage/registrierte-und-zahlende-skype-nutzer-seit-2007/. Zugegriffen: 14.01.2019

63. Tanriverdi Hakan (2014): Whatsapp-Konkurrent Threema verdoppelt Nutzerzahl. Süddeutsche Zeitung online. SZ.de. https://www.sueddeutsche.de/digital/seit-facebook-deal-whatsapp-konkurrent-threema-verdoppelt-nutzerzahl-1.1894768. Zugegriffen: 23.01.2019

64. Tech Sina China (2013): 腾讯企业QQ卷土重来:已拥有30万企业用户(Tencents QQ Enterprise mit 300.000 Unternehmenskunden). http://tech.sina.com.cn/i/2013-03-20/02318162321.shtml. Zugegriffen: 15.01.2019

65. Telecompaper (2018): Line revenue grows 18% in 2017, profit up 15%. https://www.telecompaper.com/news/line-revenue-grows-18-in-2017-profit-up-15-1230100. Zugegriffen: 15.01.2019

66. Telegram (2019): FAQ. https://telegram.org/faq/de. Zugegriffen: 15.01.2019

67. Telegram Team (2017): Payments for Bots. https://telegram.org/blog/payments. Zugegriffen: 15.01.2019

68. Telegram Team (2016): Introducing Inline Bots. https://telegram.org/blog/inline-bots. Zugegriffen: 15.01.2019

69. Threema (2018): Threema. Der meistverkaufte sichere Messenger. Pressemitteilung vom 01.02.2018. https://threema.ch/press-files/1_press_info/Press-Info_Threema_DE.pdf. Zugegriffen: 23.01.2019

70. Threema (2019): Wie erstelle ich eine Umfrage? https://threema.ch/de/faq/poll. Zugegiffen: 23.01.2019

71. Threema (2019): Welche Daten werden bei Threema gespeichert? https://threema.ch/de/faq/data. Zugegriffen: 23.10.2019

72. Threema (2019): Threema Work. Der Messenger für Unternehmen. https://work.threema.ch/de. Zugegriffen: 23.01.2019

73. Threema (2019): Threema Broadcast. Top-Down-Kommunikation leicht gemacht. https://broadcast.threema.ch/de. Zueggriffen: 23.01.2019

74. t3n (2018): Wechat, das Tor zu chinesischen Konsumenten: Wege zu einem Official Account. https://t3n.de/news/wechat-official-account-844214/. Zugegriffen: 19.12.2018

75. We are Social (2018): Global Digital Report 2018. https://digitalreport.wearesocial.com/. Zugegriffen: 30.01.2019

76. WhatsApp (2018): WhatsApp Business App. https://www.whatsapp.com/business/?lang=de. Zugegriffen: 19.12.2018
77. WhatsApp (2018): WhatsApp FAQ. Business API documentation. https://developers.facebook.com/docs/whatsapp/faq#faq_118027878791885. Zugegriffen: 19.12.2018
78. Wilkens Andreas (2011) Microsoft bestätigt Übernahme von Skype. Heise online. https://www.heise.de/newsticker/meldung/Microsoft-bestaetigt-Uebernahme-von-Skype-1240838.html. Zugegriffen: 15.01.2019
79. Yang Sophia (2014): Untapped social marketing potential of QQ Zone. https://cn-en.kantar.com/media/social/untapped-social-marketing-potential-of-qq-zone/. Zugegriffen: 11.01.2019
80. YesMobo (2018): Most Effective Whatsapp Marketing Platform. Why you should start marketing on Whatsapp? https://www.yesmobo.com/whatsapp-marketing/advertisers-sign-up/. Zugegriffen: 21.12.2018
81. Yicai Global (2016): QQ and KFC Launch Themed Restaurant as Real-Life Meeting Place for Online Contacts. https://www.yicaiglobal.com/news/qq-and-kfc-launch-themed-restaurant-real-life-meeting-place-online-contacts. Zugegriffen: 11.01.2019
82. Yoo Eva (2018): WeChat Pay's global expansion "going well": Q&A with Grace Yin, Director of WeChat Pay Cross-border Operation. Technode.com. https://technode.com/2018/01/16/wechat-grace-yin/. Zugegriffen: 19.12.2018
83. YouGov/MessengerPeople (2018): MessengerPeople Studie 2018: Exklusive Zahlen und Statistiken zur Messenger Kommunikation für Unternehmen. https://www.messengerpeople.com/de/studie2018/. Zugegriffen: 19.12.2018

# Der Messenger-Markt in Deutschland

**3**

## Zusammenfassung

WhatsApp dominiert die Messenger Landschaft in Deutschland. 81 % der Internetnutzer aller Altersgruppen – und damit rund 51 Mio. Bundesbürger – verwenden die grüne Chat-App. Ungefilterter Zugang zur Zielgruppe, Nachrichten in Echtzeit und hohe virale Verbreitung sind nur einige Vorteile für Unternehmen auf WhatsApp. Doch nicht Werbung, sondern Informationen und Dialog wünschen sich die Deutschen beim Kontakt auf WhatsApp.

„Messenger sind die eigentlichen Taschenmesser der Kommunikation, weil sie inzwischen alles können: Text, Sprache, Bild, Video, Reminder, To-Do-Listen, Termine, Ideen-Board. Clever ist, wer sich auch in der Kommunikation mit Kunden diese Multifunktionalität zunutze macht und um die Ecke denkt" (Nicola Kiermeier, Head of Branded Content & Partnerships bei SPORT1 [8]).

## 3.1 WhatsApp und Co in der BRD: Nutzungsverhalten

Ende 2018 waren 90,3 % der deutschsprachigen Bevölkerung ab 14 Jahren online, insgesamt rund 63,3 Mio. Menschen, so das Ergebnis der ARD/ZDF-Onlinestudie 2018. Dabei sind es nicht nur *immer mehr Deutsche,* die ins Netz gehen – auch die *Nutzungshäufigkeit* nimmt zu: Mittlerweile sind rund 77 % der Bevölkerung (54,0 Mio.) täglich online [3].

**Smartphone-Aktivität Nr. 1: Messaging**
Dabei sind Messaging- und Social Media Anwendungen diejenigen Aktivitäten, die die Deutschen am häufigsten im Netz ausüben: So liegt der Anteil der Menschen, die auf ihrem Smartphone eine Messenger-App verwenden, mit 60 %

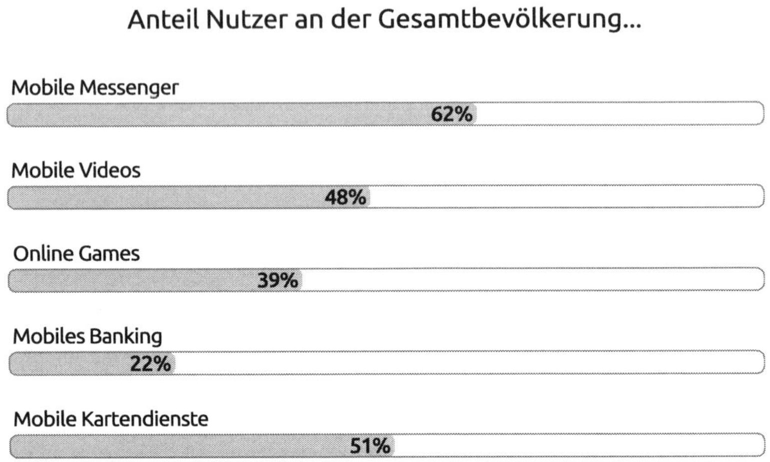

## Anteil Nutzer an der Gesamtbevölkerung...

Mobile Messenger

| 62% |

Mobile Videos

| 48% |

Online Games

| 39% |

Mobiles Banking

| 22% |

Mobile Kartendienste

| 51% |

**Abb. 3.1** Die beliebteste Aktivität der Deutschen auf dem Smartphone: Messaging. (Quelle: We are social/Hootsuite 2018 [10])

deutlich vor anderen Nutzungsszenarien wie Kartensuche/Navigation (51 %), Videokonsum (48 %), Online Gaming (39 %) oder Online Banking (22 %) [10] (Abb. 3.1).

Für werbetreibende Unternehmen interessant: Was die mobile Nettoreichweite der deutschen Online-Bevölkerung betrifft, liegt WhatsApp vorne: Die Messenger App konnte im April 2018 82,8 % der deutschen Online-Bevölkerung erreichen, bei Facebook sind es 74,9 %, der Google Playstore konnte noch 59,2 % der Onliner ansprechen, Amazon 57,8 % und der Facebook Messenger 47,1 %. Damit kommen von den Top 5 der reichweitenstärksten Mobile-Angebote in Deutschland drei aus dem Hause Facebook (und alle aus den USA) [2].

**89 % der Internetnutzer nutzen aktiv Messenger**
Somit ist es wenig überraschend, dass neun von zehn deutschen Internetnutzern (89 %) aktiv Messenger-Anwendungen wie WhatsApp, Facebook Messenger oder iMessage verwenden. Bei den Jüngeren zwischen 14 und 29 Jahren nutzt mit 98 % inzwischen nahezu Jeder einen Messenger. Unter den 30- bis 49-Jährigen sind es 94 %, bei den 50- bis 64-Jährigen 81 % und bei der Generation der Über-65-Jährigen sind es immerhin 70 %, die regelmäßig eine Chat-App verwenden:

„Messenger-Apps sind für viele zu einer Selbstverständlichkeit auf dem Smartphone geworden. *Auch immer mehr ältere Menschen nutzen Kurznachrichtendienste, um ihre persönlichen Kontakte zu pflegen* – gerade auch zu ihren Kindern und Enkeln. Messenger ermöglichen eine schnelle und unkomplizierte Kommunikation. Auch Gruppenchats mit Familienmitgliedern oder Freunden werden immer beliebter, um Updates, Fotos und Videos direkt mit allen zu teilen" [4].

## 51 Mio. Deutsche nutzen WhatsApp

Der beliebteste Messenger in Deutschland ist WhatsApp: 81 % der Internetnutzer aller Altersgruppen – und damit rund 5 Mio. Bundesbürger – verwenden die grüne Chat-App [4], davon nutzen rund zwei Drittel die Chat-Anwendung „mehrfach täglich" [11].

Mit deutlichem Abstand auf Platz zwei der in Deutschland am häufigsten genutzten Messenger-Apps liegt der Facebook Messenger (46 %), gefolgt von Skype (24 %) Skype und dem vor allem in der jungen Zielgruppe beliebten Snapchat (15 %). IMessage verwenden rund 10 der deutschen Internetnutzer, 7 % vertrauen auf Telegram. Jeweils 4 % der deutschen Internetnutzer nutzen Threema bzw. Google Hangouts [4] (Abb. 3.2).

## Kriterien für die „Messenger-Wahl"

86 % der Messenger-Nutzer achten bei der Nutzung eines Messengers darauf, dass *Freunde und Familie* den Messenger ebenfalls verwenden (sog. „Metcalfesches Gesetz", vgl. Abschn. 2.1). Für knapp zwei Drittel der deutschen Messenger-Fans spielt auch die Nutzung durch *Kollegen* bei der Wahl des Messengers eine wichtige oder eher wichtige Rolle [4].

Einer der Gründe für den Erfolg von WhatsApp – wie generell von elektronischen Consumer Goods (Best Case: das iPhone) – liegt in der *Usability*, d. h. der einfachen Bedienbarkeit der Anwendung, die für 92 % der Nutzer ein relevantes Nutzungskriterium ist. Für 66 % der Anwender spielen auch Zusatzfunktionen wie Videotelefonie oder der Versand von Sprachnachrichten eine wichtige Rolle bei der Wahl eines Messengers [4].

Gerade in Deutschland ist für neun von zehn Messenger-Nutzern auch das Thema *Datensicherheit* ein relevanter Aspekt bei der Nutzung einer Messenger-App: 90 % legen Wert auf die Datenschutzkonformität des App-Anbieters im Umgang mit persönlichen Daten. 87 % schätzen Datensicherheit in ihrer Kommunikation – etwa durch die bei vielen Messenger-Apps mittlerweile standardmäßige Ende-zu-Ende-Verschlüsselung [4].

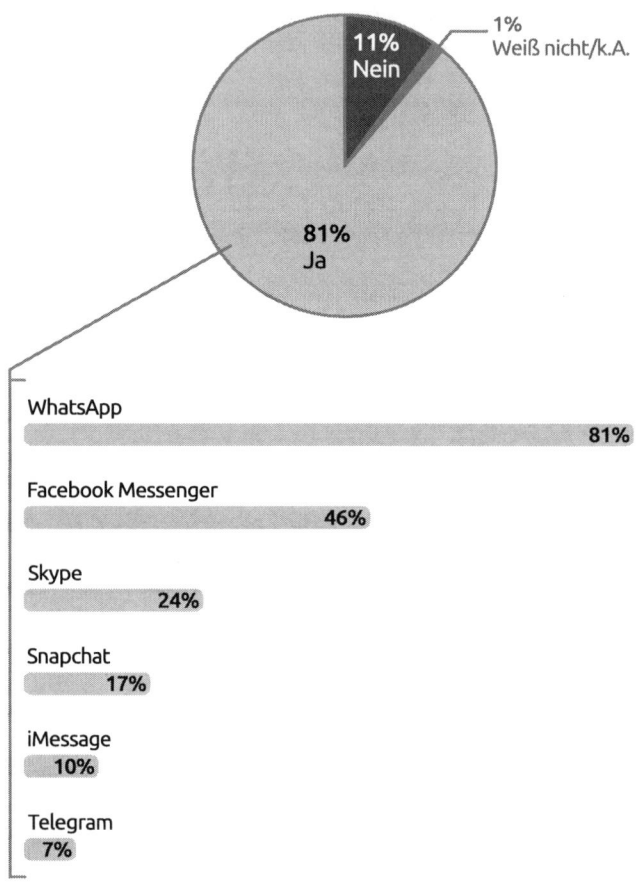

**Abb. 3.2** In Deutschland ist WhatsApp der meist genutzte Messenger-und liegt weit vor dem Facebook Messenger oder Apples iMessage. (Quelle: Bitkom 2018 [4])

**WhatsApp ist „King of Downloads"**

Für die Beliebtheit von Messengern sprechen auch die reinen Download-zahlen der vergangenen Jahre für Android-Smartphones (Google Play Store) und iOS-Geräte (Apples App Store). Egal, welchen der beiden App-Shops man analysiert: WhatsApp war in den letzten Jahren die am häufigsten heruntergeladene Anwendung für Smartphones in Deutschland (Abb. 3.3).

14,5 Mio. Mal wurde WhatsApp 2018 in Deutschland für ein Android-Gerät heruntergeladen – weit vor dem zweitplatzierten Facebook Messenger mit 9,9 Mio. Downloads, Snapchat (7,8 Mio. Downloads) und der Shopping-App Wish (6,9 Mio.) [5].

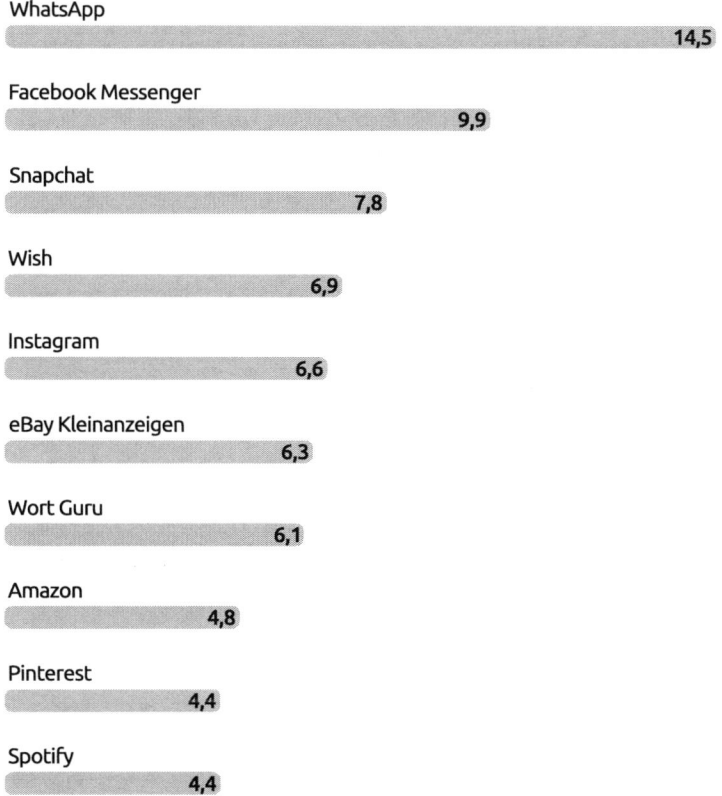

### Die Top 10 Android-Apps in Deutschland
Anzahl der Downloads 2018 aus dem Google Play Store (in Mio.)

WhatsApp — 14,5
Facebook Messenger — 9,9
Snapchat — 7,8
Wish — 6,9
Instagram — 6,6
eBay Kleinanzeigen — 6,3
Wort Guru — 6,1
Amazon — 4,8
Pinterest — 4,4
Spotify — 4,4

**Abb. 3.3** WhatsApp wurde 2018 in Deutschland im Google Play Store rund 4,6 Mio. Mal öfter heruntergeladen als die nachfolgende App: der Facebook Messenger. (Quelle: Statista [5])

Ein ähnliches Bild ergibt sich bei einem Blick auf Apple-Nutzer: WhatsApp führte 2018 die Downloadcharts im App Store deutlich an (7,4 Mio. Downloads) und lag damit vor YouTube (4,8 Mio.), Instagram (3,7 Mio.) und Snapchat (3,3 Mio.) [6] (Abb. 3.4).

Erst im Herbst 2018 gelang es anderen Apps – etwa den Spielen „Fireballs 3D" und „Paper.io 2" – WhatsApp von seinem Spitzenplatz in den Download-Charts zu verdrängen und auf Platz 2 zu verweisen.

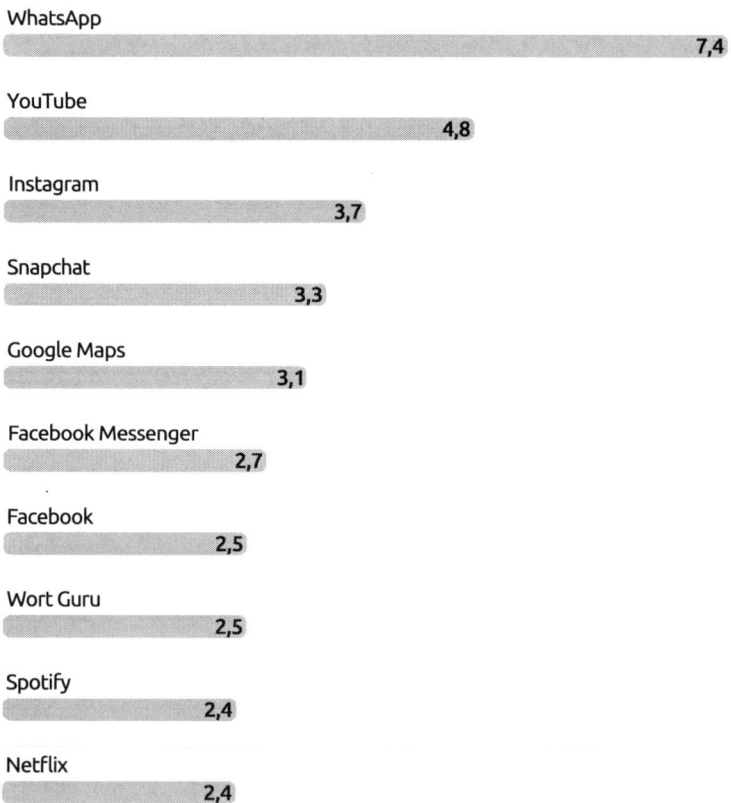

## Die Top 10 iPhone-Apps in Deutschland
### Anzahl der Downloads 2018 aus dem Apple App Store (in Mio.)

WhatsApp — 7,4

YouTube — 4,8

Instagram — 3,7

Snapchat — 3,3

Google Maps — 3,1

Facebook Messenger — 2,7

Facebook — 2,5

Wort Guru — 2,5

Spotify — 2,4

Netflix — 2,4

**Abb. 3.4** WhatsApp dominierte 2018 die Downloadzahlen in Apples App Store. (Quelle: Statista [6])

Die Gründe hierfür liegen u. a. darin, dass a) zu diesem Zeitpunkt mit einer Nutzungsrate von knapp 90 % unter den Online-Nutzern bereits eine nahezu vollkommene Marktdurchdringung vorlag sowie b) der von WhatsApp angekündigte Einstieg in bezahlte Werbung (vgl. Abschn. 2.2.1) potenzielle Nutzer eher abschreckte.

**Viralität: Interessante Inhalte werden über WhatsApp geteilt**
Dabei ist WhatsApp auch derjenige Kommunikationskanal, über den die Bundesbürger am meisten interessante, nützliche oder unterhaltende Inhalte teilen. Dadurch eignet sich WhatsApp auch für Unternehmen, die eine „virale" Marketingkampagne umsetzen wollen. So teilen 62 % der Deutschen Nachrichten über WhatsApp mit Freunden, Bekannten und Verwandten, nur knapp ein Drittel wählt dazu Facebook. 22 % der Bundesbürger leiten lesenswerte Nachrichten per Mail weiter. Andere Social-Media-Kanäle wie Twitter und Snapchat werden lediglich von 5 % der Deutschen als bevorzugter Kanal fürs Content-Sharing gewählt [12] (Abb. 3.5).

Berücksichtigt man, dass interessante Nachrichten seitens eines Unternehmens von den Empfängern eines WhatsApp-Newsletters auch geteilt werden, lassen sich durch Messenger Marketing teilweise Click-Through-Rates von über 100 % erzielen (vgl. Abschn. 10.3).

**82 % der 12–19-Jährigen nutzen täglich WhatsApp**
Gerade bei jugendlichen Nutzern nehmen Messenger mittlerweile einen festen Bestandteil des Alltags ein: 95 % der Zwölf- bis 19-Jährigen nutzen WhatsApp mindestens mehrmals pro Woche (täglich: 82 %) und erhalten dabei geschätzte 36 Nachrichten. Das zweitplatzierte Instagram verzeichnet 67 % regelmäßige Nutzer (täglich: 51 %) und Snapchat 54 % (täglich: 46 %). Die ursprüngliche Social-Media-Plattform Facebook landet weit abgeschlagen auf dem vierten Rang (15 %; täglich: 8 %) [9] (Abb. 3.6).

Bei der Frage nach den *liebsten Internetangeboten* nennen 63 % der Zwölfbis 19-Jährigen YouTube, gefolgt von WhatsApp (39 %) und Instagram (30 %). Auf Platz 4 bei den jungen Online-Nutzern landet Netflix (18 %) vor Snapchat (15 %) und der Suchmaschine Google (13 %) [9] (Abb. 3.7).

Dabei ist für die Jugendlichen WhatsApp mit deutlichem Anstand vor der Fotosharing-Plattform Instagram die beliebteste Smartphone-App. WhatsApp nimmt dabei in allen Altersgruppen die zentrale Rolle ein (Abb. 3.8).

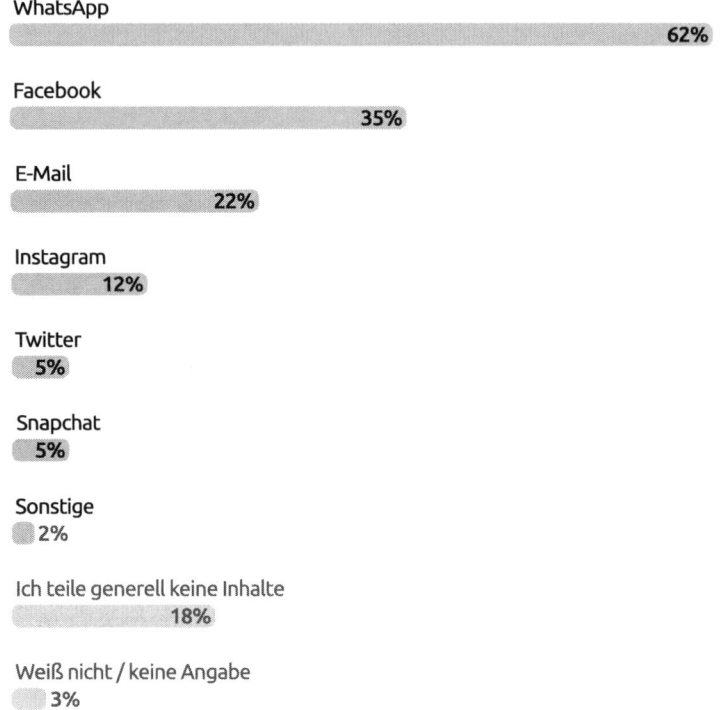

**Abb. 3.5** Lesenswerte Nachrichten teilen die Deutschen am liebsten über WhatsApp. (Quelle: YouGov/MessengerPeople 2018)

## 3.2    WhatsApp und Co in der BRD: Nutzerpräferenzen

„Je persönlicher die Beziehung zwischen Marke und Kunde ist, desto länger hält sie. Messenger wie WhatsApp und Co. können dabei eine wichtige Rolle spielen. Denn sie ermöglichen direkte 1:1-Kommunikation in ein meist recht privates Umfeld hinein. Wem es in diesem Kanal gelingt, auf Augenhöhe Gespräche zu führen und ansprechbar zu sein, dem kann es gelingen, langfristig Menschen an seine Marke zu binden" (Franziska Bluhm, Consultant, Trainer, Journalistin [8]).

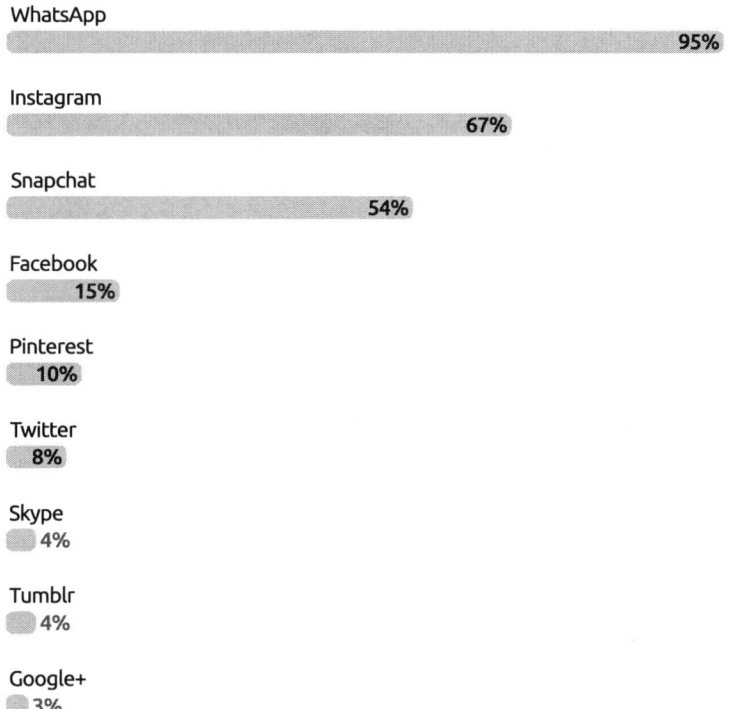

**Abb. 3.6** WhatsApp, Instagram und Snapchat sind die beliebtesten Messenger bei Jugendlichen. (Quelle: JIM 2018 [9])

Wie in Abschn. 3.1 beschrieben, steht WhatsApp als Messenger-App in Deutschland konkurrenzlos auf Platz 1. Keine andere Anwendung wird altersübergreifend von so vielen Bürgern benutzt: Fast 70 % der Deutschen nutzen die Nachrichten-App WhatsApp für die tägliche Kommunikation [1].

**„Längst überfällig": WhatsApp-Kontakt mit Unternehmen**
Damit handelt es sich bei WhatsApp um denjenigen Kommunikationskanal, der die Lebenswirklichkeit potenzieller und bestehender Kunden am stärksten widerspiegelt. Darin liegt auch das große Potenzial für die professionelle Nutzung von WhatsApp durch Unternehmen und Marken.

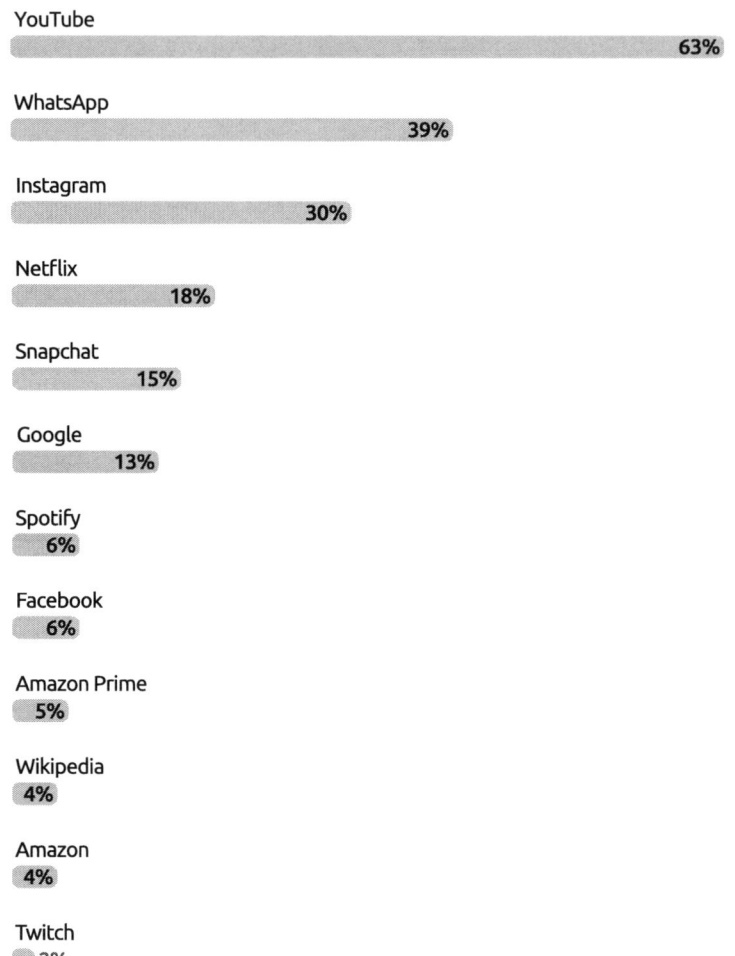

## Liebste Internetangebote 2018
### bis zu drei Nennungen

YouTube — 63%

WhatsApp — 39%

Instagram — 30%

Netflix — 18%

Snapchat — 15%

Google — 13%

Spotify — 6%

Facebook — 6%

Amazon Prime — 5%

Wikipedia — 4%

Amazon — 4%

Twitch — 2%

**Abb. 3.7** YouTube, WhatsApp und Instagram sind die „Netz-Lieblinge" unter Teenagern – noch vor Amazon, Wikipedia, Spotify und Google. (Quelle: JIM 2018 [9])

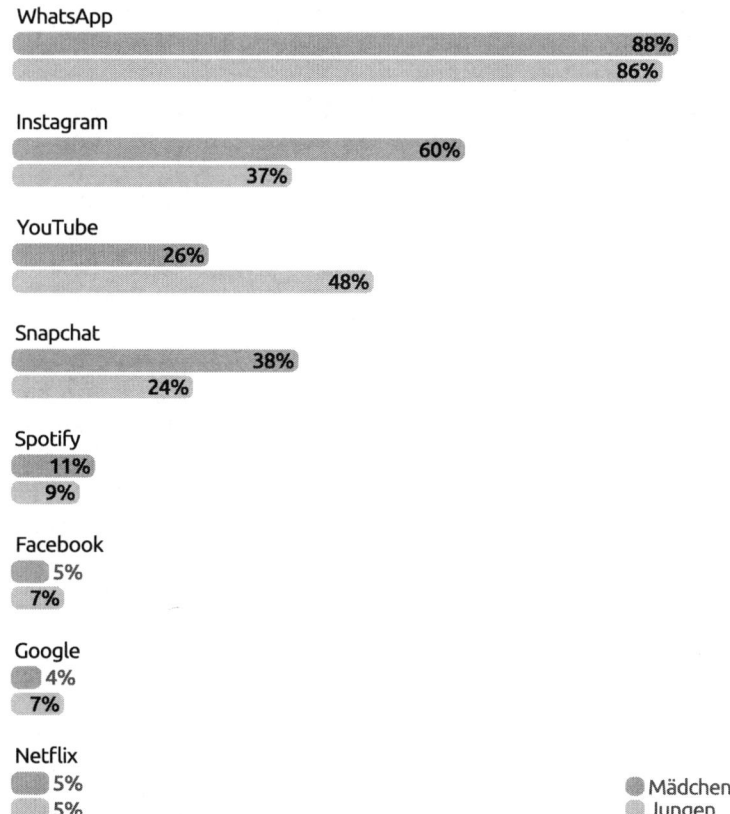

**Abb. 3.8**  Facebook ist „out": WhatsApp ist bei Jugendlichen die wichtigste App. (Quelle: JIM 2018 [9])

Immerhin jeder Dritte WhatsApp-Nutzer findet, dass der Kontaktfunktion über soziale Netzwerke oder Apps mit Unternehmen oftmals unkomplizierter ist als über andere Wege (z. B. per E-Mail, Post, Telefon). Und jeder fünfte der bundesdeutschen Gesamtbevölkerung gibt an, dass Messenger-Chats mit Unternehmen „schon längst überfällig" sind und zum Alltag gehören sollten [11].

Insgesamt geben 18 % aller Deutschen ab 18 Jahren an, ein Unternehmen schon einmal individuell über soziale Medien kontaktiert zu haben. Und fünf Prozent aller WhatsApp-Nutzer haben über die App schon einmal einen Newsletter eines Unternehmens oder einer anderen Organisation abonniert – Tendenz stark steigend [11]. So versendet das Münchner Unternehmen MessengerPeople pro Tag 3,6 Mrd. Messenger-Nachrichten von Unternehmen an über 10 Mio. Empfänger. 117 Mio. Anfragen haben die Unternehmenskunden des Software-Anbieters im letzten Jahr über Messenger erhalten – die meisten (98 %) davon über WhatsApp [7].

Auch von den Menschen, die bislang noch keine WhatsApp-Nutzer sind, kann sich immerhin knapp ein Viertel (24 %) vorstellen, zukünftig WhatsApp zur Kommunikation mit Unternehmen zu nutzen [11].

**Der „typische WhatsApp-Nutzer"**
Für Unternehmen, die via WhatsApp mit ihrer Zielgruppe kommunizieren (wollen), lohnt sich daher ein Blick auf die Nutzerstruktur:

So sind WhatsApp-Nutzer laut einer repräsentativen Studie von YouGov unter 3000 Bundesbürgern ab 18 Jahren im Vergleich zu Nicht-Nutzer eher aktive und gesellige Menschen. Sie sind eher zwischen 18 und 34 Jahren alt, seltener Singles, bevorzugen eine aktive Freizeitgestaltung (Sport, Fitness, Hobbies) und gehen gerne ins Kino, in Restaurants oder Kneipen [1].

Von denjenigen, die sich einen WhatsApp-Kontakt mit Unternehmen wünschen würden und/oder als „schon längst überfällig" bezeichnen (in der You-Gov-Studie als „Potenzialgruppe" bezeichnet), interessiert sich rund ein Viertel (25 %) allgemein für Brands. Leicht überdurchschnittliche Werte erzielen die Mitglieder der Potenzialgruppe auch im Zeitschriftenkonsum [11].

Im Vergleich zum bundesdeutschen Bevölkerungsdurchschnitt stehen diejenigen, die sich aktiv mehr WhatsApp-Engagement von Unternehmen wünschen, eher kommunikativ *„jungen", Lifestyle-orientierten Marken* nahe (z. B. IKEA, Apple, Zalando, Lieferando, Fire TV, RedBull, Coca Cola Zero) (Abb. 3.9).

Für Unternehmen, die auf WhatsApp-Marketing setzen, sind in diesem Kontext zwei weitere Aspekte relevant:

1. Stark an WhatsApp-Marketing interessierte Menschen haben signifikant *häufiger Ad-Blocker* auf ihren Smartphones installiert als der Durchschnitt der Bevölkerung!
2. Knapp die Hälfte der Personen, die WhatsApp-Kommunikation mit Unternehmen als längst überfällig erachten, haben gleichzeitig die Befürchtung, dass WhatsApp eine weitere Möglichkeit für Firmen ist, Kundendaten zu sammeln [11].

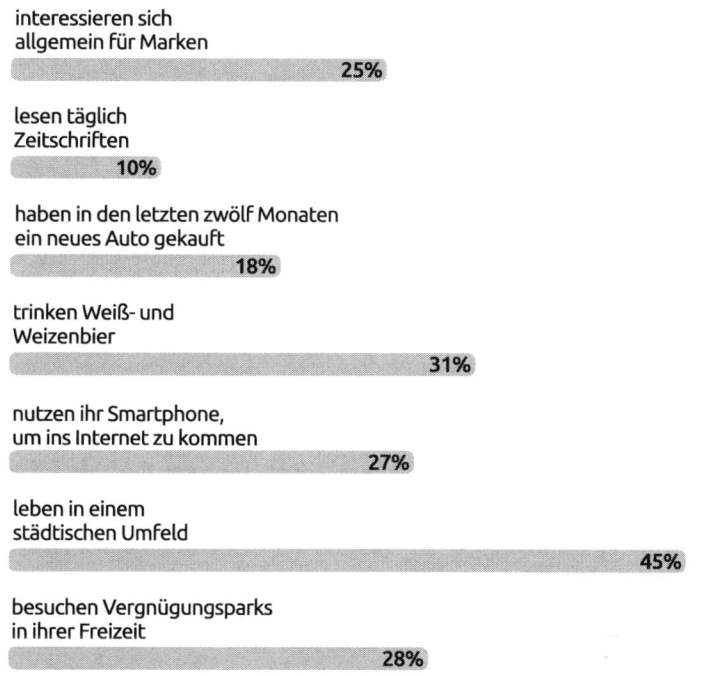

**Abb. 3.9** Menschen, die mit Unternehmen via Messenger kommunizieren wollen, sind überdurchschnittlich informiert und aktiv. (Quelle YouGov 2017 [11])

In der konkreten Umsetzung ihrer Messenger-Strategie sind Unternehmen daher gut beraten, diese Nutzerpräferenzen zu berücksichtigen. Zum einen, indem sie – bspw. auf ihrer Homepage – deutlich auf die Datenschutzkonformität ihres Messenger-Services hinweisen und dessen Zweck bzw. inhaltliche Ausrichtung sowie die Vorteile für Empfänger deutlich betonen (vgl. Abschn. 10.1).

**„Ich will Werbung". Nicht**
Zum anderen bedeutet das, dass sich Messenger als sehr persönlicher und vertrauensbasierter Kommunikationskanal auch in ihren Inhalten deutlich (im Nutzerempfinden: positiv) von den „üblichen" Werbebotschaften auf anderen

Kanälen unterscheiden sollten. Dass sich Kunden für Unternehmensnachrichten via WhatsApp interessieren, ist nicht gleichbedeutend mit: „Ich will Werbung!". Im Gegenteil: Bei den Inhalten eines WhatsApp-Newsletters sollten Unternehmen klar auf den Mehrwert und den konkreten Nutzen für den Kunden achten – und auf aufdringliche „Verkaufe" eher verzichten. Insofern ist es wichtig, näher zu betrachten, inwiefern sich Messenger in die Customer Journey eines Unternehmens integrieren lassen – und welche Möglichkeiten, aber auch Wirkungsgrenzen für diesen Kommunikationskanal gelten (vgl. Kap. 6).

## Literatur

1. ADZINE (2017): WhatsApp in der Unternehmenskommunikation. https://www.adzine.de/2017/07/studie-whatsapp-in-der-unternehmenskommunikation/. Zugegriffen: 21.12.2018
2. ADZINE (2018): Whatsapp hat die höchste Mobile-Nettoreichweite, Facebook knapp dahinter. https://www.adzine.de/2018/07/whatsapp-hat-die-hoechste-mobile-nettoreichweite-facebook-knapp-dahinter/. Zugegriffen: 21.12.2018
3. ARD/ZDF (2018): ARD/ZDF-Onlinestudie 2018: Erstmals sind über 90 Prozent der Deutschen online. Deutlicher Zuwachs bei der Nutzung von Medien und Kommunikation via Internet. http://www.ard-zdf-onlinestudie.de/files/2018/PM_ARD-ZDF-Onlinestudie_2018.pdf. Zugegriffen: 21.12.2018
4. Bitkom (2018): Neun von zehn Internetnutzern verwenden Messenger. https://www.bitkom.org/Presse/Presseinformation/Neun-von-zehn-Internetnutzern-verwenden-Messenger.html. Zugegriffen: 21.12.2018
5. Brandt Matthias (2019): Die Top 10 Android-Apps in Deutschland 2018. Statista.de. https://de.statista.com/infografik/12709/downloads-jahresranking-die-top-10-android-apps-in-deutschland. Zugegriffen: 23.01.2019
6. Brandt Matthias (2019): Die Top 10 iPhone-Apps in Deutschland 2018. Statista.de https://de.statista.com/infografik/12710/downloads-jahresranking-die-top-10-iphone-apps-in-deutschland/. Zugegriffen: 23.01.2019
7. Kremming Katharina (2018): MessengerPeople Studie 2018: 10 Millionen Menschen nutzen bereits Messenger Services, um mit Unternehmen zu kommunizieren. MessengerPeople.com. https://www.messengerpeople.com/de/insights-messenger-kommunikation/. Zugegriffen: 21.12.2018
8. Lenz Johannes (2018): Messenger Kommunikation: 18 Kundenservice- und Digitalexperten über die Trends 2019. MessengerPeople.com. https://www.messengerpeople.com/de/messenger-kommunikation-18-kundenservice-und-digitalexperten-trends-2019/. Zugegriffen: 13.01.2019
9. Medienpädagogischer Forschungsverbund Südwest (2018): JIM-Studie 2018. Basisuntersuchung zum Medienumgang 12- bis 19-Jähriger. http://www.mpfs.de/fileadmin/files/Studien/JIM/2018/Studie/JIM_2018_Gesamt.pdf. Zugegriffen: 21.12.2018

10. We are social/Hootsuite (2018): Digital 2018 in Deutschland. https://www.slideshare.net/wearesocial/digital-2018-in-deutschland. Zugegriffen: 21.12.2018
11. YouGov (2017): WhatsApp im Kundenkontakt. https://campaign.yougov.com/DE_2017_08_Reports_Whatsapp_im_Kundenkontakt_Landingpage.html. Zugegriffen: 21.12.2018
12. YouGov/MessengerPeople (2018): MessengerPeople Studie 2018: Exklusive Zahlen und Statistiken zur Messenger Kommunikation für Unternehmen. https://www.messengerpeople.com/de/studie2018/. Zugegriffen: 17.12.2018

# Strategische Positionierung von Messengern

# 4

**Zusammenfassung**

Messenger sind vielleicht die einzige Möglichkeit für Unternehmen, um ihre Zielgruppen in Zukunft noch zu erreichen. Gastautor Stephan Schreyer beschreibt das Phänomen des „Social Cocooning" und appelliert, dass Unternehmen in Zukunft noch achtsamer, nachhaltiger und direkter mit ihren Kunden kommunizieren müssen. Messenger ist dann das strategische Asset, wenn die Kunden „schneller – einfacher – bequemer – individuell und mit Mehrwert" mit Unternehmen kommunizieren können.

„There is a subtle intimacy to a messenger connection, so the tonality, verbiage and syntax need to match your demographic. However, there should always be a clear, measured action item and the right resources internally to keep the messaging dynamic and responsive" (Elizabeth Jean Poston, Senior Director Business Development, Helios Interactive [A Freeman Company] [1]).

Haben Sie schon mal was von Social Cocooning gehört? Seit einigen Jahren geistert dieser Begriff durch die Trend- und Zukunftslabore der Republik. Damit wird eine neue Form der „Achtsamkeit" beschrieben. Charakteristisch ist, dass es sich dabei um eine vollkommene Zurückgezogenheit in die Privatsphäre handelt.

Vielleicht haben Sie das auch schon an sich beobachtet? Statt ins Restaurant zu gehen kochen Sie lieber gemeinsam mit Freunden. Das gemütliche, ruhige, private Zuhause wird dem quirligen Club- oder Barbesuch vorgezogen. Social Cocooning findet vor allem im Freundes- und Familienkreis statt – ist also höchst intim und somit privat. „Zutritt verboten" für die allgemeine Öffentlichkeit.

---

Gastbeitrag von Stephan Schreyer.

Social Cocooning beschreibt also die Sehnsucht nach ehrlicher Kommunikation und Empathie.

Das Gabler Wirtschaftslexikon beschreibt Cocooning als „Verhaltensform, die im Rückzug von der komplexen, bedrohlichen und unkontrollierbaren Umwelt in die eigenen vier Wände besteht. Daraus resultiert für Unternehmen die Problematik, einerseits die Bedürfnisse des Konsumenten zu ermitteln und ihn andererseits in seiner Zurückgezogenheit zu kontaktieren" [2].

Perfektioniert haben diesen Trend die Skandinavier. Dort hat man ihm den Namen „Hygge" gegeben. Glaubt man dem jährlichen „Happiness Report" der UNO, dann scheinen die Skandinavier auf dem richtigen Weg zu sein. Kontinuierlich liegen die skandinavischen Länder dort auf den vordersten Rängen, gefolgt von der Schweiz [5].

An Aktualität hat das Thema Social Cocooning jedoch keineswegs eingebüßt. Im Gegenteil. Die aktuelle „JAMES-Studie", welche alle zwei Jahre von der Zürcher Hochschule für Angewandte Wissenschaften (ZHAW) im Auftrag der Swisscom durchgeführt wird, unterstreicht diesen Trend nun auch bei Jugendlichen. Zwar nur für die Schweiz, aber das ist wohl das „kleinste Problem", gilt die Schweiz doch als eines der Länder, in dem die Menschen am glücklichsten sind [4].

Aber gehen wir noch einen Schritt weiter:

> „Die digitale Revolution ist an ihrem Höhepunkt angelangt, und sie zeigt auch deutlich ihre Folgeschäden. Die Achtsamkeits-Bewegung entwickelt sich ja zunächst einmal entlang des Bedürfnisses, die ständige Überflutung durch Information und Kommunikation in den Griff zu bekommen. Immer mehr Menschen lernen, ihre Smartphones in bestimmten Situationen abzuschalten. Es gibt eine radikale Infragestellung des Medienverhaltens, gerade in gebildeten Schichten. Müssen wir uns wirklich rund um die Uhr von allem Schlechten der Welt, von Skandalen, Alarmen und bizarren Übertreibungen bombardieren lassen? Das Gefühl, dass die Medien ein wesentlicher Teil dessen sind, was wir heute an Hysterisierung und Populismus erleben, greift um sich.
>
> Es gibt ein großes Bedürfnis nach dem „Omline", wie wir das nennen – eine Balance zwischen analoger, realer, menschlicher Welt und digitaler Technik. Es gibt auch erste Anzeichen, dass die sozialen Medien ihre große Zeit hinter sich haben und ab jetzt Mitglieder verlieren. Wir sehen ja auch, wie krank und dumm Facebook und Twitter machen können, und wie Instagram einen zu einem narzisstischen Süchtling machen kann" [3].

Klingt, als wäre es gerade gesagt worden. Stammt aber aus einem Beitrag von Trendforscher Matthias Horx in der Frankfurter Rundschau vom 02.01.2017 … Was all das mit Messenger zu tun hat, werden Sie sich jetzt bestimmt fragen. Sehr viel sogar!

**„Messenger sind das Lagerfeuer des 21. Jahrhundert"**
Zugegeben, diese These ist etwas abgewandelt und entstammt im Original der Studie „Die neue Achtsamkeit" des Zukunftsinstituts [6]. Aber sie unterstreicht deutlich, dass Messenger der neue Mittelpunkt der Kommunikation sind bzw. auf dem besten Weg dorthin. Dass ich mir keine Geschichten ausdenke, konnten Sie bereits in den ersten Kapiteln dieses Buches lesen. Dort haben Sie viel zum Nutzungsverhalten von Messengern gelesen, dieser privaten, quasi abgeschotteten Form der Kommunikation – frei von Algorithmen und direkter Werbung.
Die Kap. 2 und 3 haben gezeigt, dass die Kommunikation vermehrt von der (Teil-) Öffentlichkeit der Sozialen Medien in geschlossene, private Gruppen abwandert – und zwar über alle Altersklassen hinweg. Mit Messengern wird der Trend hin zu mehr Privatheit in die Kommunikation übertragen.

**„Cocooning digital"**
Wenn Sie Messenger erfolgreich im Unternehmen einsetzen möchten, dann müssen Sie verstehen, was Cocooning bedeutet. Ein einfaches „Wir machen mal Messenger" wird nicht von Erfolg gekrönt sein. Sie müssen die Besonderheiten, Herausforderungen und Chancen dieses Kanals erkennen und umsetzen. Nur so werden Sie damit einen Beitrag zur erfolgreichen Positionierung leisten können.

„Cocooning digital" zwingt Sie stärker denn je, sich fundamental mit sich und Ihren Stakeholdern auseinanderzusetzen. Vorbei sind die Zeiten, in denen der Kunde „schon kaufen wird".

Warum sollte die Zielgruppe gerade Sie auswählen? Warum benötigen sie ihr Produkt oder Dienstleistung und nicht die Angebote der Konkurrenz? Das sind die elementaren Fragen des Marketing und der Positionierung. Befassen Sie sich damit. Insbesondere dann, wenn Sie Messenger als Kanal nutzen möchten.
Suchen Sie nach wahrhaftigen Antworten und nicht danach, was Sie als Unternehmen gerne hören möchten. In der Folge werden Kap. 9 bis Kap. 11 noch praxisnah auf die operative Umsetzung eines Messenger Kanals eingehen.
Messenger ist dann ein strategisches Asset für Sie und bringt Erfolg, wenn der Kunde durch Messenger „schneller – einfacher – bequemer – individuell und mit Mehrwert" mit Ihnen kommunizieren kann.
Klingt eigentlich logisch, oder? Dennoch gibt es noch unzählige Unternehmen, die nicht erkennen, was Messenger-Kommunikation ist und leisten kann. Nämlich kein weiterer Kanal, in dem man mit copy/paste Inhalte einstellt, die bereits auf allen anderen Kanälen auch zu finden sind. Und dann heißt es nach einem Jahr: „Messenger haben wir versucht, bringt aber nichts".

**„Kein Erfolg ohne Kommunikation"**

Eine erfolgreiche Positionierung insbesondere mit Messenger gelingt nur, wenn Sie ernsthaft an Kommunikation mit Ihren Kunden interessiert sind. Warum? Nun, beim Messenger schenkt Ihnen der Kunde *bewusst* Aufmerksamkeit und setzt sich mit Ihrem Produkt, Ihrer Dienstleistung auseinander.

Durch diese Kommunikation erfährt der Kunde, für was Sie als Marke/Unternehmen stehen, welche Werte Sie vertreten, welche Probleme Sie lösen können, welchen Mehrwert Sie bieten. Kurz gesagt: Ob es sich lohnt, Zeit und Aufmerksamkeit für Sie zu investieren. Enttäuschen Sie ihn nicht!

## Literatur

1. Forbes (2018): 12 Tips To Optimize Your Messenger Marketing Strategy. Forbes.com. https://www.forbes.com/sites/forbesagencycouncil/2018/12/03/12-tips-to-optimize-your-messenger-marketing-strategy/#6a86475530de. Zugegriffen: 14.01.2019
2. Gabler Wirtschaftslexikon online (2019): Cocooning. Ausführliche Definition. https://wirtschaftslexikon.gabler.de/definition/cocooning-31125/version-254690. Zugegriffen: 13.01.2019
3. Hein Jennifer (2017): „Wir sind für unsere Weltbilder verantwortlich". Frankfurter Rundschau online. http://www.fr.de/panorama/trendforscher-matthias-horx-wir-sind-fuer-unsere-weltbilder-verantwortlich-a-735704. Zugegriffen: 13.01.2019
4. Swisscom (2019): JAMES-Studie. https://www.swisscom.ch/de/about/unternehmen/nachhaltigkeit/cr-ziele-und-resultate/james.html. Zugegriffen: 13.01.2019
5. World Happiness Report (2018): World Happiness Report 2018. https://s3.amazonaws.com/happiness-report/2018/WHR_web.pdf. Zugegriffen: 13.01.2019
6. Zukunftsinstitut (2017): Die neue Achtsamkeit. https://www.zukunftsinstitut.de/artikel/die-neue-achtsamkeit/. Zugegriffen: 13.01.2019

# Messenger Marketing & Recht: Datenschutzkonformer Einsatz von WhatsApp, Facebook Messenger & Co.

**5**

**Zusammenfassung**

Jedes Unternehmen, dass Messenger für Service oder Marketing nutzen möchte, sollte sich auch über die rechtlichen- und besonders die datenschutzrechtlichen Rahmenbedingungen informieren. Bei Messengern wie WhatsApp gibt es hier sehr viele Mythen und Halbwissen. Gastautor und Rechtsanwalt RA Dr. Carsten Ulbricht klärt daher auf: „Generell gibt es keine Einschränkungen, welche Daten Unternehmen und Kunden über Messenger wie WhatsApp austauschen".

„Now, it's worth noting that one of the main reasons people prefer our services – especially WhatsApp – is because of its stronger record on privacy. WhatsApp is completely end-to-end encrypted, does not store your messages, and doesn't store the keys to your messages in China or anywhere else. This is important because if our systems can't see your messages, then that means governments and bad actors won't be able to access them through us either" (Mark Zuckerberg, Gründer und CEO, Facebook Inc. [1]).

Instant-Messenger gehören zu den meistgenutzten Apps auf dem Smartphone. Dem entsprechend interessieren sich immer mehr Unternehmen für das sogenannte Messenger oder Conversational Marketing, also den Kundenkontakt über Messenger Dienste wie WhatsApp, den Facebook Messenger oder Snapchat.

Teilweise werden dabei auch Chatbots eingesetzt. Es handelt sich dabei im Prinzip um textbasierte Dialogsysteme, die Kundenanfragen automatisiert beantworten und/oder die Kundenkommunikation technologisch unterstützen sollen.

---

*Gastbeitrag von RA Dr. Carsten Ulbricht.*

© Springer Fachmedien Wiesbaden GmbH, ein Teil von Springer Nature 2019
M. Mehner, *Messenger Marketing,* https://doi.org/10.1007/978-3-658-26060-6_5

Aufgrund – teils missinterpretierter – Gerichtsurteile und erheblichem Respekt vor den Bußgeldern der seit 25. Mai 2018 geltenden Datenschutzgrundverordnung (DSGVO) halten sich einige Unternehmen mit dem Einsatz von Messenger Marketing derzeit noch zurück.

Nachdem wir im Jahr 2018 zahlreiche Projekte zum Einsatz von Messengern und/oder Chatbots beraten haben, soll der nachfolgende Beitrag zeigen, wie Messenger Marketing rechtskonform eingesetzt werden kann.

## 5.1  Datenschutzrechtliche Grundlagen

Mit dem Einsatz eines Messengers wird das Unternehmen nach Art. 4 Nr. 7 DSGVO verantwortlich für die Erhebung und weitere Verarbeitung *personenbezogener* Daten.

Nach dem sogenannten Verbotsprinzip dürfen personenbezogene Daten nur verarbeitet werden, wenn einer der so genannten „Erlaubnistatbestände" die jeweilige Verarbeitung legitimiert und der betroffene Nutzer bei der Datenerhebung entsprechend Art. 13 DSGVO informiert wird.

Bei der Umsetzung von Messenger-Marketing-Projekten ist also zunächst festzustellen, ob und welche *personenbezogenen Daten* in und über den Messenger verarbeitet werden.

Gemäß Art. 4 Nr. 1 DSGVO sind personenbezogene Daten, die sich – direkt oder indirekt – auf eine natürliche Person beziehen, wie zum Beispiel.

- Name,
- Wohnadresse,
- Geburtsdatum,
- E-Mail-Adresse,
- Telefonnummer,
- Kundennummer,
- IP-Adresse und
- Online-Kennungen, die eine Zuordnung zu einer Person ermöglichen.

Bei Messengern sind danach zunächst die *Kommunikationsdaten,* wie z. B. Nutzername und die Handynummer bei WhatsApp zu nennen, ohne die die „Verbindung" zu dem jeweiligen Nutzer nicht hergestellt werden kann.

Des Weiteren sind die Nachrichten zwischen Unternehmen und Nutzer zu nennen. Diese werden nachfolgend als *„Inhaltsdaten"* bezeichnet.

Schließlich sind noch die *Metadaten* zu nennen, die zumindest von dem jeweiligen Messenger-Anbieter verarbeitet werden, um die Kommunikation zwischen den einzelnen Nutzern des Dienstes herzustellen.

Klar ist damit, dass im Rahmen des Messenger Marketing – je nach eingesetztem Messenger – auch personenbezogene Daten verarbeitet werden, demgemäß also die Vorgaben der DSGVO beachtet werden müssen.

## 5.2 Legitimation der Datenverarbeitung

Seit dem 25. Mai 2018 dürfen solche personenbezogene Daten nur noch verarbeitet werden, wenn die DSGVO die jeweilige Datenverarbeitung auch ausdrücklich erlaubt.

Das ist beim Messenger Marketing der Fall, wenn *eine* der nachfolgenden Voraussetzungen (sog. Erlaubnistatbestände) erfüllt wird, d. h. wenn.

- die konkreten Daten zur Erfüllung eines Vertrags oder einer vorvertraglichen Maßnahme benötigt werden (Art. 6 Abs. 1 lit.b DSGVO),
- die Datenverarbeitung zur Wahrung berechtigter Interessen des Unternehmens oder eines Dritten erforderlich ist und die Interessen der betroffenen Person nicht überwiegen (Art. 6 Abs. 1 lit.f DSGVO) oder
- der Betroffene in die Verarbeitung seiner Daten eingewilligt hat (Art. 6 Abs. 1 lit.a DSGVO).

Unternehmen, die Messenger Marketing einsetzen wollen, sollten also prüfen, ob eine der Alternativen, also.

- die Verarbeitung für Vertragszwecke (Art. 6 Abs. 1 lit.b DSGVO),
- berechtigte Interessen (Art. 6 Abs. 1 lit.f DSVGVO) oder
- eine Einwilligung des Betroffenen (Art. 6 Abs. 1 lit.a DSGVO).

die jeweilige Datenverarbeitung legitimieren können. Hierfür sind nachfolgend die jeweiligen Voraussetzungen ausgeführt.

**a) Legitimation über Vertragszwecke (Art. 6 Abs. 1 lit.b DSGVO)**
Ist die Datenverarbeitung für die Erfüllung eines Vertrags oder zur Durchführung vorvertraglicher Maßnahmen notwendig, wird keine Einwilligung benötigt, ist die Verarbeitung datenschutzrechtlich legitimiert (Art. 6 Abs. 1 lit.b DSGVO).

Wenn die Kommunikation über einen Messenger selbst also wesentlicher Bestandteil des Vertrages zwischen dem Unternehmen und dem jeweiligen Betroffenen ist, so ist eine Legitimation über Vertragszwecke denkbar. Eine Verarbeitung über Messenger ist jedoch nur dann erforderlich, wenn der Vertrag ohne sie nicht so erfüllt werden könnte, wie die Parteien sich geeinigt haben.

*Auch wenn eine entsprechende Umsetzung über den Vertrag selbst nicht ganz einfach umzusetzen ist, so ist sie – gerade bei unternehmenseigenen Messengern – dennoch denkbar. Eine Kommunikation über Messenger von Drittanbietern (z. B. WhatsApp oder Facebook Messenger) wird sich allein über Vertragszwecke jedoch eher nicht argumentieren lassen.*

### b) Legitimation über berechtigte Interessen (Art. 6 Abs. 1 lit.f DSGVO)

Außer der Datenverarbeitung zur Abwicklung eines Vertrages kann die Datenverarbeitung auch unter der Voraussetzung „berechtigter Interessen des Unternehmens" (Art. 6 Abs. 1 lit.f DSGVO) zulässig sein.

Aufgrund der Unbestimmtheit dieses Legitimationstatbestandes ist – gerade im Hinblick auf Verarbeitungsvorgänge über moderne Kommunikationsmittel – noch nicht abschließend geklärt, welche Datenverarbeitungen hierüber legitimiert werden können.

Berechtigte Interessen wie Marketing-, Vertriebs- oder Kommunikationszwecke eines Unternehmens können also die Datenverarbeitung legitimieren, wenn überwiegende Interessen und Grundrechte des Betroffenen nicht entgegenstehen. Hierbei ist insbesondere festzustellen, ob der Betroffene die jeweilige Datenverarbeitung vernünftigerweise erwarten musste oder nicht.

Soweit sich die Datenverarbeitung der eingesetzten (eigenen) Messenger-App im Rahmen dessen hält, was im Rahmen der Kommunikation vernünftigerweise von dem Nutzer erwartet werden, kann ist eine Legitimation über berechtigte Interessen denkbar.

*Beim Einsatz von Messenger etwaiger Drittanbieter (wie z. B. WhatsApp und Facebook Messenger) wird sich die Datenverarbeitung z. B. aufgrund der Datenübertragung und -speicherung in den USA wohl nicht über berechtigte Interessen legitimieren lassen. Beim Einsatz solcher „externen" Messenger sollte die im Rahmen der Legitimation eher die nachfolgend erläuterte Einwilligungslösung gewählt werden.*

### c) Legitimation über die Einwilligung (Art. 6 Abs. 1 lit.a DSGVO)

Die Einwilligung des jeweiligen Kommunikationspartners ist gerade beim Messenger Marketing ein gangbarer Weg, um die Kommunikation rechtskonform aufzusetzen.

Bei der Einholung einer Einwilligung sind insbesondere die Anforderungen des Art. 7 DSGVO zu erfüllen. Eine Einwilligung setzt eine ausdrückliche Erklärung oder eine eindeutig bestätigende Handlung (sog. Opt-In) des Betroffenen voraus. Eine Einwilligung ist datenschutzrechtlich nur wirksam, wenn sie auf der *freien Entscheidung* des Betroffenen beruht und dieser zuvor *ausreichend und verständlich darüber informiert* wurde, *welche Daten für welchen Zweck* verarbeitet werden sollen. Insbesondere soll der Betroffene *schon bei der Datenerhebung* gemäß Art. 13 DSGVO über die Datenverarbeitung informiert werden, d. h.

- welche Verarbeitungsvorgänge vorgesehen sind,
- unter welchen Voraussetzungen die Daten an Dritte weitergegeben werden,
- dass die Erklärung freiwillig ist,
- wie lange die Daten bei wem gespeichert werden sollen und
- dass die Einwilligung jederzeit widerrufen werden kann.

Die Einwilligung kann schriftlich, elektronisch, mündlich oder durch entsprechendes Verhalten erfolgen. Die Einräumung einer bloßen Widerspruchsmöglichkeit (sog. „Opt-Out") reicht nicht. Zudem muss darauf geachtet werden, dass die Einwilligung nicht an andere sachfremde Erklärungen gekoppelt wird (Art. 7 Abs. 4 DSGVO).

Eine wirksame Einwilligungserklärung, der der Betroffene z. B. über ein Anhaken eines Kästchens zustimmen kann, könnte so gestaltet werden, dass auf einer ersten Ebene (1st Level Information) in einem kurzen Satz über das wesentliche der Datenverarbeitung aufgeklärt wird bzw. die weiteren Informationen dann auf einer zweiten Ebene (2nd Level Information) in der Datenschutzerklärung abgerufen werden können.

Der Hinweis „Datenschutzerklärung" könnte dann mit der auf der Webseite abrufbaren Datenschutzerklärung verlinkt werden, die gemäß Art. 13 DSGVO umfassend über die Verarbeitung der personenbezogenen Daten des Nutzers informiert.

Eine ausdrückliche Einwilligung nach umfassender Information über die Datenverarbeitung im Rahmen der Messenger Kommunikation sorgt für Transparenz und gibt dem Nutzer die Möglichkeit selbst über Verarbeitung seiner Daten zu entscheiden. Damit ist die Einwilligungslösung eine gute Option, um die Datenverarbeitung zu legitimieren.

---

**Fazit**

*Eine Legitimation über Vertragszwecke (Art. 6 Abs. 1 lit.b DSGVO) oder berechtigte Interessen (Art. 6 Abs. 1 lit.f DSGVO) kann unter Umständen als denkbare Legitimation beim Einsatz von Messenger-Apps dienen. Dies gilt insbesondere bei eigenen Apps des Unternehmens.*

*Beim Einsatz von Messengern von Drittanbietern wie z. B. WhatsApp oder dem Facebook Messenger sollte vor einer etwaigen Ansprache oder Kommunikation eine ausdrückliche Einwilligung eingeholt werden, im Rahmen derer der Nutzer umfassend über die Datenverarbeitung informiert wird. Soweit der Nutzer nach Bereitstellung aller wesentlichen Informationen aktiv einwilligt, ist die Kommunikation über den jeweiligen Messenger aber dann auch hinreichend legitimiert.*

---

## 5.3    Information über die Datenverarbeitung

Unabhängig davon, wie die Datenverarbeitung legitimiert wird, hat das Unternehmen, im Rahmen des Messenger Marketing, die Nutzer gemäß Art. 13 DSGVO *schon bei der ersten Datenerhebung* (z. B. bei der Aufnahme der Handynummer) über die jeweilige Verarbeitung zu informieren.

Demgemäß sollte eine Datenschutzerklärung bereitgestellt werden, die die nachfolgenden Informationen enthält:

- Name und Kontaktdaten des Unternehmens,
- Kontaktdaten des Datenschutzbeauftragten (soweit vorhanden),
- Zwecke der Verarbeitung,
- Rechtsgrundlage der Verarbeitung,
- Empfänger oder Kategorien von Empfängern (z. B. bei Weitergabe personenbezogener Daten an Dritte),
- Absicht über Drittlandtransfer (z. B. Datenspeicherung in USA bei WhatsApp),
- Speicherdauer oder Kriterien für die Festlegung der Speicherdauer,
- Belehrung über Betroffenenrechte,
- Hinweis auf jederzeitiges Widerrufsrecht der Einwilligung,
- Hinweis auf Beschwerderecht bei einer Aufsichtsbehörde,
- gegebenenfalls Bereitstellung der Daten gesetzlich oder vertraglich zwingend sowie
- gegebenenfalls Bestehen einer automatischen Entscheidungsfindung einschließlich Profiling.

Bei Einsatz des Messengers eines Drittanbieters (z. B. WhatsApp oder Facebook Messenger) sollte auch über dessen Datenverarbeitung informiert werden. Die notwendigen Informationen sollten über die jeweils zur Verfügung gestellten Nutzungsbedingungen (siehe etwa https://www.whatsapp.com/legal/#terms-of-service) bzw. Datenschutzerklärung (siehe etwa https://www.whatsapp.com/legal/#privacy-policy) eingeholt werden.

## 5.4   Häufige Einwände gegen den Unternehmenseinsatz von Messengern

Aufgrund der weiten Verbreitung in Deutschland interessieren sich die meisten Unternehmen für eine Kommunikation über WhatsApp.

Gerade bei Diskussionen um den Einsatz von WhatsApp werden oft datenschutzrechtliche Bedenken eingewandt, obwohl diese teilweise auf Fehlinformationen beruhen bzw. teilweise über technische oder rechtliche Maßnahmen ausgeräumt werden können.

**a) Weitergabe der auf dem Handy gespeicherten Kontaktdaten**
Wird WhatsApp erstmalig auf einem mobilen Endgerät installiert, „liest" die App die Telefonnummern der im Adressbuch des jeweiligen Handys eingetragenen Kontakte aus und überträgt diese an die WhatsApp Inc. in die USA. Hierbei werden regelmäßig auch Telefonnummern von Kontakten übertragen, die WhatsApp nicht nutzen und der Übertragung an WhatsApp auch nicht zugestimmt haben.

Dies wird von den Datenschutzbehörden beim Unternehmenseinsatz zu Recht als datenschutzwidrig gerügt. Fälschlicherweise hat das AG Bad Hersfeld (Az. F 111/17) in seinem vielbeachteten Urteil vom 20.03.2017 auch den privaten Einsatz von WhatsApp als eindeutigen Datenschutzverstoß angesehen, der Unterlassungsansprüche der betroffenen Telefonkontakte auslöse.

Unabhängig von der Entscheidung des AG Bad Hersfeld solle eine ungefragte Weitergabe von Telefonnummern oder anderen Kontaktdaten seitens des jeweiligen Unternehmens an den jeweiligen Messenger Anbieter aus datenschutzrechtlicher sich auf jeden Fall vermieden werden.

Dies kann entweder durch technische Maßnahmen wie auf dem jeweiligen Endgerät installierte Apps (z. B. XPrivacy oder SRT-Appguard) bzw. eine sog. Containerlösung – die Datenbestände auf dem Endgerät „auseinanderhält" – verhindert werden.

Als einfacher „Workaround" setzen einzelne Unternehmen bei Beginn des Messenger Marketing auch einfach ein Handy ein, auf dem bisher keine

Kontaktdaten gespeichert sind und nehmen dann nur die Nutzer auf, die dem oben stehenden Prozedere entsprechend zugestimmt haben.

Als weitere Option bietet sich der Einsatz spezialisierter Dienstleister (wie z. B. MessengerPeople) an, bei denen die Kommunikation des Unternehmens über eine Software-as-a-Service-Plattform (SaaS) ausgeführt wird, ohne dass das Unternehmen den jeweiligen Messenger auf einem eigenen Endgerät installieren muss. Hier kommt es aufgrund des Zugangs über die SaaS-Plattform natürlich auch zu keinem unbefugten Auslesen etwaiger Kontakte des Unternehmens.

Die dargestellten Alternativen zeigen, dass es verschiedene Optionen gibt, den oft kritisierten Datenzugriff von WhatsApp auf dem Endgerät gespeicherte Kontakte zu verhindern.

**b) Datenübertragung und -speicherung in den USA**
Ein weiterer Kritikpunkt, der dem Einsatz von Messengern – gerade auch WhatsApp – oft entgegengehalten wird, ist die Datenübertragung und wohl auch -speicherung von Daten in den USA.

Richtig ist zunächst, dass die USA nach der DSGVO als *unsicheres Drittland* zu kategorisieren ist.

Auch unter Geltung der DSGVO ist eine Übertragung personenbezogener Daten in die USA nicht ausgeschlossen, sondern unter den spezifischen Anforderungen für die Übermittlung personenbezogener Daten in Drittländer aus den Art. 44 ff. DSGVO ohne weiteres zulässig.

Unproblematisch ist eine Datenübertragung in die USA immer dann, wenn das empfangende Unternehmen den Abschluss der EU-Standardvertragsklauseln anbietet oder (wie etwa die WhatsApp Inc.) unter dem sogenannten Privacy-Shield zertifiziert ist.

Als letzte Option ist eine Datenübertragung in ein unsicheres Drittland gemäß Art. 49 Abs. 1 lit.a DSGVO auch zulässig, wenn die betroffenen Personen wirksam in die Datenübermittlung in das Drittland einwilligt. Eine wirksame Einwilligung setzt dabei voraus, dass der Betroffene, nachdem über bestehende mögliche Risiken derartiger Datenübermittlungen ohne Vorliegen eines Angemessenheitsbeschlusses und ohne geeignete Garantien unterrichtet wurde, ausdrücklich in die Übertragung einwilligt. In diesem Fall benötigt das Unternehmen zur Rechtfertigung des Übermittelns in das Drittland auch keine zusätzlichen Garantien.

Die dargestellten Optionen zeigen deutlich, dass eine Übermittlung personenbezogener Daten in die USA oder ein anderes Drittland nicht grundsätzlich ausgeschlossen ist. Unternehmen, die Nutzerdaten im Rahmen des Messenger Marketing z. B. in die USA übertragen, sollten gegebenenfalls gewährleisten, dass eine der Optionen erfüllt wird.

## 5.5   Einsatz von Chatbots und Künstlicher Intelligenz (KI)

Beim Einsatz von Chatbots in der Kundenkommunikation über Messenger sind einige rechtliche Rahmenbedingungen zu beachten, die man von der klassischen Webseite kennt. Wenn der Chatbot beispielsweise Preise nennt, oder sogar einen Vertragsabschluss zustande bringen soll, sind die notwendigen Informationspflichten, wie z. B. die Preisangabenverordnung oder die Belehrung über Widerrufsrechte, medienspezifisch in den Kommunikationsprozess einzubauen.

Wenn externe Dienstleister oder Schnittstellen für die Chatbot Kommunikation (z. B. Alexa oder die KI-Plattform Google Dialogflow) verwendet werden sollen, sollten die datenschutzrechtlichen Anforderungen frühzeitig geprüft und über die möglichen Konstruktionen (z. B. Einwilligung oder Auftragsverarbeitung) umgesetzt werden.

Nach der Erfahrung aus verschiedenen Chatbot-Projekten lässt sich festhalten, dass sich die rechtlichen Anforderungen am besten erfüllen lassen, wenn die juristische Expertise des beratenden Rechtsanwälte bzw. der eigenen Rechtsabteilung nicht erst zur finalen Freigabe des eigentlich schon fertigen Projekts, sondern schon bei der Planung der Prozess- und Kommunikationsverläufe eingebunden wird.

## 5.6   Zusammenfassung

Unternehmen, die Messenger Marketing einsetzen wollen, sollten zunächst im Rahmen einer Bestandsaufnahme prüfen, welche personenbezogenen Daten im Rahmen des Projektes zu welchen Zwecken verarbeitet werden sollen.

Danach sollte geprüft werden, über welchen der Legitimationstatbestände sich die jeweilige Datenverarbeitung rechtfertigen lässt. Soweit sich eine Legitimation über zu Vertragszwecken (Art. 6 Abs. lit.b DSGVO) oder berechtigte Interessen (Art. 6 Abs. 1 lit.f DSGVO) nicht sicher argumentieren lässt, sollte eine wirksame und nachweisbare Einwilligung (Art. 6 Abs. 1 lit.a DSGVO) des Nutzers eingeholt werden.

Von besonderer Bedeutung ist die Erfüllung der Informationspflichten bei der Erhebung personenbezogener Daten. Unternehmen sollten darauf achten, den Nutzern tatsächlich alle nach Art. 13 DSGVO erforderlichen Informationen (z. B. in der Datenschutzerklärung) bereitzustellen.

Beim Einsatz von WhatsApp sollte über die dargestellten technischen Maßnahmen oder Einschaltung von Dienstleistern sichergestellt werden, dass keine personenbezogenen Daten Dritter ungefragt an WhatsApp übertragen werden.

Bei einer Übermittlung personenbezogener Daten in ein unsicheres Drittland (z. B. USA) sollte dies über EU-Standardvertragsklauseln, geeignete Garantien (z. B. Privacy-Shield-Zertifizierung des Dritten) oder eine ausdrückliche Einwilligung des Nutzers abgesichert werden.

Unternehmen sollten außerdem prozessual vorbereitet sein, die diversen Betroffenenrechte auch unter der Regelfrist von einem Monat zu erfüllen. Verlangt z. B. ein Betroffener Auskunft, sollte das Unternehmen diese zeitnah und umfassend erteilen können, um eine weitere Eskalation (z. B. durch Einschaltung der Datenschutzbehörde) zu verhindern.

Schließlich sollte sichergestellt werden, dass auch die in Art. 5 Abs. 2 DSGVO vorgesehenen Rechenschaftspflichten erfüllt werden, nach denen Unternehmen in der Pflicht sind, ihre Datenverarbeitungsvorgänge so zu dokumentieren, dass sie die Rechtskonformität nötigenfalls auch schriftlich nachweisen können. Auch für das Messenger Marketing sollte also ein Verarbeitungsverzeichnis erstellt werden, welches die zugrundeliegende Legitimation für die Datenverarbeitung (z. B. die Einwilligung), die Erfüllung der Informationspflichten und rechtskonforme Einbindung etwaiger Dienstleister entsprechend dokumentiert.

Unter diesen Voraussetzungen wird sich Messenger Marketing – trotz der Neuheit der DSGVO geschuldeter Unwägbarkeiten – in aller Regel rechtskonform gestalten lassen.

## Literatur

1. Zuckerberg Mark (2018): Community and strategy update. Facebook-Post vom 30.10.2018. Facebook.com. https://www.facebook.com/zuck/posts/10105349847863791. Zugegriffen: 15.01.2019

# Messenger in der Customer Journey

6

**Zusammenfassung**

Messenger Marketing kann in jeder Phase der Customer Journey die jeweils benötigten Informationen und Impulse zu bieten. In der Awareness Phase zum Beispiel kann die hohe Verbreitung und Virilität von Messengern bei der Steigerung von Bekanntheit – aber auch konkreten Angeboten und Informationen helfen. Besonders stark unterstützen Messenger in der Consideration Phase. Interessierte Kunden verfügen mit WhatsApp und Co. über einen direkten Kommunikationskanal zu dem Unternehmen und bilden so ein rechtes digitales Dialogmedium. Aber auch bei Konversion – also dem direkten Verkauf und in der Retention Phase haben Messenger ihre Vorteile bereits bewiesen.

„Im Marketing-Bereich werden Messenger eine noch wichtigere Rolle einnehmen. Nachrichten-Newsletter via WhatsApp von Medien, Shopping-Beratung von Otto und Co. sowie Stau- und Wettermeldungen gehören fest in jede Marketing- und Kanal-Strategie. Es gilt das Motto: Die Marke muss dort sein, wo der Nutzer ist. Und das sind nicht mehr zwingend die sozialen Netzwerke, sondern vor allem Messenger" (Christian Erxleben, Chefredakteur bei BASIC thinking [15]).

Wie Kap. 2 gezeigt hat, gehört Messaging inzwischen fest zum Alltag von Milliarden von Menschen auf der ganzen Welt. Dabei werden Messenger von ihren Nutzern als sehr persönlicher, schneller, direkter und relevanter Kommunikationskanal geschätzt. Wer schon einmal via WhatsApp oder Co. eine Person gefragt hat, ob sie Zeit für ein Telefonat hätte, wird diese Einschätzung bestätigen.

© Springer Fachmedien Wiesbaden GmbH, ein Teil von Springer Nature 2019
M. Mehner, *Messenger Marketing,* https://doi.org/10.1007/978-3-658-26060-6_6

**Messenger: „Prefered Customer Touchpoint"**

Wie relevant es daher für Unternehmen ist, sich an die kommunikative Lebens-wirklichkeit der Kunden in ihren Zielmärkten anzupassen, belegt eine Unter-suchung der internationalen Management- und Technologieberatung Accenture am Beispiel der Finanzbranche. Ein zentrales Ergebnis dieser Studie ist, dass sich Messenger mittlerweile als der von Kunden präferierte *Customer Touchpoint* eta-bliert haben:

> „Messaging is now the preferred customer touchpoint. Messaging apps are now the dominant form of mobile interaction, enabling easy, fun interactions on the move. Their simple, intuitive text or voice-based interfaces are loved by Millennials, as well as by consumers typically more reluctant to embrace digital channels too. They're also AI-ready, offering easy integration with chatbots and cognitive agents" [2].

Facebooks umfangreiche Nutzerstudie *More than a Message: The Evolution of Conversation* kam 2016 zu einem ähnlichen Ergebnis. Schon damals gaben fast 70 % der Befragten – zu denen sowohl so genannte „Millenials" als auch Angehörige der „Baby Boomer"-Generation gehörten – an, dass sie eine Kom-munikation via Messenger einem Anruf oder einer E-Mail bei weitem vorziehen. Ferner erklärten 67 % der Studienteilnehmer, Messenger auch für Kommunika-tion mit Unternehmen nutzen zu wollen [6].

Entsprechend stellte der damalige Facebook-Messaging-Chef David Marcus fest, es sei keine Frage des „Ob", sondern des „Wann" sich Messenger endgültig als Marketingkanal durchsetzen:

> „Messaging as a Marketing Channel: No Longer ‚if' but ‚when'" [14].

Was aber macht Messenger so erfolgreich und wo stecken die Potenziale für Fir-men und Marken? Für den Erfolg von Messengern in der Customer Journey eines Unternehmens gibt es mehrere Gründe: Sie ermöglichen ein bi-direktionale Kom-munikation sowohl in Textform als auch per Sprache, sowohl an eine große Ziel-gruppe als auch an einzelne Empfänger.

Darüber hinaus sind sie eine flexible Plattform für zukünftige Entwicklungen und neue technische Features in der Kundenkommunikation – vom Einsatz von Chatbots über Künstliche Intelligenz (Artificial Intelligence, AI) bis hin zu sprachbasierten Services (sog. „Voice Assistants").

Dazu kommt: Messenger sind ein nativer „mobiler" Kommunikationskanal – und entsprechen so dem sich seit Jahren deutlich abzeichnenden Trend des „Digi-tal Cocooning" (vgl. Kap. 4) einerseits sowie des zunehmenden mobilen Konsums von Informationen, Inhalten und Services andererseits [20].

Um zu verdeutlichen, für welche unternehmerischen Kommunikationsziele sich der Einsatz von Messengern konkret eignet, sollte zunächst die so genannte „Kundenreise" des jeweiligen Unternehmens analysiert werden. Dabei lässt sich diese Customer Journey, unabhängig von der Unternehmensgröße und -branche, idealtypisch in verschiedene Phasen, das heißt: individuelle Handlungs- und Entscheidungsprozesse unterteilen (Abb. 6.1).

Ein Unternehmen, dem es gelingt, für jede Phase der Customer Journey die jeweils benötigten Informationen und Impulse zu bieten, erhöht die Wahrscheinlichkeit, dass der Kunde zum richtigen Zeitpunkt die Produkte oder Leistungen des Unternehmens in Anspruch nimmt. Daher ist es wichtig zu wissen, welche Phasen es gibt – und was potenzielle Kunden in diesen Phasen benötigen.

1. *Awareness* (Bewusstsein): In der ersten Phase der Customer Journey entwickelt der Kunde ein Interesse an einem bestimmten Produkt bzw. einer Dienstleistung. Dieses Interesse kann zufällig auftreten (z. B. Defekt eines bisherigen Gebrauchsgegenstandes) – aber auch direkt (z. B. in Form von Anzeigen, TV-Spots) oder indirekt (z. B. Empfehlungen durch einen Freund)

**Abb. 6.1** „Kauf oder Nicht-Kauf?": Phasen der idealtypischen Customer Journey eines Unternehmens. (Quelle: eigene Darstellung)

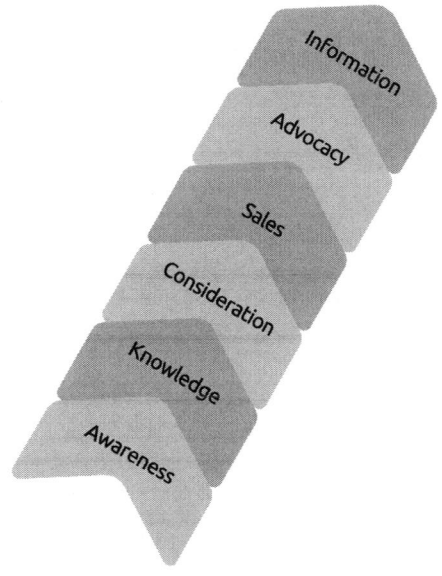

WhatsApp in der Customer Journey

generiert sein. In der Awareness-Phase entsteht lediglich Aufmerksamkeit –
dieser erste Kontakt führt jedoch in den seltensten Fällen zum umgehenden
Kauf bzw. der Inanspruchnahme einer Dienstleistung.

2. *Consideration* (Überlegung): In dieser Phase macht sich der Kunde ein Bild
   der relevanten Kriterien und informiert sich über die verfügbaren Möglichkeiten, sein Bedürfnis zu befriedigen. Dabei werden verschiedene Handlungs-
   und Kaufoptionen abgewogen und verglichen.
3. *Conversion* (Kaufvorgang): Der Kunde erwirbt das Produkt eines Unternehmens bzw. nimmt eine Dienstleistung in Anspruch („Sales"-Prozess).
4. *Retention* (Kundenbindung): Diese so genannte „After Sales"-Phase entscheidet über die Zufriedenheit des Kunden mit dem erworbenen Produkt. In
   diese Phase fallen etwa die Beantwortung eventuell auftretender Fragen und
   Probleme zu Bedienung, Wartung und/oder Pflege oder die Abwicklung von
   Reklamationen. Ist der Kunde zufrieden mit dem erworbenen Angebot wird
   er bei Bedarf erneut auf Produkte und/oder Leistungen des Unternehmens
   zurückgreifen.
5. *Advocacy* (Befürwortung): Der Kunde ist mit dem erworbenen Produkt
   so zufrieden, dass er in seinem sozialen Netzwerk als Multiplikator bzw.
   „Markenbotschafter" auftritt.

Bedingt durch die Digitalisierung – das heißt in diesem Kontext: die Rund-um-die-
Uhr-Verfügbarkeit unzähliger Kommunikationskanäle und Informationsquellen
– hat die Anzahl der Touchpoints zwischen Unternehmen und Kunde in den letzten Jahren konstant zugenommen: Während eine idealtypische Customer Journey
noch im Jahr 2012 aus 51 bis 75 Touchpoints bestand, so sind es heute weit über
200 Touchpoints zwischen einer Marke und einem Kunden. „Wer auf die falschen
Touchpoints setzt, verliert Geld und Wirkungskraft!", sagt Achim Kussmaul,
Geschäftsführer der Digital-Customer-Centricity-Agentur Touch 316 [12].

**„Klassisches Marketing": Awareness-fokussiert**

Für einen gezielten Einsatz von Ressourcen ist es insofern unabdingbar, sich
zu verdeutlichen, welche Touchpoints für ein Unternehmen tatsächlich relevant sind. Bislang fließen über 90 % aller Werbeausgaben in die (eher passive)
Awareness-Phase („gehört, gesehen, gelesen") – aber nur rund 5 % in die kauf-
entscheidende, aktive Consideration-Phase („gesucht, verglichen, kommentiert").
Fragwürdig ist diese Ausgabenverteilung vor allem vor dem Hintergrund, dass
bereits heute 20 bis 50 % aller Kaufentscheidungen auf Empfehlungen beruhen
[12] (Abb. 6.2).

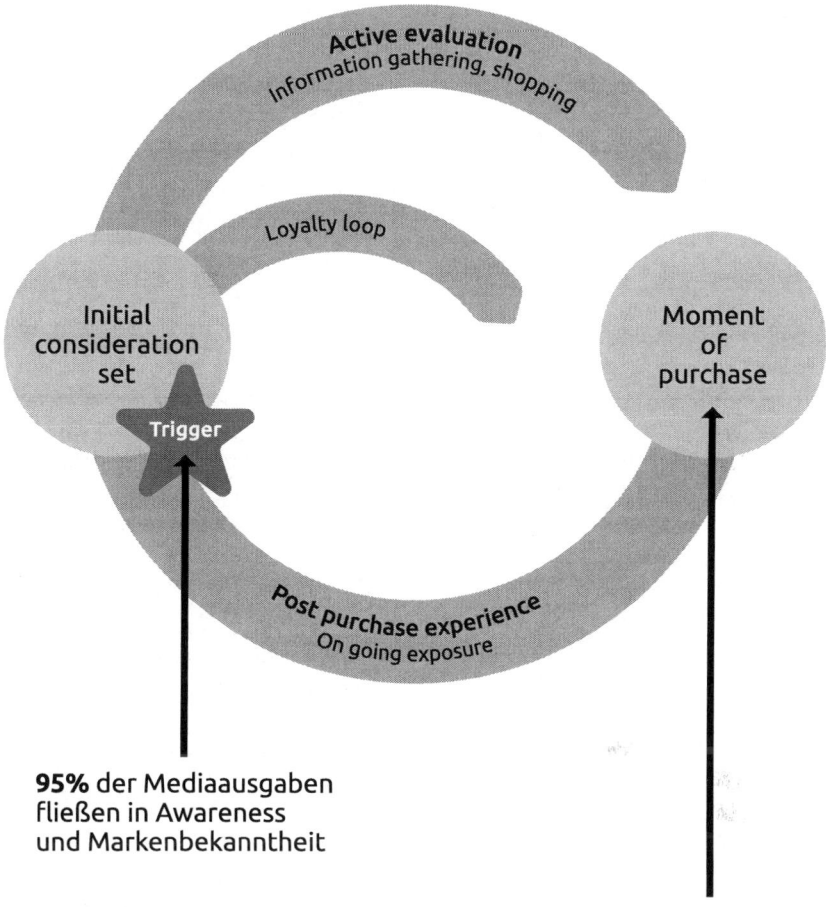

**95%** der Mediaausgaben
fließen in Awareness
und Markenbekanntheit

Nur **5%** der Mediaausgaben
fließen in die Consideration Phase

**Abb. 6.2** Ungleichgewicht: Rund 95 % der Media Spendings werden investiert, um die
Aufmerksamkeit des Kunden zu wecken. (Quelle: Touch361)

**Wunsch nach Personalisierung und Echtzeit-Interaktion**
Entsprechend zeigt die vom Deutschen Marketing Verband herausgegebene „Cus-
tomer Experience Studie" 2018, dass Unternehmen in Deutschland bezüglich der
Customer Experience „erhebliches Nachholpotential" haben, so Verbandspräsident
Prof. Dr. Ralf E. Strauß, Vize-Chairman der European Marketing Confederation:

„Die massenhafte Verbreitung von mobilen Apps und intelligenten Devices führt dazu, dass Kunden sowohl im Consumer-, als auch im Business-Bereich Interaktionsmöglichkeiten erwarten, die zunehmend personalisiert und intuitiver ausgestaltet sind," führt Strauß aus. „Hinzu kommt das Verlangen nach Echtzeit-Engagement während des Shopping-Prozesses – egal ob es dabei um Produkte oder Services geht" [1].

Vor diesem Hintergrund überrascht es kaum, dass Messenger-Apps entlang der gesamten Customer Journey ihre spezifischen Vorteile ausspielen können: Schließlich wurden WhatsApp und Co. genau für diesen Anwendungsfall konzipiert – die mobile, personalisierte, intuitive Real-Time-Interaktion.

**Messenger in der Customer Journey**
*Awareness:* Social Media galt lange Zeit als die neue „Wunderwaffe" des Online-Marketings, um Kunden zu erreichen und sich neue Zielgruppen zu erschließen. Bedingt durch diverse Algorithmus-Updates ist die Reichweite von organischen Facebook Post in den letzten Jahren konstant gesunken, während sich immer mehr Reichweite in den Paid Bereich verschiebt und damit auch teurer und uneffektiver wird.

So ist die organische Reichweite einer durchschnittlichen Fanseite zwischen Februar 2012 und März 2014 von 16 % auf rund 6,5 % abgestürzt, die Reichweite von Seiten mit über 500.000 „Gefällt mir"-Angaben sogar auf bis zu 2 %. Nach einem erneuten Update im Jahr 2016 sank die organische Reichweite weiter – vereinzelt um ganze 42 % [4]. Ein weiteres Algorithmus-Update im Januar 2018, das den Stellenwert von Freunden und Bekannten in der Timeline der Nutzer wieder stärken sollte, führte gerade bei Medienunternehmen zu einem wahren Reichweiten-Desaster [17].

**Awareness – regelmäßig und ungefiltert**
Dabei gewinnen Messenger an Bedeutung, weil sie die Möglichkeit hoher Reichweiten bieten und zugleich ohne Algorithmus auskommen. So erzielen WhatsApp und Co. eine sichere Reichweite von 100 % der gewünschten Empfänger – und legen dadurch das Fundament einer verlässlichen und direkten Kundenbeziehung [17].

Via Content Marketing auf Messenger-Basis können Unternehmen selbst *regelmäßig und ungefiltert* für Awareness sorgen – ganz ohne weitere Akquise-Kosten. So bietet der WhatsApp-Newsletter des Gewürzanbieters Just Spices seinen Leser regelmäßig neue Rezeptideen, die auf die Jahreszeit oder aktuelle Anlässe abgestimmt sind – und schafft mit diesen Inspirationen zugleich Awareness für seine Produktpalette (Abb. 6.3).

6 Messenger in der Customer Journey 85

**Abb. 6.3** Mehr als bloß
Salz und Pfeffer: Via
WhatsApp inspiriert Just
Spices regelmäßig zu neuen
Kochideen. (Quelle: eig.
Darstellung)

Lediglich rund 2 % aller Einkäufe werden direkt beim Erstkontakt getätigt; durchschnittlich interagieren Interessenten sechs bis acht Mal mit einer Marke, bevor sie tatsächlich zu Kunden werden [4]. Insofern können Messenger als sehr persönlicher Kommunikationskanal dazu dienen, um mit nützlichen, interessanten oder unterhaltsamen Informationen regelmäßig garantierte Aufmerksamkeit in der Zielgruppe zu generieren.

**Garantierte 750.000 Empfänger**
So erreicht der WhatsApp-Newsletter der „Urlaubspiraten" (ein führendes Online-Portal für die Vermittlung von Urlaubsreisen) bei jedem Versand zeitgleich und verlässlich über 750.000 registrierte Empfänger.

Ein weiterer Vorteil von Messenger Marketing: Da sich (v. a. aus Datenschutzgründen, vgl. Kap. 5) jeder Empfänger selbst aktiv für den Erhalt von WhatsApp-Nachrichten eines Unternehmens anmelden muss, können Unternehmen beim Versand ihrer Inhalte davon ausgehen, dass der Abonnent ...

a) dem Unternehmen genügend *Vertrauen* entgegenbringt, um ihn sein privates Kommunikationsumfeld – gleichrangig zu Freunden, Bekannten, Kollegen – aufzunehmen, sowie

b) ein grundlegendes *Interesse* an den Leistungen und Angeboten des Unternehmens besteht.

Wie sich mit Hilfe von Ads, Social Media, eigener Homepage oder „Invite-a-Friend"-Kampagnen schnell einen fester und interessierter Empfängerkreis aufbauen lässt, zeigt Kapitel Abschn. 7.3 (Abb. 6.4).

Damit bewegen sich Unternehmen, die auf Messenger Marketing setzen, mit ihren Inhalten a priori in einer sehr affinen Zielgruppe: Streuverluste sind strukturell nahezu ausgeschlossen. Entsprechend niedrig fällt die durchschnittliche Abmelderate von WhatsApp-Newslettern aus. Sie liegt bei rund 0,1 % – und ist somit deutlich geringer als bei E-Mail Newslettern [11].

**Durchschnittliche Klickrate: +30 %**

Dazu kommt, dass WhatsApp-Nachrichten im Vergleich zu anderen Kommunikationskanälen – etwa E-Mail oder Social Media – deutlich höhere

**Abb. 6.4** Awareness garantiert: Mit ihren WhatsApp-Angeboten erreichen die „Urlaubspiraten" europaweit über eine Million reiselustiger Empfänger. (Quelle: eig. Darstellung)

Klickraten erzielen: In Messenger-Nachrichten enthaltene weiterführende Links auf Unternehmensangebote weisen über alle Branchen hinweg eine durchschnittliche Klickrate von 32 % auf.

Gerade bei befristeten Angeboten oder aktuellen Informationen ist für Unternehmen auch der Zeitraum zwischen dem Versand einer Nachricht und deren Öffnung bzw. Abruf relevant: Wie bereits in Abschn. 2.2.1 beschrieben, werden über 90 % aller über WhatsApp versendeten Nachrichten innerhalb einer Viertelstunde gelesen [21].

*Consideration:* Im Gegensatz zu anderen Marketingkanälen liegen die entscheidenden Stärken von Messenger Marketing in der „Überlegungsphase" der Customer Journey. Der Hauptvorteil: Interessierte Kunden verfügen mit WhatsApp und Co. über einen direkten Kommunikationskanal zu dem Unternehmen, für dessen Produkte sie sich interessieren.

**„Der kürzeste Draht zwischen Unternehmen und Kunde"**
Noch offene Fragen, spezielle Wünsche und Vorlieben, aber auch Unsicherheiten und Zweifel während der Consideration-Phase können über diesen Kommunikationsweg schnell und formlos geäußert werden. Über 60 % aller Unternehmen, die Business-Messaging einsetzen, antworten innerhalb von 24 h auf Kundenanfragen via Messenger [11].

Diese Möglichkeit des schnellen Feedbacks und der asynchronen Kommunikation ist für Kunden extrem komfortabel: Sie können Wartezeiten – in der Einkaufsschlange, beim Arzt, an der Bushaltestelle – nutzen, um mit einem Unternehmen in Kontakt zu treten. Und den Dialog bei Bedarf fortführen, wann immer sie Zeit und Lust dazu führen.

**Größeres Vertrauen bei Kunden**
Darüber hinaus zeigt die Möglichkeit der unkomplizierten Kontaktaufnahme eine tiefgreifende, markenpsychologische Bedeutung für Menschen und Unternehmen: Die persönliche Form der Unterhaltung via Messenger schafft bei Kunden nötige Vertrauen, um eine Conversion auszuführen.

So sagen über zwei Drittel der Konsumenten, die ein Unternehmen via Messenger kontaktieren, dass ihnen die Möglichkeit des Messagings hilft, ein größeres Vertrauen in eine Marke aufzubauen [7]. Das bestätigt auch der ehemalige Customer-Relationship-Manager der Urlaubspiraten, Daniel Palm: „Der Kontakt mit den Usern im Messenger ist ein ganz anderer, einfach viel persönlicher".

Entsprechend nutzen WhatsApp-Abonnenten den Messenger-Kontakt zu einem Unternehmen, um ihr persönliches Einkaufserlebnis zu verbessern – indem sie via *Newsletter und Dialog* auf Empfehlungen oder die fachliche Expertise einer Marke zugreifen können –, oder durch den *Kundenservice* eines Unternehmens via Messenger über den weiteren Prozess informiert zu werden (z. B. Zustellungsbenachrichtigungen, Fragen zu Buchung, Bezahlung und/oder zum Produkt; vgl. Abschn. 7.2.3).

**Benutzerfreundlich und zeitsparend**
Laut der Facebook-Studie *Global B2P Communication Methods & Preferences* vom Februar 2018 haben Kunden, die sich für den Messenger-Kontakt zu einem Unternehmen entscheiden, bestimmte Erwartungen:

- benutzerfreundlich
- „überall und jederzeit"
- zeitsparend
- effektiv
- zuverlässig
- dokumentiert
- unterhaltsam
- in Echtzeit/schnell [8].

Zusammengefasst sind also *Unabhängigkeit, Bequemlichkeit, Effizienz und schnelle Reaktionszeiten* die wichtigsten Kriterien für eine positive Nutzererfahrung. Erfüllen Unternehmen in ihrer Kommunikation diese Anforderungen, ist das eine wesentlicher Erfolgsfaktor für erfolgreiche Conversion und nachhaltige Retention.

**Beratung vor Verkauf**
So können tagesaktuelle News, Erfahrungsberichte oder Best-Practice-Tipps via Messenger helfen, um Kunden während der Consideration-Phase erfolgreich zu motivieren, Vertrauen aufzubauen und Lösungsansätze aufzuzeigen. Beispielsweise verschickt die *Volksbank Mittlerer Schwarzwald* regelmäßig Informationen zu Anlagestrategien, Spar-Tipps oder eigenen Sponsoring-Aktivitäten.

Dadurch gewinnt der Empfänger in der Abwägungs-Phase nicht nur nützliches Wissen, sondern baut zugleich Vertrauen in die Expertise und Kompetenz der Bank auf. Analog nutzen auch zahlreiche andere Branchen (insbesondere im Consumer- und Lifestyle-Bereich) erfolgreich Messenger-Apps, um ihre Leser in erster Linie zu informieren und zu beraten – und weniger als direkten Promotion- bzw. Verkaufskanal (Abb. 6.5).

*Conversion:* Mit dem britischen Modeanbieter *Threads* ist 2018 der erste Fashion-Marktplatz gestartet, der seine Produkte – darunter Luxusmarken wie

**Abb. 6.5** Mit nützlichem
Content demonstriert
die Volksbank Mittlerer
Schwarzwald via WhatsApp
Expertise und Engagement.
(Quelle: eig. Darstellung)

Fendi, Chopard oder Dior – ausschließlich über Messenger verkauft – ohne Onlineshop oder eigene App.

Auf der Webseite ThreadsStyling.com beschreibt Threads diesen Service so:

> „We can communicate with you and style you directly via messaging platforms. You tell us what you want, and we source it and deliver it to you immediately, anywhere in the world. Welcome to the revolution that is Threads, and get the world of luxury at your fingertips" [19].

Über Messenger wie WeChat, WhatsApp, Snapchat, Instagram und iMessage bietet ein Customer-Service-Team Style-Beratung an und vermittelt individuell passende Designerstücke (Abb. 6.6).

Da die Verbindung per Chat zwischen Designern und Stylisten zu den Kunden sehr persönlich und die Kommunikation über Messenger niedrigschwellig und direkt ist, geben Threads-Messenger-Kunden (insbesondere in Asien) weit mehr pro Einkauf aus als auf herkömmlichen Kanälen – etwa via Apps, Online-Stores oder auf Marktplätzen:

**Abb. 6.6** Threads: Das erste Fashionportal, das seine Produkte ausschließlich über Messenger verkauft. (Quelle: Threadsstyling.com)

„Our unique approach has earned us double digit £m revenue and more than 100 %+annual growth. This is chat commerce, and it's changing how the world buys fashion" [19].

Ähnlich ist es auch dem Onlinehändler *Your Superfoods* via einer Facebook-Messenger-Kampagne erfolgreich gelungen, seine Onlineverkäufe deutlich zu steigern, Warenkorbabbrüche zu reduzieren und die Kundenbindung zu stärken: In der Anzeige wurde ein Quiz beworben, das dem Kunden die für ihn wichtigsten Vitamine und Nährstoffe ermittelte – und ihm entsprechende Produkte empfahl.

Allein in der ersten Woche erzielte die Kampagne einen Return on Ad-Spent (ROAS) von 180 % – bei einem Cost-per-Chat-Lead von unter einem Dollar. 35,2 % der Teilnehmer haben nach dem Quiz auf die Produktseite des Unternehmens geklickt. Zusätzlich wurden via Messenger Warenkorb-Abbrecher angeschrieben. Dadurch ließen sich in den USA binnen drei Wochen zusätzliche Verkäufe im Wert von knapp 1000 US$ generieren, die Abbruchrate sank um rund fünf Prozent [9].

**Amazon: Server-Blackout nach WhatsApp-Tipp**
Auch in Deutschland kommen zahlreiche Unternehmen, die erfolgreich auf Messenger-Kommunikation setzen, um ihre Produkte zu verkaufen, aus der E-Commerce-Branche – darunter etwa Brille 24, Essence, Otto, Coco Panda oder MyDealz. Am 7. Februar 2018 legte die Coupon-Plattform „MyDealz" sogar den

Amazon-Server lahm, als das Unternehmen via WhatsApp den Hinweis einen Amazon-Gutscheinfehler im Wert von 10 EUR an seine Community verschickte [10].

Durch die Möglichkeit der schnellen und unmittelbaren Kommunikation eignen sich Messenger-Newsletter hervorragend für den direkten Verkauf (Abb. 6.7).

Auch die Urlaubspiraten setzen WhatsApp ein, um ihre Reisepakete zu verkaufen. So sagte der damalige Head of CRM, Daniel Palm, im Interview mit dem MessengerPeople-Magazin: „Die Kunden erfahren über WhatsApp von unserem Angebot, buchen dann aber in einem zweiten Schritt via Desktop-Computer. Das Buchen von Urlauben über Handy ist im Moment noch ein neueres Konzept und aktuell noch etwas umständlich – aber man sieht bereits sehr deutlich, dass wir den Kunden gerade mit unseren WhatsApp-Deals den Mund wässrig machen können und sie im Folgenden den Urlaub dann auch buchen. Das funktioniert sehr gut bei uns!" [13].

Dabei ist davon auszugehen, dass sich mit der Etablierung einfach bedienbarer und sicherer mobiler Zahlungssysteme innerhalb der Messenger-Apps (wie bereits etwa Apple Pay für iMessage, vgl. Abschn. 2.2.4) finanzielle Transaktionen auch in Deutschland zunehmend vom Desktop-PC oder Laptop auf das Smartphone verlagern werden.

**Abb. 6.7**  Ein WhatsApp-Tipp an die MyDealz-Community brachte im Februar 2018 einen Amazon-Server zum Erliegen

**Kundenbindung via Messenger**

*Retention:* Neun von zehn Konsumenten geben an, dass sie eher bei Marken kaufen, die sie als Kunden wiedererkennen, behalten und ihnen relevante Angebote und Empfehlungen bereitstellen. So behauptet die Unternehmensberatung Accenture:

> „Personalization has become the priority for nearly all businesses" [3].

Im Durchschnitt checkt jeder WhatsApp-Nutzer 23 Mal pro Tag seine Nachrichten [5]. Aufgrund dieses hohen Stellenwertes im Alltag und der Möglichkeit zur direkten, persönlichen Ansprache (in Kombination mit hohen Öffnungs- und Aufmerksamkeits- sowie sehr niedrigen Abmeldequoten) eignen sich Messenger optimal als Kanal zur Kundenbindung:

So kann der Kunde auch nach dem eigentlichen Einkauf via WhatsApp und Co. After-Sales-Services in Anspruch nehmen und weiterhin mit regelmäßigen Inhalten „versorgt" werden. In diesem Kontext eignen sich beispielsweise – via Chatbot einfach und schnell im Unternehmensalltag zu realisierende – Umfragen zur Kundenzufriedenheit, Gewinnspiele oder Hinweise auf besondere Rabatt- oder Service-Aktionen, um Messenger auch in der Retention-Phase der Customer Journey zielführend einzusetzen und Kunden nachhaltig zu binden.

**Hohe Retention Rate für WhatsApp und Co.**

Dazu kommt, dass es sich bei Messengern um eine der seltenen Apps mit einem hohen „Rückkehrfaktor" handelt: Die meisten Apps verlieren bereits innerhalb von drei Tagen rund 77 % ihrer Nutzer. Nach 90 Tagen sind es nur noch drei bis fünf Prozent, welche die heruntergeladene App regelmäßig nutzen. Zu diesem Ergebnis kam eine Analyse der „Retention Rate" des App-Experten Andrew Chen und des Analyse-Start-ups Quettra. Im Gegensatz sind Messenger-Apps Kommunikationstools, die schnell einen festen Platz auf dem Startbildschirm ihrer Nutzer einnehmen und meist dauerhaft auf einem Smartphone verbleiben.

*Advocacy:* Threads-Gründerin Sophie Hill sagt, dass ihr Startup nie wirklich ein eigenes Marketingbudget hatte. Das erfolgreiche Wachstum des Unternehmens beruhte anfangs vor allem auf der (viralen) Weiterverbreitung via Messenger – durch zufriedene Kunden des Unternehmens, später auch über organische Posts und Storys [16].

Damit trifft Threads in ihrer Marketingstrategie den Zeitgeist: Rund 3 von 4 kaufentscheidenden Touchpoints werden heute von nutzergenerierten Inhalten und Empfehlungen geprägt. Besonders relevant sind dabei Erfahrungen, Meinungen und Einschätzungen aus dem eigenen Freundes- und Familienkreis [12].

In diesem Kontext kommt Messengern als „Empfehlungs-Tools" eine besondere Rolle zu: So haben sich WhatsApp und Co. nicht nur als die bevorzugten Kanäle zur Kommunikation mit Familie und Freunden etabliert; Messenger-Apps sind auch diejenige Plattform, auf der Inhalte am öftesten geteilt werden (vgl. Abschn. 3.1). Insofern sind Unternehmen gut beraten, eine eigene Content-Strategie aufzusetzen, um

a) zufriedene Kunden via Messenger langfristig an sich zu binden, sowie
b) ihnen auf diesem Weg zugleich regelmäßig „teilenswerten" Input zur Verfügung zu stellen, der sie befähigt, selbst zu digitalen „Markenbotschaftern" zu werden.

**Messenger abseits der Customer Journey**

Das Potenzial und die Funktion von Messenger-Apps für Unternehmen beschränkt sich nicht nur auf den Sales-Funnel der klassischen Customer Journey. Zahlreiche Unternehmen, Institutionen und Organisationen setzen Messenger auch schlicht zu Kommunikationszwecken ein – oder um das Image ihrer Marke aus- und aufzubauen.

So nutzen etwa die Lufthansa, Eurosport, die Deutsche Bahn und die Deutsche Telekom WhatsApp für ihre *Corporate Communications* und versenden in Echtzeit Teaser zu Presseinformationen an registrierte Journalisten und interessierte Stakeholder.

Unternehmen wie die Manpower Group, die Deutsche Post oder Zeitconcept setzen auf Messenger-Apps, um ihren *Recruiting-Prozess* zu unterstützen und geeignete Bewerber zu finden.

*Parteien und Gewerkschaften* – vom SPD-Parteivorstand über die Hamburger CDU bis hin zu IG Metall – verwenden Messenger, um ihre Mitglieder und/oder politisch interessierte Bürger zu informieren.

Auch zahlreiche *Kommunen und Städte* wie Augsburg, Rügen oder Stuttgart versenden via WhatsApp und Co. Rathaus-News, wichtige Hinweise, Termine und Veranstaltungsinformationen an Bürger und Besucher ihrer Region.

Und nicht zuletzt setzen zahlreiche *Medien* (und mehr als 40 der 100 reichweitenstärksten deutschen Online-Portale) [18] – von der Mindener Tageszeitung über die Süddeutsche Zeitung bis hin zu LEAD digital, dem Handwerk Magazin oder der Bundeszentrale für politische Bildung – auf WhatsApp, um News zu verbreiten, Traffic für ihre Webseiten zu generieren und mit ihren Lesern in Dialog zu treten. Für ihren Messenger-Service zur Bundestagswahl 2017 wurde die Washington Post sogar mit dem „Golden Blogger Award" geehrt.

# Literatur

1. Absatzwirtschaft (2018): Total Customer Experience Management: Unternehmen haben erhebliches Nachholpotential. http://www.absatzwirtschaft.de/total-customer-experience-management-unternehmen-haben-erhebliches-nachholpotential-145836/. Zugegriffen: 26.12.2018
2. Accenture (2017): READY TO TALK! https://www.accenture.com/us-en/insight-conversational-banking. Zugegriffen: 23.12.2018
3. Accenture (2018): MAKING IT PERSONAL. Why brands must move from communication to conversation for greater personalization. https://www.accenture.com/t20161011T222718__w__/us-en/_acnmedia/PDF-34/Accenture-Pulse-Check-Dive-Key-Findings-Personalized-Experiences.pdf. Zugegriffen: 26.12.2018
4. Bernazzani Sophie (2018): Warum die organische Reichweite auf Facebook schwindet und wie Sie den Algorithmus austricksen. HubSpot.de. https://blog.hubspot.de/marketing/organische-reichweite-auf-facebook. Zugegriffen: 26.12.2018
5. Eichfelder Marius (2018): 7 Dinge, die Sie nicht über WhatsApp wussten. CHIP.de. https://praxistipps.chip.de/7-dinge-die-sie-nicht-ueber-whatsapp-wussten_40164. Zugegriffen: 27.12.2018
6. Facebook (2016): More than a Message: The Evolution of Conversation. https://www.facebook.com/business/news/insights/more-than-a-message-the-evolution-of-conversation. Zugegriffen: 23.12.2018
7. Facebook IQ (2018): Motivations, Mindsets and Emotional Experiences in Messaging (vs. Feed). Sentient Decision Science. https://www.facebook.com/iq/insights-to-go/among-people-surveyed-who-message-businessesdaily-messaging-app-users-whove-messaged-a-business-in-the-past-3-months-using-one-of-their-most-commonly-used-apps-the-majority-say-being-able-to-message-a-business-helps-them-feel-more-confident-about-the-brand. Zugegriffen: 27.12.2018
8. Facebook IQ (2018): Warum Kommunikation mit Unternehmen über Messaging-Tools der neue Standard ist. https://www.facebook.com/business/news/insights/why-messaging-businesses-is-the-new-normal. Zugegriffen: 27.12.2018
9. Gründel Verena (2018): Praxis: So geht E-Commerce-Marketing mit dem Messenger. Werben und Verkaufen online. https://www.wuv.de/digital/praxis_so_geht_e_commerce_marketing_mit_dem_messenger. Zugegriffen: 27.12.2018
10. Höschl Peter (2018): Presseschau KW 6: Geschäftszahlen von Amazon und ebay, mydealz macht Amazon.de platt, Windeln.de setzt den Rotstift an, ebay verschiebtStichtagfürneueBilderrichtlinie.Shopanbieter.de.https://www.shopanbieter.de/13272-presseschau-kw-6-geschaeftszahlen-von-amazon-und-ebay-mydealz-macht-amazon-de-platt-windeln-de-setzt-den-rotstift-ebay-verschiebt-stichtag-fuer-neue-bilderrichtlinie. Zugegriffen: 27.12.2018
11. Kremming Katharina (2018): MessengerPeople Studie 2018: 10 Mio Menschen nutzen bereits Messenger Services, um mit Unternehmen zu kommunizieren. MessengerPeople.com. https://www.messengerpeople.com/de/insights-messenger-kommunikation/. Zugegriffen: 26.12.2018
12. Kussmaul Achim (2018): Die perfekte Customer Journey. Touch361.org. https://www.touch361.org/touch-blog/die-perfekte-customer-journey-so-designen-sie-erfolgreich-ihre-customer-journey/. Zugegriffen: 26.12.2018

13. Lenz Johannes (2017): WhatsApp und Messenger Marketing bei den Urlaubspiraten. MessengerPeople.com. https://www.messengerpeople.com/de/7-fragen-an-whatsapp-und-messenger-marketing-bei-den-urlaubspiraten/. Zugegriffen: 27.12.2018

14. Lenz Johannes (2018): Facebook Messenger Chef David Marcus: „Messaging as a true Customer Care Channel". MessengerPeople.com. https://www.messengerpeople.com/de/facebook-messenger-chef-david-marcus-messaging-as-a-true-customer-care-channel/. Zugegriffen: 23.12.2018

15. Lenz Johannes (2018): Messenger Kommunikation: 18 Kundenservice- und Digitalexperten über die Trends 2019. MessengerPeople.com. https://www.messengerpeople.com/de/messenger-kommunikation-18-kundenservice-und-digitalexperten-trends-2019/. Zugegriffen: 13.01.2019

16. Lunden Ingrid (2018): Threads raises $20M for its luxury goods 'boutique' that exists only in messaging apps. TechCrunch.com. https://techcrunch.com/2018/08/17/threads-raises-20m-for-its-luxury-goods-boutique-that-exists-only-in-messaging-apps/. Zugegriffen: 27.12.2018

17. Schellkopf Holger (2018): Facebook-Newsfeed: Kommunizieren, nicht konsumieren. LEAD-digital.de. https://www.lead-digital.de/facebook-newsfeed-kommunizieren-nicht-konsumieren/. Zugegriffen: 26.12.2018

18. Schuster Marcus (2018): Die besten Digital-Agenturen 2018. KRESS PRO 05/2018. https://kress.de/pro/kresspro-archiv/kressreports-details/beitrag/140498-ranking-die-besten-digital-agenturen-2018.html. Zugegriffen: 29.12.2018

19. Threads (2018): Unternehmenshomepage. https://www.threadsstyling.com. Zugegriffen: 27.12.2018

20. We are social/Hootsuite (2018): Digital 2018 in Deutschland. https://www.slideshare.net/wearesocial/digital-2018-in-deutschland. Zugegriffen: 26.12.2018

21. YesMobo (2018): Most Effective Whatsapp Marketing Platform. Why you should start marketing on Whatsapp? https://www.yesmobo.com/whatsapp-marketing/advertisers-sign-up/. Zugegriffen: 26.12.2018

# Messenger-Kommunikation in der Praxis: Einsatzmöglichkeiten und Best Practices

**7**

---

**Zusammenfassung**

Messenger Kommunikation gibt es mittlerweile in allen Branchen. Die erfolgreichsten zurzeit sind Medien und E-Commerce, gefolgt vom Finanz- bzw. Bankensektor, klassischen B2B-Services, Städte und Vereine sowie Verkehrsunternehmen und Parteien. Unternehmen wie die Urlaubspiraten, Commerzbank, Südzucker oder die Nordwest-Zeitung zeigen im Praxisteil, wie gutes Messenger Marketing funktionieren kann. Die Beispiele von Brille24, Intersport und Transgourmet verdeutlichen, wie auch der 1:1 -Kundenservice per WhatsApp erfolgreich etabliert wird.

„Ich gehe davon aus, dass Messenger weiter an Bedeutung gewinnen werden. Beim Kundenservice, als Content Kanal, aber auch im direkten e-Commerce. Dabei werden wir in den meisten Bereichen auch deutlich mehr Automatisierung sehen. Gerade bei einfachen Kundenservice-Anfragen oder beim Online-Shopping profitieren Marken und Kunden von Zuverlässigkeit und Effizienz der Lösungen. Gefährdet werden kann das Messenger-Wachstum eigentlich nur durch die Anbieter selbst: zu hohe Werbedichte oder Unsicherheit bei den Daten könnten zwei Bereiche werden, die Nutzer abschrecken." (Holger Schellkopf, Chefredakteur Digital, Werben und Verkaufen & LEAD digital [34]).

Wenn sie die Wahl hätten, würden laut Washington Post 70 % der Kunden lieber mit einem Unternehmen chatten als es anzurufen. Mit dem Kunden auf seinem bevorzugten Kanal zu kommunizieren, ist dabei nicht nur als ein zusätzlicher Service seitens eines Unternehmens zu verstehen, sondern hat auch messbare Auswirkungen auf die Kundenzufriedenheit (und damit auf die Retention- und die Advocacy-Phase der Customer Journey, vgl. Kap. 6). So liegt

---

die Zufriedenheitsrate mit dem Kundenservice eines Unternehmens bei einem Chat-Kontakt durchschnittlich 25 % höher als bei einem klassischen Anruf [14].

**Messenger Marketing ist branchenübergreifend einsetzbar**
Zu den bislang erfolgreichsten Branchen im Messenger Marketing (gemessen an der Anzahl der Abonnenten eines Messenger-Kanals) zählen dabei Medien und E-Commerce, gefolgt vom Finanz- bzw. Bankensektor, klassischen B2B-Services und Unternehmen, die in der Sportbranche aktiv sind [52].

Dabei eignen sich Messenger nicht nur für den Kunden-Kontakt, sondern werden zu *Informations- und Legitimationszwecken* auch von anderen, nicht primär gewinnorientierten Organisationen eingesetzt, um mit ihrer Zielgruppe (Bürger, Mitglieder, Stakeholder) zu kommunizieren. So verzeichneten Städte und Gemeinden, Verkehrsbetriebe und Stadtwerke, die Einsatzbereiche „Human Resources" und „Interne Kommunikation" sowie Parteien, Politiker und Verbände im Jahr 2018 das größte Wachstum ihrer Messenger-Marketing-Kanäle (gemessen am relativen Anstieg der Abonnentenzahl eines Messenger-Angebots) [23].

**Einsatzfelder von Messengern**
Ähnlich wie auch schon bei Social Media, stehen dabei Terminvereinbarungen (69 %), der Erhalt von Informationen (57 %) und die Möglichkeit, Reklamationen via Messenger abwickeln zu können (48 %) ganz oben auf der Liste der Situationen, in denen sich die deutschen den Messenger-Kontakt zu einem Unternehmen wünschen [52].

Dem entsprechend sind der *Versand von Informationen* („Content Marketing") und *Kundenservice via Messenger* die bislang häufigsten Einsatzfelder im professionellen Business-Messaging (Abb. 7.1).

## 7.1 Content Marketing

„Content marketing is also defined as a strategic marketing approach focused on creating and distributing valuable, relevant, and consistent content to attract and retain a clearly-defined audience — and, ultimately, to drive profitable customer action" (Content Marketing Institute [9]).

Die Schlüsselwörter in dieser Definition des renommierten, US-amerikanischen Content Marketing Institute sind „wertvoll" und „relevant". Dadurch unterscheidet sich erfolgreiches Content Marketing von klassischer Produktwerbung: Es zeichnet sich primär dadurch aus, dass Nutzer entlang ihrer Customer Journey gezielt diese Informationen suchen und konsumieren – anstatt sie zu vermeiden.

Kurz gesagt: Über hochwertige und nützliche Inhalte lassen sich Produkte und Dienstleistungen verständlicher erklären – und einfacher verkaufen.

Aufgrund der Fülle an jederzeit frei verfügbaren Informationen im Internet ist es für Unternehmen mittlerweile nicht mehr damit getan, hochwertigen Content lediglich zu erstellen. Sie stehen zunehmend vor der Herausforderung, ihre aufwändig erstellten Inhalte auch wirksam an die jeweilige Zielgruppe zu vermitteln:

„Content is King – but Distribution is Queen, and she wears the pants" [18].

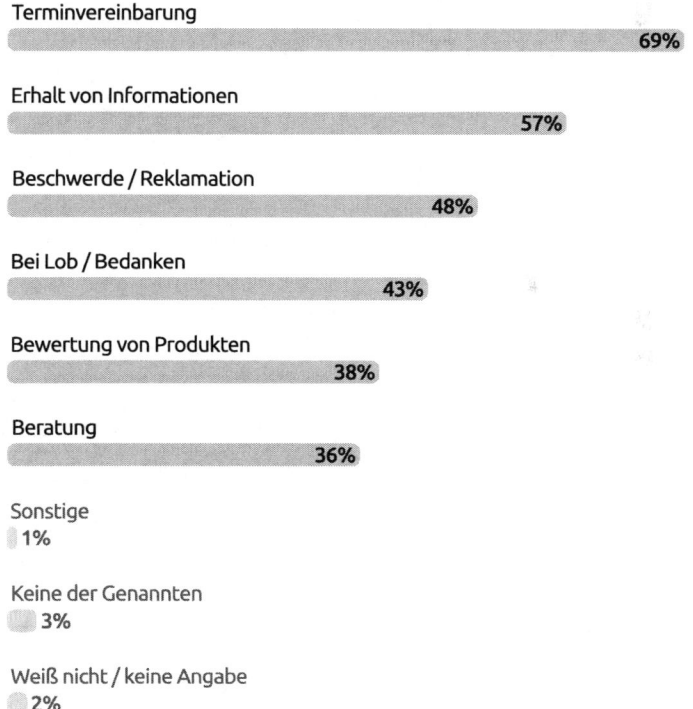

In welchen der folgenden Situationen könnten Sie sich vorstellen, dass Sie sich über einen Messenger-Dienst an ein Unternehmen oder eine Organisation wenden?

Terminvereinbarung 69%

Erhalt von Informationen 57%

Beschwerde / Reklamation 48%

Bei Lob / Bedanken 43%

Bewertung von Produkten 38%

Beratung 36%

Sonstige 1%

Keine der Genannten 3%

Weiß nicht / keine Angabe 2%

**Abb. 7.1** Terminvereinbarung, Informationen und Reklamation sind für die Deutschen die Hauptmotive, um mit einem Unternehmen via Messenger zu kommunizieren. (Quelle: You-Gov/MessengerPeople 2018 [52])

**Messenger als Content-Marketing-Kanal**

Während noch vor wenigen Jahren soziale Netzwerke wie Facebook, Twitter und Co. sowie E-Mail-Newsletter als die besten Kanäle galten, um unternehmensspezifische Inhalte auszuspielen, haben sich mittlerweile Messenger-Apps als erfolgreichste Kanäle für das Content Marketing etabliert (Abb. 7.2). Gegenüber E-Mail und Social Media verfügen Messenger-Apps über zahlreiche Vorteile in der Verbreitung von Informationen:

- *Real-Time:* Knapp die Hälfte der Deutschen gestattet WhatsApp, ihnen Push-Notifications auf den Sperrbildschirm zu schicken Dadurch werden über 90 % aller Nachrichten innerhalb weniger Minuten gelesen (vgl. Abschn. 3.1).
- *Performance:* E-Mail-Newsletter werden kaum noch gelesen und performen mit einer durchschnittlichen Öffnungsrate von 23 % sowie einer durchschnittlichen Klickrate von 3 % wesentlich schlechter als Messenger, die eine durchschnittliche Öffnungsrate von 95 % sowie eine durchschnittliche Klickrate von 30 bis 35 % aufweisen [37].
- *Abmelderate: Die* Abmelderate bei Messenger-Newslettern liegt bei durchschnittlich 0,1 % und ist damit deutlich geringer als bei E-Mail-Newslettern, bei denen 0,5 % bereits als gutes Ergebnis zählen [23].
- *Bounce Rate:* 100 % der über Messenger versandten Nachrichten werden auch tatsächlich zugestellt. Technisch bedingt werden beim E-Mail-Versand zahlreiche Mails erst gar nicht zugestellt – oder landen direkt im Spam-Filter des Posteingangs (z. B. sogenannte Soft- bzw. Hardbounces durch fehlerhafte Adressen, Urlaubs-bzw. Abwesenheitsassistenten, überfüllte Postfächer, zu große Dateianhänge, Filtereinstellungen, Serverüberlastung etc.).
- *Enge Customer Relation:* Messenger Marketing stärkt das Vertrauen in eine Marke und hilft beim Aufbau starker Kundenbeziehungen: Der Empfänger einer Nachricht gewährt dem Unternehmen unmittelbaren Einlass in sein privates Kommunikationsumfeld. Bereits dadurch entsteht eine emotionale Markenbindung [13].
- *Direkt – ohne Algorithmus:* Social-Media-Plattformen setzen Algorithmen ein, die das Ausspielen von Nachrichten im Newsfeed der Nutzer entscheidend beeinflussen – überwiegend zum Nachteil von kommerziellen Marken. Über Messenger-Apps verschickte Informationen kommen auch wirklich bei denjenigen Nutzern an, die sich dafür interessieren.
- *Höhere Nutzung:* Seit 2015 verwenden mehr Menschen Messenger-Apps als Social-Media-Plattformen (vgl. Kap. 2).
- *Viralität:* Mehr Menschen teilen beliebte Inhalte über Messenger als in sozialen Netzwerken [52]. Dabei werden über Messenger geteilte Inhalte genauso

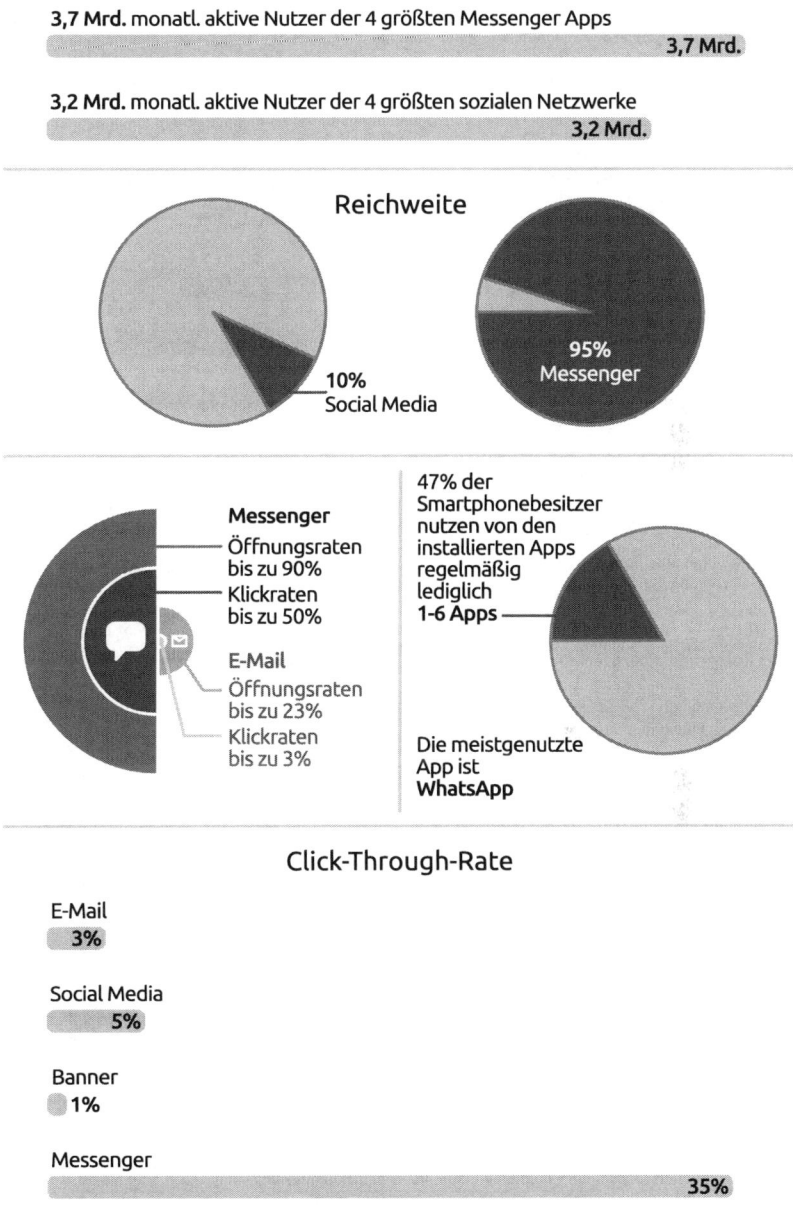

**Abb. 7.2** Messenger-Apps sind erfolgreichster Content-Marketing-Kanal. (Quelle: eig. Darstellung)

angezeigt, wie sie der Nutzer selbst im Messenger sieht („What you see is what you get": WYSIWYG-Prinzip). Ob Inhalte überhaupt geteilt werden können und wie Shares angezeigt werden, hängt bei sozialen Netzwerken von einer Vielzahl an Faktoren ab (private Nutzereinstellungen, hinterlegte Daten, Auslesbarkeit).

- *Multimedialität:* In Messenger-Nachrichten lassen sich alle relevanten Medien und Dateitypen integrieren (Sprachnachrichten, Dateianhänge, Videos, Bilder).

Aus diesem Grund eignen sich Messenger-Apps für verschiedene Einsatzbereiche in der Content-Marketing-Strategie eines Unternehmens (Tab. 7.1).

## 7.1.1  Praxisbeispiel: Urlaubspiraten

Mit über 220 Mitarbeitern zählen die Urlaubspiraten (internationaler Markenname: „Holiday Pirates") zu den größten Reisevermittlungsportalen in Europa. Das Geschäftsprinzip: Die Urlaubspiraten durchforsten das Internet nach besonderen Angeboten, Deals und „Reiseschnäppchen", die sie dann mit ihrer großen Social-Travel-Community teilen. Mittlerweile ist das 2011 in Berlin gegründete Unternehmen in zehn Ländern vertreten – darunter die USA, Großbritannien, Italien, Frankreich oder Spanien. In 2017 erzielte die HolidayPirates-Gruppe einen Gesamtumsatz von 362 Mio. EUR [20].

**Reichweitenstärkstes Unternehmen auf WhatsApp, Facebook Messenger und Telegram**
Die Urlaubspiraten verzeichnen mehr als 30 Mio. Page Views im Monat, 900.000 Empfänger für ihren E-Mail-Newsletter und über 10 Mio. Facebook-Fans. Die App des Unternehmens wurde über 10 Mio. Mal heruntergeladen.

Seit Mai 2015 setzt das Unternehmen in seinem Content-Marketing-Mix auch auf Messenger, um „der sinkenden Reichweite von Facebook entgegenzuwirken und – andere Distributionskanäle zu erschließen", so Daniel Palm, ehemaliger Head of Customer Relationship Management [40]. Mehr als 1 Mio. Menschen haben sich für die Kanäle der Urlaubspiraten auf WhatsApp, dem Facebook Messenger und Telegram angemeldet. Damit verfügt das Reiseportal über die größte Messenger-Reichweite aller deutschen Unternehmen. Drei von 4 Nutzern entscheiden sich dabei für WhatsApp, um Informationen zu erhalten (Abb. 7.3).

„Aktuelle Angebote kommen sofort an, wir können unseren Kunden sehr schnell von zeitlich begrenzten Angeboten erzählen", begründet Palm die Messenger-Aktivitäten der Urlaubspiraten. „Zudem sind die Informationen relevant, da wir unsere Nutzer nach ihren Interessen mit Angeboten versorgen" [40].

**Tab. 7.1** Content Marketing via WhatsApp und Co: Beispiele aus der Unternehmenspraxis

| Medien und Nachrichten | Banken und Finanzbranche | e-Commerce und Deals | Human Resources und Recruiting | Unternehmens-kommunikation/PR |
|---|---|---|---|---|
| Versand von aktuellen Meldungen in Echtzeit | Individuelle Beratung | Special Deals und Angebote | 1:1-Kontakt mit Bewerbern | Versand von Unternehmens-news in Echtzeit |
| Covern von Events | News und Analysen zu Finanzmarkt und Börse | Individuelle Angebote mittels Kategorien | Job-Newsletter in Echtzeit | PR-News als Kurznachrichten in diversen Formaten (Video, Bild, Sprache, Text) |
| User generated Content | Tipps für Vermögensaufbau | Kundenservice und individuelle Auskunft | Bewerbungs- und Karrieretipps | 1:1-Kontakt zu Multiplikatoren |
| Gewinnspiele | Persönliche Betreuung und Information (z. B. über Portfolio) | Lieferinformation und Versandbestätigungen | | |
| Umfragen | Support | | | |

(Quelle: eig. Darstellung)

**Abb. 7.3**  Mehr als 1 Mio.
erreichen die Urlaubspiraten
via WhatsApp, Facebook
Messenger und Telegram.
(Quelle: eig. Darstellung)

Dazu nutzen die Urlaubspiraten einen Kategorienfilter, bei dem Newsletter-Abonnenten ihre individuellen Präferenzen für den Inhalt der Nachrichten des Unternehmens angeben können – beispielsweise Familienurlaube, Citytrips oder Kreuzfahrten.

„Der Kontakt mit den Usern im Messenger ist ein ganz anderer, einfach viel persönlicher", sagt CRM-Experte Palm (Abb. 7.4). „Mit WhatsApp können wir dem Kunden ein Angebot schicken und im gleichen Moment klingelt sein Handy und er hat eine Nachricht mit dem besten Urlaubsdeals von uns – da hat man von Anfang an ein ganz anderes Verhältnis als Anbieter zu seinem Kunden" [26].

**„Die besten Deals und Error Fares direkt aufs Smartphone"**
Um Nutzer für den Messenger-Kanal zu gewinnen, haben die Urlaubspiraten den Hinweis auf ihren WhatsApp-Service prominent auf der Webseite platziert. Sie erklären auf einer eigenen Landing Page ausführlich, wie die An- und Abmeldung funktioniert. „Wir hatten das Glück, dass unsere WhatsApp-Community sehr organisch gewachsen ist und viele Abonnenten über den WhatsApp Button auf der Website kamen", so Palm. „Zudem setzen wir Gewinnspiele und Invite-a-Friend-Aktionen ein, um das Wachstum der Abonnentenzahlen weiter zu unterstützen" [40].

**Abb. 7.4** Verschiedene
Kategorien ermöglichen
es dem Kunden, seine
Präferenzen für den
WhatsApp-Versand
anzugeben. (Quelle: eig.
Darstellung)

**Gewinnspiel via Messenger**

So startete das Unternehmen im Juli 2017 für zwei Wochen eine digitale Schatzsuche via Messenger-Chatbot, bei der Teilnehmer Reisen im Wert von 15.000 EUR gewinnen konnten: „Dadurch verschafften wir unseren Messenger-Services eine erhöhte Visibilität, um mehr Piraten-Fans für unsere WhatsApp-Deals zu gewinnen", sagt der für das Projekt verantwortliche CRM-Manager Palm [22].

Die Aktion wurde (in der jeweiligen Landessprache) über alle WhatsApp-Kanäle der HolidayPirates Group, einschließlich des Facebook Messengers in den USA, ausgerollt. So gelang es den Urlaubspiraten innerhalb eines Jahres, die Anzahl ihrer WhatsApp-Abonnenten um 100 % zu steigern (Abb. 7.5).

Dabei trägt der WhatsApp-Kanal direkt zum Umsatz des Unternehmens bei. „Die Kunden erfahren über WhatsApp von unserem Angebot, buchen dann aber in einem zweiten Schritt via Desktop-Computer" [26]. Über 10 % des Traffics auf der Website der Urlaubspiraten kommt mittlerweile über den WhatsApp-Service des Unternehmens [40].

Du möchtest keinen Error-Fare oder Mega-Deal mehr verpassen? Dann melde dich doch für unseren WhatsApp-Alarm an! Wir spülen dir unsere Breaking News direkt auf dein Smartphone.

**Abb. 7.5** „Keinen Deal mehr verpassen": Auf der Homepage werben die Urlaubspiraten für ihr WhatsApp-Angebot. (Quelle: Urlaubspiraten.de 2019)

**„Nur die spektakulärsten Deals auf WhatsApp"**
Während der „Deal des Tages" turnusmäßig täglich (auch am Wochenende) versendet wird, werden Angebote in den verschiedenen Kategorien aktuell verschickt – sobald sie von den Urlaubspiraten im Netz gefunden wurden. „Gerade hier zeigt sich ein großer Vorteil der Content Distribution mittels WhatsApp: Wir können unseren Kunden sehr schnell von zeitlich extrem begrenzten Angeboten erzählen, bevor der Preisfehler korrigiert werden kann", weiß Palm. „Wir wählen je nach Kommunikationskanal unterschiedlichen Content aus. Diese Arbeit lohnt sich: Nur die spektakulärsten Deals werden in unserem WhatsApp Channel versendet" [40].

Um den WhatsApp-Kanal der Urlaubspiraten kümmert sich in der Praxis ein rund 20-köpfiges Team aus Social-Media-, CRM- und Campaign-Managern, die auch für die anderen Online-Marketing-Aktivitäten des Unternehmens zuständig sind.

Dabei achten die Urlaubspiraten sehr auf eine sparsame Dosierung der Versandfrequenz: Die meisten Nutzer erhalten, abhängig von der Anzahl der ausgewählten Kategorien, nicht mehr als maximal drei bis vier Nachrichten pro Woche.

**Kennzahlen in der Praxis**
Um den Erfolg ihres Messenger-Engagements zu evaluieren, achten die Urlaubspiraten vor allem auf folgende Kennzahlen:

- Subscriptions: Anzahl der neuen Abonnenten,
- Traffic/Leadquellen auf der Homepage,
- Öffnungsrate (laut CRM-Manager Palm „bis zu 90 %"),
- Klickrate (laut Palm „bis zu 85 %"),
- Unsubscriptions (Abmeldungen vom Messenger-Newsletter: laut Palm „sehr
  gering") [40].

„Wir erhalten viel positive Rückmeldung seitens unserer Kunden", sagt der ehemalige Urlaubspirat Palm. „Insgesamt sind wir sehr glücklich darüber, wie gut
dieser Kanal für uns funktioniert, gerade weil andere Plattformen immer mehr an
Reichweite einbüßen" [26].

## 7.1.2  Praxisbeispiel: Commerzbank

Die Commerzbank zählt zu den führenden internationalen Geschäftsbanken. Das
Institut wickelt rund 30 % des deutschen Außenhandels ab und ist Marktführer im
deutschen Firmenkundengeschäft.

Insgesamt betreut die Bank mehr als 18 Mio. Privat- und Unternehmerkunden
sowie über 60.000 Firmenkunden, multinationale Konzerne, Finanzdienstleister
und institutionelle Kunden [8]. In den beiden Geschäftsbereichen „Privat- und
Unternehmerkunden" sowie „Firmenkunden" bietet die Bank ein umfassendes
Portfolio an Finanzdienstleistungen.

**Commerzbank: First Mover in Sachen Messenger**
Seit Januar 2017 stellt die Commerzbank interessierten Anlegern via WhatsApp
News und Analysen zum aktuellen Börsengeschehen und zum Vermögensaufbau
zur Verfügung. Damit war die Commerzbank Deutschlands erste Anbieter von
Finanzprodukten, der Messenger Marketing einsetzte.

Die Abonnenten des Messenger-Services der Bank erhalten zudem u. a. Videoanalysen, Podcasts und langfristige Analysen zu den Themen Kapitalmarkt und
Vermögensaufbau. Neben seinem WhatsApp-Kanal setzt das Geldhaus seit April
2018 mit „CORA – der erste Bot für Börsennews" erfolgreich auch einen Chatbot
(vgl. Kap. 8) auf Messengerbasis ein.

**Ziel: Konvertierung auf Finanzprodukte**

Roman Przibylla, Digital Marketing Manager für Zertifikate, Hebelprodukte und ETFs bei der Commerzbank (Bereich: Public Distribution), nennt die Gründe für die Entscheidung, als erstes Finanzinstitut WhatsApp im Kundenkontakt einzusetzen: „In der Vermarktung unserer Produkte an Selbstentscheider gibt es einen entscheidenden Unterschied: Wir kennen unsere Kunden nicht. Aus diesem Grund müssen wir auf unterschiedlichen Kanälen mit Anlegern in Kontakt treten und das auf einem möglichst direkten und persönlichen Weg mit relevantem Content, um diesen am Ende auf unsere Produkte zu konvertieren und an unseren Service zu binden. So stärken wir die Kundenbindung und erhöhen den Produktabsatz" [43] (Abb. 7.6).

In ihren Messenger-Aktivitäten für den deutschsprachigen Markt fokussiert sich die Commerzbank ausschließlich auf WhatsApp. Um Abonnenten zu gewinnen, bewirbt die Commerzbank ihren WhatsApp-Service nicht nur auf der eigenen Homepage, sondern auch auf den größten deutschen Finanzportalen über Display-Ads, Content und direkte Einbindungen des Anmeldebuttons (so genanntes „Widget"). Dadurch haben Interessenten die Möglichkeit, sich direkt auf der jeweiligen Webseite für den Messenger-Service der Bank anzumelden.

**Abb. 7.6**  „Geldwerter Vorteil": Die Commerzbank bietet ihren WhatsApp-Lesern u. a. Finanz- und Marktanalysen. (Quelle: eig. Darstellung)

„Dies hat sich als effizientestes Mittel herauskristallisiert, da Nutzer nicht über eine extra Landingpage gehen müssen. Aus diesem Grund haben wir uns in der Bewerbung auch hauptsächlich darauf fokussiert und versuchen, die User an diesen Touchpoints direkt zu konvertieren", so Przibylla [43].

Darüber hinaus kommunizierte die Commerzbank ihren WhatsApp-Kanal auch aktiv auf ihren Social-Media-Kanälen Facebook und Twitter.

**Nutzerzahlen: Schnell im fünfstelligen Bereich**
Aufgrund dieser crossmedialen Marketingmaßnahmen konnte die Bank schnell einen festen WhatsApp-Abonnentenstamm aufbauen. „Seit dem ersten Tag haben wir eine steigende Entwicklung der Nutzerzahlen, die noch zu keinem Zeitpunkt abgeflacht ist", berichtet Digital Marketing Manager Przibylla. „Noch heute kommen täglich eine Vielzahl an neuen User dazu, sodass wir bereits früh eine Nutzerzahl im fünfstelligen Bereich akquiriert haben" [43] (Abb. 7.7).

**Relevanz ist „Schlüssel zum Erfolg"**
Durchschnittlich verschickt die Commerzbank täglich vier bis fünf Nachrichten via WhatsApp – in der Regel morgens und abends. Przibylla: „Zu Beginn stand die Frage im Raum, wie viele Nachrichten am Tag sinnvoll sind, ohne den Nutzer zu stören. Nach einer Analyse unserer KPIs hat sich dabei schnell und eindeutig

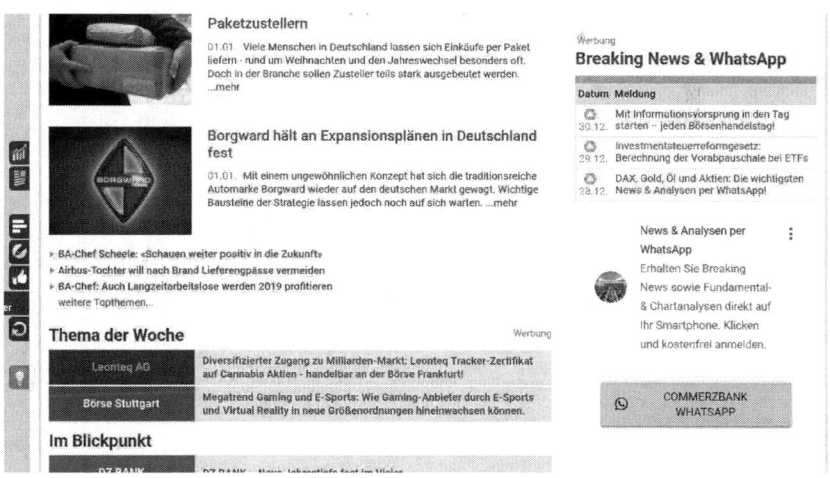

**Abb. 7.7** Werbung für den WhatsApp-Kanal: Das Anmelde-Widget der Commerzbank auf „Finanztreff.de". (Quelle: Finanztreff.de)

herausgestellt, dass es nicht primär um die Anzahl der Nachrichten geht – sondern um die Relevanz der Inhalte".

Wenn man es schafft, relevante Inhalte zu schaffen und Menschen mit diesen Inhalten zu begeistern, dann können es auch deutlich mehr als nur ein, zwei Nachrichten am Tag sein. „Relevanz ist somit auch auf WhatsApp der Schlüssel zum Erfolg", meint Commerzbank-Digitalprofi Przibylla [43].

Sämtliche Messenger-Marketing-Aktivitäten sind dabei in die Content-Strategie des Unternehmens eingebettet. Die News und Analysen stammen aus dem Team Public Distribution, das direkt im Handelsraum der Commerzbank sitzt. Dabei arbeitet die Redaktion eng mit dem Research, den Produktspezialisten und dem Handel zusammen und kann so schnell auf Ereignisse an der Börse reagieren.

„Der zusätzliche Aufwand hält sich dabei in Grenzen", so der Digital Marketing Manager der Commerzbank. „Wir kommunizieren diesen Content bereits seit Jahren auch über andere Kanäle wie E-Mails, Magazine, soziale Netzwerke oder publizieren ihn über ein selbst entwickeltes Content-Marketing-System auf unterschiedlichen Finanzportalen" [28]. Auch das eingesetzte Budget ist laut Przibylla „überschaubar": „Viel wichtiger ist, dass man den hohen Stellenwert von Messenger Marketing erkennt und eine Strategie entwickelt, wie man diesen Kanal sinnvoll nutzen kann" [43].

> „Messenger haben mittlerweile einen hohen Stellenwert in unserem Marketingmix erreicht" (Roman Przibylla, Digital Marketing Manager, Commerzbank [28]).

**News und Hintergründe**

Zu Beginn seines WhatsApp-Engagements verschickte das Geldinstitut überwiegend „Breaking News" zu Aktien, Indizes, Rohstoffen und Währungen. So informierte die Commerzbank etwa ihre Nutzer, wenn der Aktienkurs eines Unternehmens überraschend fiel.

Mit zunehmender Nutzerzahl wurde auch das Content-Portfolio ausgebaut: Mittlerweile informiert die Bank ihre WhatsApp-Abonnenten nicht nur über den Kursverlauf, sondern hilft auch dabei, diesen einzuordnen – etwa in Form von Videoanalysen und Podcasts. Als Ergänzung bietet die Commerzbank auch Wissens- und Weiterbildungsthemen, die „vor allem am Wochenende gut geklickt" (Przibylla) werden.

**„Hoher Stellenwert im Marketingmix"**

Neben den „harten" Erfolgskennzahlen des WhatsApp-Services (Abonnentenzahl, Öffnungs- und Klickraten, Abmeldungen) achtet das Commerzbank-Team vor allem auf die konkreten Conversions auf Produkte und Services des Instituts sowie auf „softere" Indikatoren wie Besuchszeiten, Abbruchraten und Scroll-tiefen. „Auf Basis dieser KPIs optimieren wir täglich die Inhalte, die wir unseren Nutzern in diesem Kanal zur Verfügung stellen. So lernen wir die Zielgruppe in diesem Kanal besser kennen und können mit relevanten Inhalten den Output erhöhen", meint der Marketingexperte der Commerzbank [43].

### 7.1.3   Praxisbeispiel: Südzucker AG

Mit 18.500 Mitarbeitern und einem Jahresumsatz von rund 7 Mrd. EUR ist die Südzucker AG ist der weltweit größte Produzent von Zucker. Der Hauptaktionär der Gesellschaft sind Rübenanbauer, die über die Süddeutsche Zuckerrübenverwertungs-Genossenschaft eG (SZVG) einen Kapitalanteil von 56,5 % halten [46].

Seit Januar 2018 nutzt die Südzucker AG die Messenger-Apps WhatsApp und Insta zur Kommunikation mit Landwirten, die Zuckerrüben erzeugen und diese als Rohstoff für die Zuckerproduktion an Südzucker liefern. Im Fokus des Messenger-Engagements steht die Beratung und Information der Landwirte, die zuvor oftmals in zeitintensiver 1:1-Kommunikation mit den betreffenden Bauern erfolgte.

Um den neuen Messenger-Kanal zu bewerben, setzte die Südzucker AG eine optimierte Landing Page auf und promotete diese über den E-Mail-Verteiler des Unternehmens sowie auf Veranstaltungen mit einem QR-Code auf Plakaten und Flyern. Außerdem wurde der Hinweis auf den neuen WhatsApp-Service prominent auf der Informations-Webseite von Südzucker (bisz.suedzucker.de) platziert.

Innerhalb von sechs Monaten nach Start des WhatsApp-Kanals registrierte Südzucker bereits rund 3300 Empfänger – das sind etwa 20 % der gesamten Zielgruppe der Südzucker-Rüben-Lieferanten in Deutschland [7]. Zum Vergleich: Auf Facebook verzeichnet Südzucker rund 850 Fans.

**„Umfassendes Stimmungsbild"**
„Der große Vorteil von WhatsApp ist, dass es eine sehr einfache Anwendung ist, die problemlos direkt auf dem Zuckerrübenfeld zum Einsatz kommt. Die Anbauer können direkt und einfach auf ihrem Feld Bilder aufnehmen und uns schicken oder erhalten unsere Infos direkt auf ihr Smartphone", sagt Oksana Chitos, bei Südzucker verantwortlich für den Bereich „Rüben- und Prozesskoordination". „Wir erhalten ein umfassendes Stimmungsbild, da die Bauern sich bei uns über den Messenger Kanal melden und uns zum Beispiel über den Stand ihrer Saat informieren" [7].

Dabei bietet der 1:1-Chat via WhatsApp dem Unternehmen die Möglichkeit, seine Lieferanten direkt vor Ort unkompliziert und persönlich zu beraten, ohne dazu stets zeitaufwändige Telefonate geführt werden müssen.

Damit jeder Rübenbauer nur die für die ihn relevanten Informationen bekommt, nutzt die Südzucker AG ein Kategorienmenü, das bei der Neuanmeldung erscheint (aber auch danach von den Nutzern jederzeit aufgerufen bzw. geändert werden kann). So können Landwirte etwa ihre Region auswählen oder sich für Informationen zum biologischen Rübenanbau anmelden (Abb. 7.8).

In der Regel verschickt Südzucker ein Mal pro Woche einen WhatsApp-Newsletter an seine Lieferanten. Inhaltlich stehen dabei regionale und überregionale Meldungen, die für den Zuckerrübenanbau relevant sind, Informationen zu Aussaat, Anbau und Ernte, Videos mit Profi-Tipps (z. B. Sägeräte-Check, optimale Maschineneinstellungen) sowie Erinnerungen an wichtige Termine und Veranstaltungen im Vordergrund.

**Abb. 7.8** Targeting via Kategorien ermöglicht es Südzucker, den Nutzern nur für sie relevante Informationen zu senden. (Quelle: eig. Darstellung)

**1:1-Beratung**

Natürlich beantwortet das Team auch Anfragen via WhatsApp oder Insta: Im 1:1-Messenger-Chat leistet Südzucker individuelle Unterstützung und Beratung für die Landwirte. „Viele Nutzer schicken uns Bilder von ihren Rübenbeständen oder Schädlingen und fragen, was sie zur Verbesserung der Situation tun können. Oder es kommen immer wieder Fragen zum Vertragsabschluss oder zur Bezahlung", berichtet Oksana Chitos [7] (Abb. 7.9).

Deshalb betreibt das Unternehmen seit Sommer 2018 auch einen einfachen FAQ-Chatbot auf seinen Messenger-Kanälen, der einfache und sich regelmäßig wiederholende Fragen beantworten kann. Bei Fragen, die der Bot nicht erkennt oder beantworten kann, vermittelt er den Kontakt zum richtigen Ansprechpartner in der jeweils zuständigen Abteilung.

**Geringer Aufwand: Messenger-Service läuft „nebenbei"**

„Bis jetzt hält sich der Aufwand für unseren Messenger-Kanal in Grenzen", erklärt Chitos. Aktuell gibt es fünf Mitarbeiter, die den Südzucker-Messenger-Service „nebenbei" betreuen. „Da sich die Zielgruppen nach unterschiedlichen Anbauregionen richten, sind diese Mitarbeiter für jeweils unterschiedliche Regionen verantwortlich" [7].

**Abb. 7.9** Profi-Tipps als Video sowie die Möglichkeit zur 1:1-Beratung „versüßen" den WhatsApp-Newsletter der Südzucker AG. (Quelle: eig. Darstellung)

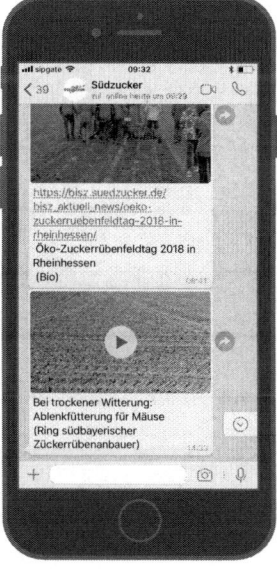

## 7.1.4   Praxisbeispiel: Nordwest-Zeitung (NWZ)

Die Nordwest-Zeitung (NWZ, verbreitete Printauflage: ca. 108.000 Exemplare) ist eine 1946 gegründete regionale Tageszeitung für das nordwestliche Niedersachsen, die montags bis samstags erscheint. Sie wird herausgegeben von der Nordwest-Zeitung Verlagsgesellschaft mbH & Co. KG mit Sitz in Oldenburg und ist eine Tochtergesellschaft der Nordwest Medien GmbH & Co. KG. [39].

Neben dem klassischen Tageszeitungsvertrieb (print und digital) liegt das Geschäftsfeld der NWZ seit Jahren auch stark im Online-Bereich (Nachrichten, Marktplätze, Anzeigen, Jobs, Regionalfußball etc.). So werden 14,3 % der Auflage mittlerweile als E-Paper vertrieben, das Online-Angebot NWZonline.de verzeichnet monatlich mehr als 1,3 Mio. Unique User [39]. Zudem ist die NWZ über NWZ Digital sowie NWZ Funk und Fernsehen an verschiedenen Radiosendern und Online- wie Offline-Start-ups beteiligt.

**Distribution, Chat & Content-Generierung**
Im Mai 2017 startete das Medienhaus mit einem eigenen WhatsApp- und Insta-Angebot für seine Leser; rund 99 % der Nutzer entscheiden sich dabei für WhatsApp. Mit ihrem Messenger-Service verfolgt die NWZ vor allem drei Ziele:

1. *Content Distribution:* Dazu verschickt die Zeitung täglich drei Newsletter an Werktagen (morgens um 6.30 Uhr, mittags, „couchgerecht" nach der Tagesschau) sowie zwei Nachrichten am Wochenende. Der Content ist dabei breit gemischt (News, Verkehr, Wetter, Wissenswertes). Bei aktuellen Themen werden auch Eilmeldungen an die Abonnenten versandt. Die Links in den Newslettern führen zu den entsprechenden Online-Artikeln, die hinter einer Paywall (Meter-/Freemium-Hybrid) stehen [29]. „Durch Verkehrsmeldungen am Morgen, eine Nachrichtenübersicht am Mittag sowie eine Tageszusammenfassung und einen Ausblick am Abend bedienen wir ein sehr breites Interessensfeld und sprechen sowohl Schüler, als auch Berufspendler aber auch solche Menschen an, denen eine kuratierte Nachrichtenzusammenfassung bereits genügen kann", so Dirk Poelmann, Senior Produktmanager Mobile und Apps der Nordwest-Zeitung [42]. Eine überdurchschnittliche Interaktionsrate erzielen dabei vor allem Nachrichten, welche die Leser persönlich ansprechen und Emojis beinhalten.
2. *1:1-Chat mit den Lesern:* „Da ist wirklich alles dabei: vom positiven Emoji als Lob an die Redaktion bis hin zur Weitervermittlung von Anfragen an den Leserservice, wenn die Zeitung im Briefkasten fehlt", berichtet Poelmann.

3. *Messenger als Content Quelle:* „Mitunter werden uns auch Videos und Bilder vom Ort des Geschehens einer potenziellen Nachrichtenmeldung übermittelt", weiß NWZ-Digitalexperte Poelmann. „Unsere Redaktion geht auch in Interaktion mit unseren Abonnenten und holt sich Content zu aktuellen Geschehnissen über die Messenger-Community." So wurde die NWZ-Redaktion etwa via WhatsApp von einer Leserin informiert, als sich während des Sturms „Xavier" ein Autotransporter im Hafen Emden von seinem Liegeplatz losriss. „Dank WhatsApp hatten wir Bild und einen Grund, beim Hafen in Emden anzurufen" [24] (Abb. 7.10).

**Positives Feedback**

Die Digitalisierung und Demokratisierung des Online-Geschäfts hat dazu geführt, dass Medienunternehmen nicht mehr nur „Absender" von Informationen sind, sondern auch im kontinuierlichen Austausch mit ihren Lesern stehen müssen, um ihre Produkte und Inhalte stetig zu verbessern. „Der Direktkontakt über Messenger-Dienste ist dabei ein wichtiger Baustein", sagt NWZ-Digitalmanager Poelmann. Der NWZ-WhatsApp-Service hilft dabei, als führendes Regionalmedium für die Menschen in der Region „ansprechbar" zu sein, baut Kontaktbarrieren ab und bietet einen direkten, unkomplizierten Draht in die Redaktion.

„Wir bekommen täglich Nachrichten von den Lesern. Das Feedback ist zu 97 % positiv, zwei Prozent sind lustige Irrläufer und das letzte Prozent … na ja", twitterte Denis Krick, seinerzeit Leiter Online, Chef vom Dienst und Mitglied der NWZ-Chefredaktion im März 2018 [24]. Dabei wird jede ernst gemeinte Nachricht beantwortet (Abb. 7.11).

**Zusätzliche Touchpoints durch Messenger**

Mit seinem Messenger-Angebot will das Medienunternehmen vor allem zusätzliche Touchpoints zwischen potenziellen Lesern und dem eigenen Content schaffen: „Messenger Marketing besteht bei uns im Prinzip aus der Vermarktung unserer eigenen Inhalte. Das heißt, wir nutzen den WhatsApp-Kanal aktuell ausschließlich redaktionell und integrieren keine Werbung oder Verweise auf Native-Ads oder ähnliches", so Senior Produktmanager Mobile und Apps Poelmann. „Unser Content ist allerdings nicht kostenlos, sondern der User stößt nach gewisser Zeit an eine Paywall (Meter-/Freemium-Hybrid). Exklusive Inhalte, die nur Abonnenten zur Verfügung stehen, werden entsprechend gekennzeichnet" [42]. Der WhatsApp-Service wurde von der Nordwest-Zeitung auf der eigenen Homepage, auf Facebook – aber auch in der gedruckten Tageszeitung (redaktionelle Berichterstattung über die Einführung, aber auch eigene Print-Anzeigen) beworben. Mittlerweile haben sich rund 14.000 NWZ-Fans für das Messenger-Angebot der Zeitung registriert (Stand: Januar 2019) (Abb. 7.12).

**Abb. 7.10** Werbung für den WhatsApp-Service in der Printausgabe der Nordwest-Zeitung. (Quelle: Nordwest-Zeitung)

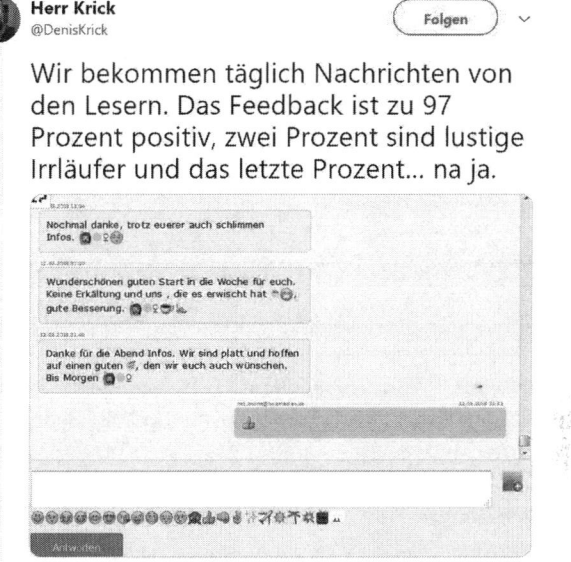

**Abb. 7.11**   Überwiegend positives Feedback: WhatsApp schafft bei der NWZ einen engen Kontakt zwischen Redaktion und den Lesern. (Quelle: eig. Darstellung)

**Abb. 7.12**   „Wo gibt es das beste Bier?“: In ihrem WhatsApp-Angebot setzt die Nordwest-Zeitung auf einen breiten Themenmix. (Quelle: eig. Darstellung)

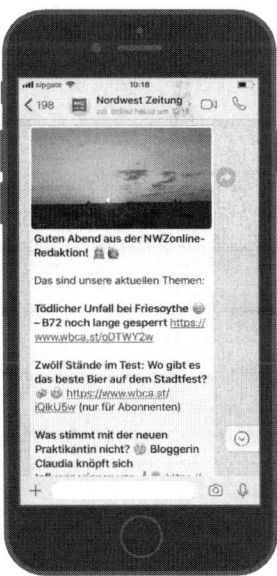

**Deutliche Peaks, viraler Effekt: Klickraten bis zu 160 %!**

Dabei ist der Messenger-Service des Medienunternehmens im journalistischen Tagesgeschäft „gut nebenbei" (Poelmann) durch die Redaktion zu handeln. Da WhatsApp-Nachrichten innerhalb kürzester Zeit hohe Öffnungsraten erzielen, lassen sich bei starken Themen bereits Sekunden nach dem Newsletter-Versand deutliche Peaks in den Klickzahlen der gepushten Artikel verzeichnen. „Das ist mit E-Mail-Newslettern in dieser Form, das heißt in „Echtzeit", so nicht zu erreichen", sagt Poelmann [42].

Mit ihrem WhatsApp-Service erzielt die Nordwest-Zeitung eine durchschnittliche Klickrate (Click-Through-Rate, CTR) von 20 bis 30 % auf die verlinkten Artikel. Besonders relevante Nachrichten erreichen dabei eine CTR von bis zu 160 %. Dieses Phänomen entsteht dadurch, dass die Nachrichten von den Empfängern der NWZ-Message in ihrem eigenen Freundes- und Bekanntenkreis geteilt werden. NWZ-Digitalexperte Poelmann spricht in diesem Kontext vom „viralen Effekt" des NWZ-Messenger-Services [42].

**Zeitreise via WhatsApp**

Immer wieder erreichen die Nordwest-Zeitung auch Abo-Anfragen über WhatsApp. Dabei ist der Messenger-Service fest in den „ganzheitlichen redaktionellen und vertrieblichen Workflow" des Unternehmens integriert. Poelmann: „Wir sehen den Kanal noch immer als Spielwiese und Kommunikations-Baustein und experimentieren mit bestimmten Formaten" [42].

Im Dezember 2018 startete die NWZ etwa eine historische Zeitreise via Messenger: Auf WhatsApp gab die Zeitung im chronologischen „Live-Ticker" einen bebilderten Rückblick auf die große Schneekatastrophe, welche die Region Wildeshausen vor 40 Jahren erschütterte. Kurz nach dem Start erreichte dieser Service bereits knapp 5000 registrierte Nutzer [45].

Mit einem ähnlichen Format („Bombenangriff auf Heilbronn") konnte auch die Tageszeitung Heilbronner Stimme im Dezember 2014 zahlreiche Leser begeistern und umfangreiches Nutzer-Feedback erzielen [17].

## 7.2    Kundenservice via Messenger

> „Durch die abnehmende Bedeutung von Facebook suchen User nach Alternativen, um Kontakte wieder live zu erreichen. Cleveren Unternehmen wird es gelingen, Use Cases für echten Kundenservice via Messenger zu erstellen" (Johannes Ceh, Autor und Experte für Customer Centricity [34]).

In der digital vernetzten Welt der Real-Time-Interaktion, der sofortigen Feedback-Möglichkeiten und der Omnichannel-Überflutung mit Informationen und Produkten erwarten die Kunden nicht nur einen *schnelleren* – sondern auch einen *besseren* Service als je zuvor. Dabei zählen vor allem zwei Faktoren: die Möglichkeit der persönlichen Beratung sowie ein niedrig-schwelliger, direkter und flexibler Kommunikationsweg.

Laut des *Trust Barometer 2018* der internationalen Kommunikationsberatung Edelman empfinden Kunden den persönlichen Dialog mit Unternehmen überzeugender als Werbung [11]. Kundenservice 2.0 sieht in der Realität leider anders aus: Tausende von Kunden hängen täglich in Warteschleifen, erhalten auf E-Mail-Anfragen entweder gar kein Feedback, lediglich Eingangsbestätigungen oder wenig hilfreiche, unpersönliche Antworten.

> „All of our representatives are currently assisting other callers. Please stay on the line for two hours of saxophone samba, and well answer your call at the exact moment you take a bathroom run" [14].

**Persönlicher Service als Erfolgsfaktor**
Zwei Drittel aller Kunden, die eine Marke wechseln, nennen schlechten Service als Grund [6].

So ist persönlicher Service für über 60 % der Kunden mittlerweile wichtiger als die Produktqualität oder sogar die langjährige Bindung an ein Unternehmen, so das Ergebnis der PIDAS-Benchmark-Studie zu Kundenservice im digitalen Zeitalter [41] (Abb. 7.13).

Bereits heute ist Kundenservice via Messenger deutlich beliebter als über Social Media oder den Live-Chat auf einer Website [52]. Marktanalysen besagen, dass Messenger in ihrer Relevanz als Kundenservice-Plattformen bis 2022 um 250 % wachsen, Telefon und E-Mail als Customer-Service-Kanäle hingegen deutlich an Bedeutung verlieren werden [15].

**Kunden wünschen schnellen und flexiblen Kontakt**
Bereits 2016 gab jeder zweite Chat-App-Nutzer an, er würde eher bei einem Unternehmen einkaufen, das Kundenservice via Messenger-Chat anbietet [12]. Ein wesentlicher Vorteil von Messengern ist dabei ihre *Schnelligkeit:* Im selben Maße, wie der Preis als Kaufkriterium an Bedeutung verliert, wird die Zeitspanne, die ein Unternehmen braucht, um auf Anfragen kompetent zu antworten, zum entscheidenden Erfolgsfaktor. Konsequent hat WhatsApp in seiner Business-Lösung den Zeitraum, innerhalb dessen eine Marke kostenfrei auf Kundenanfragen antworten darf, auf 24 h begrenzt (vgl. Abschn. 2.2.1).

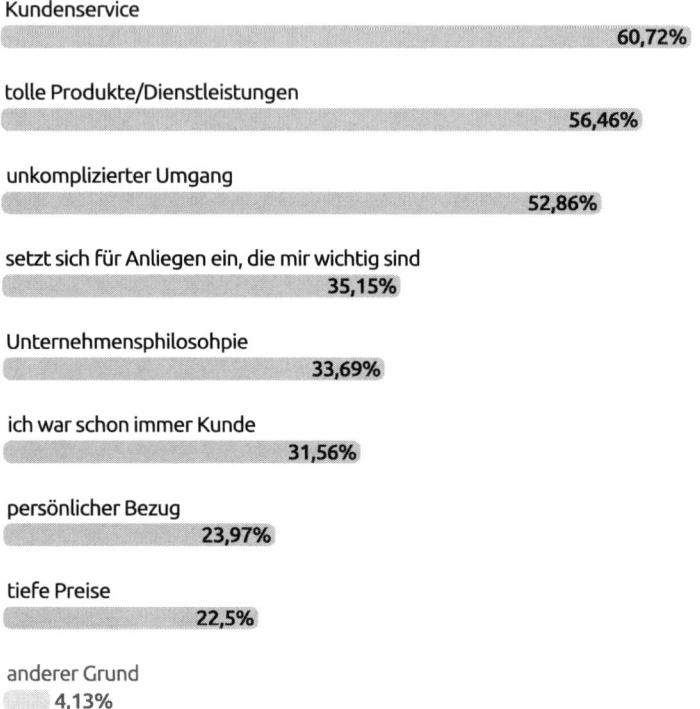

**Abb. 7.13** Abschied von der „Service-Wüste": Kundenservice ist heute Erfolgsfaktor Nr. 1 für die Markentreue. (Quelle: PIDAS 2018 [41])

Die Gründe für die Beliebtheit von Messengern als Kundenservice-Kanal liegen dabei vor allem in der Möglichkeit der schnellen, flexiblen und asynchronen Kommunikation. So nennen als Vorteile von WhatsApp und Co. im Kundenservice ...

- 32 % der Bundesbürger: „Ich muss keine Zeit in der Warteschleife am Telefon verbringen"
- 28 %: „Ich kann meine Fragen unabhängig von Öffnungszeiten stellen"
- 21 %: „Mir können Informationen in Form von Text, Bild, Video oder Sprache geschickt werden"
- 20 %: „Ich kann Rückfragen entgegennehmen und beantworten, wann immer ich möchte" [52] (Abb. 7.14).

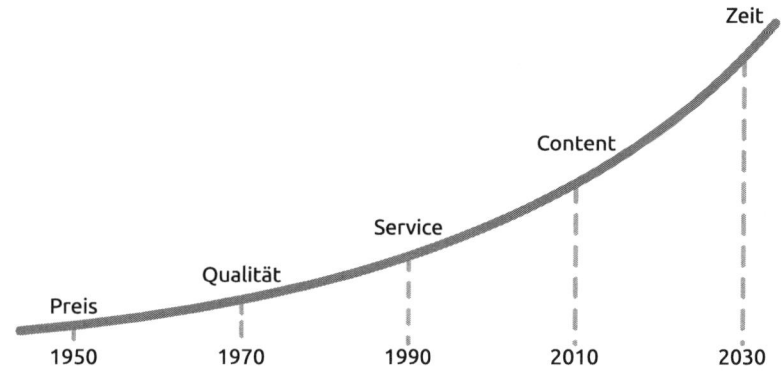

**Abb. 7.14** „Zeit" wird bis 2030 zum entscheidenden Faktor in der Beziehung zwischen Unternehmen und Kunden. (Quelle: Trendbüro 2017 [49])

Messenger sind dabei nicht nur ein Kommunikationskanal, auf dem Reklamationen abgewickelt oder Anfragen beantwortet werden können, – sie dienen zugleich auch der Kundenbindung: Kunden, die Customer Service via Messenger nutzen, kaufen durchschnittlich 33 % öfter als Kunden, die Kundenservice auf anderen Kanälen in Anspruch nehmen. Auch geben Kunden via Messenger häufigeres und inhaltlich positiveres Feedback und teilen ihre Erfahrungen und/oder Einkäufe öfter mit anderen Menschen in ihrem Freundes- oder Bekanntenkreis [12].

Deshalb werden die Vorteile von WhatsApp und Co. häufig im beratungsintensiven E-Commerce (bspw. Fashion, Lifestyle, Ernährung) genutzt, um Kunden zu beraten und ihnen während ihrer Customer Journey zur Seite zu stehen. So setzen etwa die Marken Onygo, dm-drogerie-markt, Orsay, Defshop, Buffalo, Pandora, ToneArt, Teufel Lautsprecher, Müller Drogerie oder Asphaltgold auf den direkten 1:1-Chat via Messenger für ihren Kundenservice [35].

## 7.2.1  Praxisbeispiel: Brille24

Das 2007 in Oldenburg gegründete Unternehmen Brille24 ist der führende Online-Optiker im deutschsprachigen Raum. Das ehemalige Start-up verfügt mittlerweile über mehr als 70 Mitarbeiter und ist mit Online-Shops in Belgien, Frankreich, den Niederlanden, Portugal und Spanien aktiv. Dabei verzeichnet Brille24 über eine Million Kunden in 117 Ländern und bietet rund 4700 Brillenmodelle (davon 1200 Eigenmarken) [3].

Seit Dezember 2015 sind Messenger-Apps ein integraler Bestandteil des Brille24-Kundenservice-Portfolios. Via WhatsApp, Facebook Messenger, Telegram und Insta ermöglicht Brille24 den Kunden persönliche Beratung, gibt Empfehlungen und vereinbart Termine bei einem Partneroptiker vor Ort.

**„Schnelle Antwort auf Fragen"**
„Unser Ziel ist es, den Kunden einen weiteren Kommunikationskanal zu bieten. Zusätzlich wollten wir für uns einen neuen Kanal, um Kunden auf unsere Aktionen aufmerksam zu machen. Ein weiteres Ziel ist, den Kunden eine extrem schnelle Antwort auf deren Fragen zu geben", begründet Andreas Sobing, Head of CRM bei Brille24, die Entscheidung, Kundenservice via Messenger anzubieten [30] (Abb. 7.15).

**Brillenberatung via Messenger**
Dabei nimmt vor allem die Möglichkeit des Uploads von Nutzer-Bildern einen hohen Stellenwert ein. „Der Kunde sendet uns ein Bild von sich ohne Brille. Dann stellen wir ihm noch einige individuelle Fragen, etwa zu seinen Präferenzen. Basierend auf dem Foto und den Angaben des Kunden senden wir ihm Empfehlungen zu Brillenmodellen aus dem Shop", so Andreas Sobing, Head of CRM bei Brille24.

**Abb. 7.15** Via WhatsApp zur neuen Brille: Via Messenger ermöglicht Brille24 individuelle Beratung und Produktempfehlungen. (Quelle: eig. Darstellung)

„Meist wollen die Kunden zu einem Modell auch ähnliche Modelle sehen. Der gesamte Prozess ist persönlich mit unseren Mitarbeitern und wird nicht über einen Chatbot realisiert" [44]. Dabei versucht Brille24, auf sämtliche Messenger-Anfragen in Echtzeit zu antworten, da die User auf diesen Kanälen „so eine Antwortgeschwindigkeit gewöhnt" sind [44].

**Weniger ist mehr**
Neben der Möglichkeit der 1:1-Beratung nutzt Brille24 die Messenger-Kanäle auch für das Content-Marketing des Unternehmens. Dabei werden anlassbezogen Newsletter mit Bildern und Links zu Angeboten, Informationen zu Sonderaktionen oder Gewinnspielen an die WhatsApp-Abonnenten verschickt. CRM-Experte Sobing: „Wir verschicken lieber weniger Newsletter, dabei aber nur die wirklichen Top Angebote. Der Newsletter ist aufgrund der hohen Öffnungsraten zwischen 90 und 95 % ein sehr guter Kanal, um potenzielle Käufer zu erreichen" [44].

Bereits kurz nach dem Versand des Newsletters verzeichnet Brille24 einen deutlichen Anstieg des Traffics auf den via Messenger gepushten Seiten. „Über den Messenger ist es noch einfacher, den Kunden direkt anzusprechen. Insbesondere bei WhatsApp und dem Facebook Messenger profitieren wir von der großen Reichweite der jeweiligen Plattform", berichtet Sobing [30].

Um neue WhatsApp-Abonnenten zu generieren, wird der WhatsApp-Kanal des Unternehmens crossmedial intensiv beworben durch

- Beiträge in den sozialen Netzwerken (Facebook, Instagram),
- Paketbeileger,
- die Startseite des Unternehmens,
- eine eigene Landing Page,
- Teaser-Texte im E-Mail-Newsletter,
- Tell-a-Friend-Kampagnen (inkl. Preise für beide bei erfolgreicher Weiterempfehlung) sowie
- Gewinnspiele für alle WhatsApp-Abonnenten.

Dadurch konnte Brille24 innerhalb eines Jahres seine Nutzerzahlen verdoppeln. Mittlerweile verzeichnet das Unternehmen rund 300 Messenger-Anfragen pro Woche (Stand: Januar 2019) – die meisten davon via WhatsApp [44] (Abb. 7.16).

„Chatbots sind auf jeden Fall ein Zukunftsthema in der Kundenkommunikation" (Andreas Sobing, Head of CRM, Brille24).

**Abb. 7.16** Brille24 setzt u. a. auf Invite-a-Friend-Kampagnen, um neue Messenger-Abonnenten zu gewinnen. (Quelle: Brille24)

Zusätzlich setzt Brille24 auch Chatbots ein – temporär für Gutschein- und Invite-a-Kampagnen oder dauerhaft, um das Einkaufserlebnis für den Kunden zu optimieren. „Unser erster Chatbot war noch recht einfach: Mit einem Keyword konnten Kunden an einem Gewinnspiel teilnehmen und erhielten automatisch die Antwort mit der Teilnahmebestätigung", berichtet Brille24-CRM-Experte Sobing [44]. Unter dem Stichwort „Botberater" wird für Messenger-Abonnenten ein automatischer Brillenempfehlungsassistent gestartet [44] (Abb. 7.17).

„Vom ersten Stöbern im Sortiment bis zur perfekten Anpassung der Brille haben wir zahlreiche Berührungspunkte mit dem Kunden – und nahezu alle laufen digital ab", so Christophe Hocquet, CEO von Brille24. „Wir benötigen deshalb Service- und Kommunikationsangebote, die deutlich über die konventioneller Online-Shops hinausgehen" [4].

**Abb. 7.17** Stichwort: „Santa". Mit Chatbots automatisiert Brille24 Gewinnspiel- und Weiterempfehlungs-Kampagnen. (Quelle: eig. Darstellung)

### 7.2.2 Praxisbeispiel: Transgourmet

Transgourmet ist ein deutsches Lebensmittel-Handelsunternehmen mit Sitz in Riedstadt (Hessen). Mit über 35.000 Kunden, mehr als 3700 Mitarbeitern und rund 1,3 Mrd. EUR Umsatz pro Jahr zählt Transgourmet zu den führenden Unternehmen im Bereich Großverbraucher-Belieferung. Für Kunden in Hotellerie, Gastronomie, Betriebsverpflegung und sozialen Einrichtungen bietet die zur Coop-Gruppe gehörende Firma ein umfassendes Sortiment aus Lebensmitteln, Ge- und Verbrauchsgütern und Großküchenausstattung [47].

**WhatsApp auf Kundenwunsch**
Als eines der ersten klassischen B2B-Unternehmen bietet Transgourmet seit Juli 2018 seinen Geschäftskunden die Möglichkeit, sich via WhatsApp direkt an den Kundenservice, das Transgourmet Contact Center, wenden zu können: „Diese Entscheidungen haben letztendlich nicht nur wir getroffen, sondern vor allem auch die Kunden. Permanente Nachfragen und Kontakt über Privat-Handys der Mitarbeiter sind nur zwei Beispiele, warum wir bei diesem Thema immer „mehr Druck" gemacht haben", berichtet Lukas Ratschke, Leiter Projekt- und Innovationsmanagement bei Transgourmet [31].

**Ideal für die Abwicklung von Reklamationen**

Mit der Einführung des Messenger-Kanals hat sich die Vermutung des Unternehmens bestätigt, dass via WhatsApp ähnliche Themen und Anfragen eingehen wie auf den bisherigen Kommunikationskanälen des Transgourmet Contact Centers (Telefon und Mail). Dabei handelt es sich im Kundenservice-Alltag größtenteils um Produktauskünfte, Verfügbarkeitsanfragen, kleine Nachbestellungen, Stornierungen oder auch allgemeine Service-Themen wie Adressänderungen. Ratschke: „Unsere Anwendungsfälle, wie zum Beispiel der Versand von Bildern im Falle einer Reklamation, sind nahezu ideal für den Einsatz eines Messengers wie WhatsApp" [31].

Sämtliche Anfragen werden bei Transgourmet zeitnah von einem Team aus Spezialisten aus den Bereichen Reklamation und Service beantwortet. Themen, die nicht direkt gelöst oder beantwortet werden können, werden intern an den jeweils zuständigen Ansprechpartner weitergegeben.

**„Viel positives Feedback"**

Dabei setzt Transgourmet auf einen langsamen Rollout: „Wir haben bisher nur eine Bannerwerbung in unserem Shop geschaltet und verzeichnen konstant steigende Nutzerzahlen", sagt Projekt- und Innovationsmanagement-Leiter Ratschke. „Die meisten Kunden fragen gar nicht, „wofür man WhatsApp nutzen könnte", sondern tun dies intuitiv. Es gibt keine Scheu, da das „Medium" WhatsApp für alle Nutzer bekannt ist. Der Umgangston ist eher locker und wir erhalten viel positives Feedback, wenn wir schnell und unkompliziert helfen konnten" [31].

**Steigerung der Effizienz im Kundenservice**

Durch den Einsatz von WhatsApp im Kundenservice will Transgourmet den Kunden nicht nur Service auf dem von ihnen bevorzugten Kanal bieten, sondern erwartet auch eine Steigerung in der Effizienz und Produktivität der Kundenbetreuung: Im Gegensatz zum telefonischen Gespräch hat das Unternehmen via Messenger die Möglichkeit, „dass ein Mitarbeiter zwei bis drei Kunden parallel betreuen kann – ohne Qualitätsverluste" [31].

## 7.2.3   Praxisbeispiel: Intersport Hübner

INTERSPORT Hübner ist mit rund 100 Mitarbeitern und einer Verkaufsfläche von mehr als 8300 Quadratmetern eines der führenden Unternehmen im INTERSPORT-Verbund. Unter dem Motto „Sport vor Ort" bietet das auf Freizeit-, Vereins- und Profisport spezialisierte Unternehmen 8 Filialen in Sachsen, Sachsen-

Anhalt und Brandenburg [21]. Als ursprünglich stationäre Sporthandelskette ist Intersport Hübner auch auf Social Media aktiv: Über 2700 Menschen folgen dem Unternehmen auf Facebook (Abb. 7.18).

Im Gegensatz zu vielen Ladenbesitzern unterscheidet Intersport-Hübner-Geschäftsführerin Franziska Wetzel nicht zwischen off- und online: „Der Kunde entscheidet!". Der stationäre Handel ist für Wetzel zukünftig lediglich „einer von mehreren etablierten Kanälen, auf denen Kunden gerne ihre Waren und Güter erwerben" [48].

Seit Februar 2017 nutzt das Sporthandels-Unternehmen WhatsApp, den Facebook Messenger und Insta für den Newsletter-Versand und vor allem: die persönliche Kundenberatung. „WhatsApp ist ein genutzter Kommunikationskanal und weist relativ niedrige Einstiegshürden auf", sagt Kristin Marci, Marketingleiterin bei Intersport Hübner [16].

**Online-Offline-Konvertierung**
Zunächst testete das Unternehmen den neuen Kommunikationskanal nur in einer Filiale: Ausgelegte Flyer wiesen Interessenten auf den WhatsApp-Service hin. Dadurch konnte Intersport Hübner innerhalb kürzester Zeit über 30 Anmeldungen erreichen. Nach dem erfolgreichen Test rollte das Unternehmen seinen Messenger-Auftritt in den restlichen sieben Filialen der Sporthandelskette aus. Dabei wurde der Service durch Flyer in den Filialen, Einspielungen

**Abb. 7.18**  Einkaufsberatung via Messenger: Beim Klick auf die Facebook-Seite von Intersport Hübner öffnet sich der Kundenservice-Bot. (Quelle: Facebook.com)

auf den filialinternen Screens sowie eine Facebook-Ad-Kampagne im Juni 2017 beworben [32] (Abb. 7.19).

Zielgruppe des Unternehmens sind vor allem Stammkunden sowie Kunden, die bereits einmal in einem Laden vor Ort waren. Pro Woche verzeichnet das Unternehmen bis zu 10 Anfragen via Messenger, die sich meist konkret auf Bestellungen, Produktverfügbarkeiten oder Serviceleistungen beziehen. Dazu überprüfen zwei Mitarbeiter mehrmals täglich die Messenger-Inbox, um Anfragen (gegebenfalls nach einer Bestandsprüfung oder Rückfragen in den Filialen) möglichst schnell zu beantworten.

„Nahezu nach jeder Anfrage erfolgt dann auch ein Besuch in unseren Filialen" (Kristin Marci, Marketingleiterin Intersport Hübner [16]).

**Direkte Kommunikation im Fokus**

Anlassbezogen wird der Messenger-Service von Intersport Hübner auch als Content-Marketing-Medium eingesetzt: Via Newsletter informiert das Unternehmen in unregelmäßigen Abständen seine Abonnenten über Aktionen, neue Kampagnen, Events oder auch offene Stellen. „Für uns ist es wichtig, dass die Nutzer den Kanal nicht als Werbekanal schnell überdrüssig finden und sich wieder

**Abb. 7.19** Mit WhatsApp-Beratung konvertiert Intersport Hübner Kunden in seine Läden vor Ort. (Quelle: eig. Darstellung)

abmelden", sagt Marketingleiterin Marci. „Für uns steht hier ganz klar die Interaktion und direkte Kommunikation im Vordergrund" [32].

## 7.2.4  Praxisbeispiel: Hamburger Hochbahn

Die Hamburger Hochbahn AG ist seit 1911 der Mobilitätsdienstleister Hamburgs: Mittlerweile bringt die Hochbahn auf 111 Bus- und vier U-Bahn-Linien täglich rund 1,2 Mio. Menschen an ihr Ziel. Seit Juli 2017 bietet die Hochbahn ihren Kunden einen Messenger-Service via WhatsApp und Telegram an: Dabei ist WhatsApp mit 90 % der am meisten nachgefragte Messenger-Dienst. „Als städtisches Unternehmen war es uns wichtig, dem Kunden eine Auswahl zu bieten, die nicht auf den Dienst vom Marktführer, begrenzt ist", so Benjamin Lilie, Referatsleiter Media Development und Partnering bei der Hamburger Hochbahn [36].

**Push-Notification bei Verspätungen oder Ausfällen**
Dabei nutzt die Hochbahn den Messenger vor allem als Push-Kanal. Kunden können die Info-Kanäle der vier Hamburger U-Bahn-Linien abonnieren und erhalten dann automatisch Push-Notifications direkt aufs Handy, wenn es etwa zu geplanten Unterbrechungen oder ungeplanten Störungen kommt. So sind Fahrgäste frühzeitig informiert und können gegebenenfalls umplanen [33].
„Trotz aller Bemühungen fahren die U-Bahnen nicht immer nach Fahrplan. Selbstverständlich – das bestätigen auch unsere Kundenbefragungen – ist es dann besonders ärgerlich, wenn man in solchen Fällen nicht ausreichend und schnell genug informiert wird", sagt Nina Lüdemann, Referentin Online-Marketing. Neben Durchsagen und Anzeigetafeln vor Ort können sich Kunden der Hochbahn seit Jahren auch auf der Website des Unternehmens sowie via Twitter über Störungen informieren. „Mit WhatsApp bot sich für uns aber eine Möglichkeit, das Servicelevel auf ein neues Niveau zu heben: Die Kunden müssen nicht mehr selbst nachfragen oder -schauen, sondern werden aktiv von uns informiert" [36].

**Werbung direkt am POI**
Mit Unterstützung des Messenger-Dienstleisters MessengerPeople hat die Hochbahn dabei eine Lösung entwickelt, welche die Twitter-Meldungen in die WhatsApp- und Telegramm-Kanäle des Unternehmens weiterleitet. „Wir mussten also für das Generieren der Messenger-Meldung keine weiteren Ressourcen schaffen, das geschieht vollautomatisch", so Lilie [36] (Abb. 7.20).
Zum Start des Messenger-Services berichteten die Hamburger Lokalmedien ausführlich über das neue Angebot. Darüber hinaus bewirbt die Hochbahn

Per Push-Nachricht Ihre U-Bahn-Linie im Blick.
Jetzt kostenlos einsteigen: **hochbahn.de/whatsapp**

**Abb. 7.20** Die Hochbahn bewirbt ihren WhatsApp-Service auch in den U-Bahnen. (Quelle: Hamburger Hochbahn AG)

ihre Messenger-Kanäle im Header der Unternehmens-Homepage, im eigenen Kundenmagazin, mit Google- und Social-Media-Ads – und natürlich am Point of Interest. „Besonders gut funktioniert auch unsere Werbung an den Touchpoints in der U-Bahn – mit Plakaten an den Türscheiben", so Medienprofi Lilie.

„Word-of-Mouth ist definitiv unser stärkster Kanal", ergänzt Nina Lüdemann. „Nach jeder Störung verzeichnen wir die stärksten Wachstumsraten. Das ist einerseits sehr schön, da wir daran merken, welchen starken Mehrwert wir mit dem Kanal bieten. Andererseits wollen wir als Hochbahn natürlich am liebsten gar keine Störungen." Mittlerweile verzeichnet die Hochbahn fast 40.000 Empfänger für ihre Messenger-Kanäle (Stand: Februar 2019).

**Höchste Kundenzufriedenheit**
Um den Erfolg des Messenger-Services zu evaluieren, führt die Hochbahn regelmäßig quantitative und qualitative Kundenbefragungen durch. „Hier ist der Messenger-Dienst sehr erfolgreich und bereits nach einem Jahr von den Kunden zum Medium mit der höchsten Zufriedenheit ausgezeichnet worden", berichtet Hochbahn-Marketingexpertin Lüdemann. Deshalb plant die Hochbahn, ihren Messenger-Service auch auf die Hamburger Buslinien auszuweiten [36].

## 7.3    Und Action! Campaigning via Messenger

Neben den beiden genannten „klassischen" Einsatzbereichen von Business Messaging für Content Marketing und Kundenservice gibt es ein breites Feld an (meist temporär betriebenen) Messenger-Aktivitäten, die aus Marketingsicht eher dem Bereich *Campaigning* zuzuordnen sind.

**Interaktion mit der Zielgruppe**
Messenger-Kampagnen wie Gewinnspiele, Quizzes oder Invite-a-Friend-Aktionen eignen sich dabei insbesondere, um schnell für überdurchschnittliches Engagement und Interaktion in der Zielgruppe zu sorgen. So nutzte die Sparkassen-Finanzgruppe eine botunterstützte Video-Kampagne im Facebook-Messenger, um für ihren mobilen Geldsende- Service „Kwitt" zu werben. Binnen kürzester Zeit erzielte die Sparkasse mit der Aktion 9,5 Mio. Videoaufrufe mit einer Verweildauer von drei Minuten. Insgesamt wurden von den Usern 135.000 personalisierte Videos erstellt. Die Nutzung von „Kwitt", des beworbenen Produkts, stieg innerhalb von sechs Wochen um 22 % [19].

Dadurch können Aktionen auf Messenger-Basis – bei komplexeren oder personalisierten Projekten gegebenenfalls automatisiert durch ein Bot – strategisch eingesetzt werden, um folgende *Marketingziele* zu erreichen:

a) kommunikative Begleitung von Produktlaunches,
b) Generierung von Interessenten, Leads und/oder Neukunden,
c) Gewinnung von Kunden-Feedback für Umfragen und Marktanalysen,
d) Steigerung der Nutzerzahl der unternehmenseigenen Messenger-Services,
e) Unterstützung bei der Organisation von Events, sowie
f) Erhöhung der Markenbekanntheit (Brand Building, Reputation Management).

**Der Kreativität sind keine Grenzen gesetzt**
Eine kleine exemplarische Auswahl an Use Cases für erfolgreiches Campaigning via Messenger wird im Folgenden überblicksartig vorgestellt. Dabei erhebt diese Auflistung keinen Anspruch auf inhaltliche Vollständigkeit über mögliche Einsatzszenarien: Dank der vielfältigen Verwendungsmöglichkeiten von Messengern liegen die Grenzen für einen erfolgreichen Einsatz von WhatsApp und Co. als Kampagnentool eher in der Kreativität der jeweils Verantwortlichen auf Unternehmensseite als in kanalspezifischen, technischen Implikationen.

### 7.3.1  Bistum Essen: WhatsApp vom Nikolaus

Das Bistum Essen ist als „jüngstes" unter den 27 Bistümern Deutschlands zuständig für das Ruhrgebiet und Teile des Sauerlands. Um dem veränderten Mediennutzungsverhalten – und den damit verbundenen Erwartungshaltungen – der Gemeindemitglieder gerecht zu werden, setzt das Bistum seit Jahren erfolgreich auf Messenger für die Kommunikation mit seinen „Schäfchen".
So verschickte das Bistum rund um den 06. Dezember 2017 „Nachrichten vom Nikolaus". Unter dem Titel „Nikolaus für Anfänger" bot das Bistum Essen via Messenger zahlreiche Informationen rund um den Heiligen – von der Legende um den Mann über das heutige Brauchtum und Liedtexte bis hin zu Plätzchen-Rezepten und Tipps für die Nikolausfeier.

**Reputationsmanagement und neue Zugänge**
„Unser primäres Ziel in der Kommunikationsarbeit, gerade auch im Bereich Social Media und Messenger, ist für uns das Reputationsmanagement, wir wollen die Marke des Bistums Essen positiv besetzten", so Jens Albers, stellvertretender Pressesprecher des Bistums. „Gleichzeitig ist es unser Ziel, nicht nur mit unseren festen Gemeindemitgliedern in Kontakt zu kommen, sondern auch diejenigen Leute anzusprechen, die zwar vielleicht noch wissen, wer die katholische Kirche oder der Nikolaus ist, aber nicht mehr so wirklich etwas damit anfangen können. Mit genau diesen Menschen wollen wir über WhatsApp wieder in Kontakt kommen" [27] (Abb. 7.21).
Interessenten konnten sich über die Webseite Nikolaus-fuer-Anfaenger.de anmelden und die dort angezeigte Nummer zu ihren Kontakten hinzufügen, um „Nachrichten vom Nikolaus" zu empfangen. Neben WhatsApp bot das Bistum Essen den Service auch für Nutzer des Facebook Messengers sowie von Telegram und Insta an [51].

**Abb. 7.21** Auf WhatsApp und Co. dokumentierte der Nikolaus im Bistum Essen seinen „Arbeitsalltag". (Quelle: Bistum Essen 2019)

„Wir nutzen WhatsApp nicht als einen ganzjährigen Newsletter, sondern begleiten unsere Nutzer in wichtigen Zeiten des Kirchenjahres, um Zugänge und Anknüpfungspunkte zu schaffen", sagt PR-Profi Albers. „Bei unserer ersten Aktion, der Ostergeschichte 2015, haben wir noch alles selbst mit einem Smartphone gemacht. Wir hatten mit 500 Teilnehmern maximal gerechnet, als nach fast 7000 Anmeldungen noch immer kein Ende in Sicht war, mussten wir aus technischen Gründen leider Schluss machen" [27].

Via WhatsApp machte das Bistum den Nikolaus für seine Leser persönlich zugänglich. Jens Albers: „Das Projekt war so aufgebaut, dass die Nutzer wirklich Nachrichten vom Nikolaus bekommen. Dieser hat sich zunächst mit einem Lebenslauf vorgestellt und hat die Nutzer an seinem täglichen Leben teilhaben lassen, beispielsweise wie er Kaffee kocht, Bus fährt oder Liegestütze macht. Wir haben in dieser Woche rund 30 Nachrichten verschickt und sehr viele Rückmeldungen erhalten!" [27].

**Hohes Feedback**

Innerhalb einer Woche konnte das Bistum Essen 900 Abonnenten für seinen Nikolaus-Channel gewinnen, für die WhatsApp-Weihnachtsgeschichte meldeten sich knapp 10.000 Nutzer an. Dabei erhielt das Bistum für seine Nikolaus-Kampagne rund 2500 Nachrichten im Messenger als Feedback.

„Besonders sind für uns natürlich die vielen Rückmeldungen von Kindern, die sich bedankt haben, dass sie mit dem Nikolaus sprechen durften! Es haben sich insgesamt viele Menschen dem Nikolaus in persönlichen Gesprächen geöffnet, was dann vor allem in den Seelsorgerischen Bereich trifft", so der stellvertretende Bistumssprecher Albers. „Ein Kind hat uns beispielsweise ein Gebet geschickt und wir haben viele traditionelle Weihnachtslieder und -reime erhalten, das hat uns sehr berührt und gezeigt, dass es die richtige Entscheidung ist, der Gemeinde ein solches Kommunikationsangebot zu machen."

## 7.3.2   Sky Sport News: Invite-A-Friend

Empfehlungsmarketing gilt gemeinhin als „das wirkungsvollste Marketinginstrument zur Neukundengewinnung" [2]. Produktempfehlungen von Freunden oder guten Bekannten werden stärker akzeptiert und von den Adressaten mit größerer Wahrscheinlichkeit angenommen als andere Formen des Marketings.

Zahlreiche Unternehmen und Organisationen – von Airbnb bis hin zu Vodafone – nutzen diesen psychologischen Mechanismus, um on- wie offline neue Kunden zu generieren. Auch im Messenger Marketing funktioniert das Kunden-werben-Kunden-Prinzip: Die Hemmschwelle, sich für einen Newsletter anzumelden oder an einem Messenger-Gewinnspiel teilzunehmen, ist deutlich geringer, wenn die Einladung aus dem Freundeskreis kommt.

Der PayTV-Anbieter Sky etwa setzt auf das Invite-a-Friend-Prinzip, um die Bekanntheit seiner Sky Sport News und seiner Messenger-Kanäle (WhatsApp, Facebook Messenger, Telegram) steigern. Dazu setzte der Sender ein Messenger-Gewinnspiel auf, bei dem es ein beflocktes Trikot des jeweiligen Bundesliga-Lieblingsclubs zu gewinnen gab.

Hatten Nutzer das Kennwort „TRIKOT" zur Teilnahme am Gewinnspiel eingegeben, erhielten sie (via Chatbot automatisiert) die Nachricht: „Du hast es geschafft, du bist im Lostopf. Um deine Gewinnchancen zu erhöhen, leite die gleich folgende Nachricht inkl. Link an deine Freunde weiter. Je mehr deiner Kumpels sich bei uns anmelden, desto häufiger steht dein Name im Lostopf".

Darauf folgte die zur Weiterleitung gedachte Message mit dem Link zur Anmeldung für den Sky-Messenger-Service, verbunden mit der Aufforderung: „Hey, ich brauche mal deine Hilfe: Um ein Trikot zu gewinnen, musst du dich bitte über diesen Link beim Sky Sport News HD-Newsletter anmelden".

Mit Invite-a-Friend-Kampagnen und Quizzes (u. a. dem Bundesliga-Spieltagsquiz) konnte der TV-Anbieter rasch einen großen Abonnentenkreis aufbauen: Mittlerweile haben sich über 160.000 Empfänger für die Sky Sport News angemeldet.

### 7.3.3  Werben und Verkaufen: DSGVO-Quiz

Zum Start der europäischen Datenschutz-Grundverordnung (DSGVO), die am 25. Mai 2018 in Kraft trat, präsentierte der Verlag Werben & Verkaufen (eine 100-prozentige Tochter des Süddeutschen Verlags in München mit etablierten Marken wie W&V, LEAD und Kontakter) ein DSGVO-Quiz via Facebook-Messenger und WhatsApp.

Ziel der Kampagne war es, auf spielerische Weise das nötige Wissen über die Auswirkungen der DSGVO im Unternehmens-Alltag zu vermitteln. Als „Quizmaster" fungierte ein Chatbot, der die Kenntnisse der Quizspieler im Multiple-Choice-Modus prüfte und ihre Antworten kommentierte. Weiterführende Links zu ausführlichen Beiträgen rund um das Thema Datenschutz ergänzten das Angebot (Abb. 7.22).

**„Neue Form der Kontaktaufnahme"**
„Mit dem Quizbot boten wir eine ganz neue Form der Kontaktaufnahme. Dabei ist es uns erfolgreich gelungen, spielerisch ein schwer zugängliches Thema für

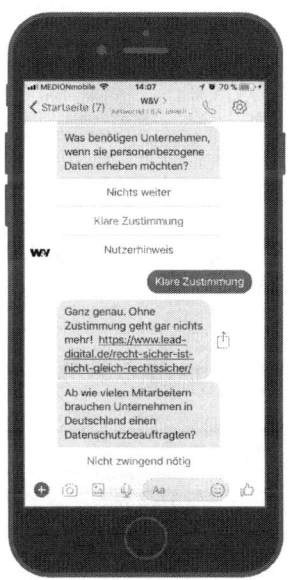

**Abb. 7.22**  Quizbot des Magazins Werben und Verkaufen (W&V) zum Start der Datenschutzgrundverordnung. (Quelle: eig. Darstellung)

unsere Zielgruppe zu erschließen", sagt Holger Schellkopf, Chefredakteur Digitales der „Werben und Verkaufen" [25].

Für ihre innovative Idee erntete W&V umfassendes positives Feedback aus der Marketing- und Digitalbranche. Und auch in den sozialen Medien, v. a. auf Twitter, wurde der DSGVO-Quizbot u. a. als „smarte Idee" gelobt [10] (Abb. 7.23).

### 7.3.4    Mercedes Benz Vans: Jagd nach Mr. X

*Gamification* hat sich mittlerweile branchenübergreifen als ein effektives Instrument für Brand-Building-Kampagnen etabliert [1]. Die Einführung der neuen X-Klasse begleitete Mercedes-Benz Österreich im Mai 2018 mit einem interaktiven Spiel via Facebook Messenger: einer Chatbot-Schnitzeljagd mit Fragen rund um die neue Auto-Linie (Abb. 7.24).

Eine Woche lang wurde den Teilnehmern jeden Tag eine Frage rund um die neue Mercedes-X-Klasse gestellt, die der User direkt im Facebook Messenger beantworten konnte. Dabei wurden sowohl Videos („Was hat sich bei Sekunde 4 im Bild versteckt?") als auch Fotos der neuen Autoserie („Setze die Bilder in der richtigen Reihenfolge zusammen") eingesetzt, um den Teilnehmern der Schnitzeljagd multimedial einen realistischen Eindruck von Aussehen, Design und Funktionen der X-Klasse zu vermitteln [38] (Abb. 7.25).

**Abb. 7.23** Erfolgreiches Reputation Management in der Zielgruppe: Ein Quizbot als „smarte Idee". (Quelle: Trendsmap.com [10])

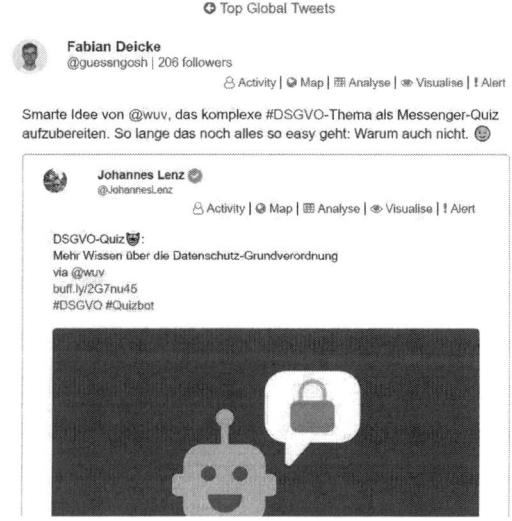

**Abb. 7.24**  „Jagd auf Mr. X": Mercedes Benz warb via Facebook Messenger-Schatzsuche für die neue X-Klasse. (Quelle: Facebook.com//MercedesBenzOesterreich.Vans)

**Abb. 7.25**  Digitale Schnitzeljagd: Der Einsatz des Facebook Messengers ermöglichte die multimediale Bewerbung der neuen X-Klasse in der Zielgruppe. (Quelle: eig. Darstellung)

**Abb. 7.26** Fan-Bindung via Messenger: Lufthansa begeisterte die US-amerikanischen Fans des FC Bayern mit einem Gewinnspiel. (Quelle: Facebook.com/LufthansaFanTrip)

Bei jeder richtigen Antwort erhielten die Mitspieler einen Code-Schnipsel, der nach erfolgreicher Beantwortung aller Fragen die geographischen Koordinaten zum Ort des exklusiven X-Klasse-Launch-Events enthielt. Der Gewinner der Schatzsuche erhielt von Mercedes Benz Vans Österreich einen nagelneuen X-Klasse-Van [38].

### 7.3.5   FC Bayern und Lufthansa: LufthansaFanTrip

Im Juli 2017 hatten US-Fans des Münchner Fußballvereins FC Bayern die Chance, via Facebook Messenger eine Reise zu ihrem Lieblingsverein zu gewinnen. Neben Flug und Unterkunft umfasste der Gewinn Eintrittskarten zu einem

Spiel des Vereins, Führungen durch die Allianz Arena und ein exklusives Treffen mit den Spielern [5].

Initiiert wurde die Kampagne von der deutschen Fluggesellschaft Lufthansa, die zum damaligen Zeitpunkt noch als offizieller Sponsor des FC Bayern agierte. Als Plattform für die Messenger-Kampagne diente die US-Facebook-Seite „Lufthansa Fan Trip" (Facebook.com/LufthansaFanTrip), die eigens für das Projekt ins Leben gerufen wurde (Abb. 7.26).

Via Facebook Messenger steuerte ein Chatbot ein dreistufiges Gewinnspiel für die Fans aus. Zunächst testete der Bot mit einer Reihe von Fragen das Wissen der Fans über den deutschen Rekordmeister. Bei richtiger Beantwortung aller Fragen wurde in einem zweiten Schritt gefragt, warum die Teilnehmer des Gewinnspiels der Meinung sind, dass genau sie die Reise nach München gewinnen sollten. Hier waren Antworten in allen Formaten (Text, Video etc. möglich). Im dritten Schritt erfolgte die Verlosung und Bekanntgabe der Gewinner [50].

Dabei wurden im Verlauf des Gewinnspiels regelmäßig unterhaltsame Features – etwa animierte GIFs der FC-Bayern-Spieler – für die Nutzer eingebaut. Am Ende wurden die Teilnehmer zudem mit einem personalisierten Video „belohnt", das via Facebook Messenger mit Freunden geteilt werden konnte.

## Literatur

1. Baker Brand Communications (2019): Gamification as a brand-building engagement tool. BakerBrand.com. https://www.bakerbrand.com/gamification-as-a-brand-building-engagement-tool/. Zugegriffen: 05.01.2019
2. Brattig Steve (2015): Zehn Tipps zur Neukundengewinnung durch Empfehlungsmarketing. Zielbar.de. https://www.zielbar.de/magazin/tipps-empfehlungsmarketing-6726/. Zugegriffen: 05.01.2019
3. Brille24 (2018): Factsheet Brille24. https://www.brille24.de/presse/factsheet.html. Zugegriffen: 03.01.2019
4. Brille 24 (2018): Brille24 optimiert Kundenerlebnisse mit Künstlicher Intelligenz. Pressemitteilung vom 11.12.2018. https://cdn.brille24.de/fileadmin/om/presse/pdf/20181211_Pressemitteilung_Brille24_optimiert_Kundenerlebnisse_mit_Kuenstlicher_Intelligenz.pdf. Zugegriffen: 03.12.2019
5. Buchenberger Franz (2017): How This Chatbot Helps Munich Fans Win A Free Trip To The Game. ChatbotsMagazine.com. https://chatbotsmagazine.com/how-a-chatbot-helps-fans-from-bayern-munich-to-visit-their-team-on-a-free-trip-847ca2335289. Zugegriffen: 05.01.2019
6. Carlson John D. (2017): 66% switch because of poor service. LinkedIn.com. https://www.linkedin.com/pulse/66-switch-because-poor-service-d-john-carlson/. Zugegriffen: 03.01.2019

7. Chitos Oksana (2018): Messenger und Chatbots bei der Südzucker AG. Schriftliches Interview für MessengerPeople. Juli 2018
8. Commerzbank AG (2018): Faktenblatt Commerzbank. https://www.commerzbank.de/media/presse/presentations/Q3_2018_Faktenblatt.pdf. Zugegriffen: 01.01.2019
9. Content Marketing Institute (2018): Whats is Content marketing? https://content-marketinginstitute.com/what-is-content-marketing/. Zugegriffen: 31.12.2018
10. Deicke Fabian (2018): Smarte Idee von @wuv, das komplexe #DSGVO-Thema als Messenger-Quiz aufzubereiten. Trendsmap.com. https://www.trendsmap.com/twitter/tweet/978285776801812481. Zugegriffen: 05.01.2019
11. Edelman (2018): Trust Barometer Special Report: Brands and Social Media. https://edelmandotcom.djeholdings.acsitefactory.com/research/trust-barometer-brands-social-media. Zugegriffen: 03.01.2019
12. Facebook (2016): More than a Message: The Evolution of Conversation. https://www.facebook.com/business/news/insights/more-than-a-message-the-evolution-of-conversation. Zugegriffen: 23.12.2018
13. Facebook IQ (2018): Motivations, Mindsets and Emotional Experiences in Messaging (vs. Feed). Sentient Decision Science. https://www.facebook.com/iq/insights-to-go/among-people-surveyed-who-message-businessesdaily-messaging-app-users-whove-messaged-a-business-in-the-past-3-months-using-one-of-their-most-commonly-used-apps-the-majority-say-being-able-to-message-a-business-helps-them-feel-more-confi-dent-about-the-brand. Zugegriffen: 31.12.2018
14. Fowler Geoffrey A. (2018): Want better customer service? Dont call, Text. Washington-Post.com. https://www.washingtonpost.com/technology/2018/08/09/want-better-custo-mer-service-dont-call-text/. Zugegriffen: 29.12.2018
15. Gartner (2017): Market Guide for Virtual Customer Assistants. https://www.gartner.com/doc/3834698/market-guide-virtual-customer-assistants. Zugegriffen: 03.01.2019
16. Gerth Steffen (2018): WhatsApp für die Kunden - Warum ein Intersport-Händler zum Messenger greift. E-tailment.de. https://etailment.de/news/stories/whatsapp-han-del-21102#. Zugegriffen: 04.01.2019
17. Heilbronner Stimme (2014): Bombenangriff auf Heilbronn mit WhatsApp erzählt. Stimme.de. https://www.stimme.de/themen/dossierarchiv/4dez/Bombenangriff-auf-Heil-bronn-mit-WhatsApp-erzaehlt;art136553,3252986. Zugegriffen: 02.01.2019
18. Himler Peter (2013): Content Is King, Distribution Is Queen. Forbes.com. https://www.forbes.com/sites/peterhimler/2013/07/09/content-is-king-distribution-is-queen/#7b23d588174d. Zugegriffen: 31.12.2018
19. Hölting Sarah (2017): „Kwitt" durch Artifical Intelligence: Sparkassen-Muskelmann als Inkasso-Bot für die Generation Z. Absatzwirtschaft.de. http://www.absatzwirtschaft.de/kwitt-durch-artifical-intelligence-sparkassen-muskelmann-als-inkasso-bot-fuer-die-gene-ration-z-118603/. Zugegriffen: 05.01.2019
20. HolidayPirates Group GmbH (2018): Mediabereich der Unternehmenswebsite. https://holidaypirates.group/media. Zugegriffen: 01.01.2019
21. Intersport Hübner (2018): Über uns. Unsere Teams. https://www.intersport-sportprofi-markt.de/ueber-uns/unsere-teams. Zugegriffen: 04.01.2018

22. Kremming Katharina (2017): MessengerPeople realisiert Chatbot für Sommer-Gewinnspiel der Urlaubspiraten. MessengerPeople.com. https://www.messengerpeople.com/de/whatsbroadcast-realisiert-chatbot-fuer-sommer-gewinnspiel-der-urlaubspiraten/. Zugegriffen: 01.01.2019
23. Kremming Katharina (2018): MessengerPeople Studie 2018: 10 Millionen Menschen nutzen bereits Messenger Services, um mit Unternehmen zu kommunizieren. MessengerPeople.com. https://www.messengerpeople.com/de/insights-messenger-kommunikation/. Zugegriffen: 31.12.2018
24. Krick Denis (2018): Wie wir mit #WhatsApp in der Redaktion von @nwzonline (relativ) erfolgreich arbeiten. Twitter.com. https://twitter.com/DenisKrick/status/973305805415043081. Zugegriffen: 02.01.2019
25. Langer Laura (2018): Daten raten am Automaten: W&V und WhatsBroadcast veröffentlichen DSGVO-Quizbot. IT-Management.today. https://www.it-management.today/daten-raten-am-automaten-wv-und-whatsbroadcast-veroeffentlichen-dsgvo-quizbot/. Zugegriffen: 05.01.2019
26. Lenz Johannes (2017): „7 Fragen an …" WhatsApp und Messenger Marketing bei den Urlaubspiraten. MessengerPeople.com. https://www.messengerpeople.com/de/7-fragen-an-whatsapp-und-messenger-marketing-bei-den-urlaubspiraten/. Zugegriffen: 01.01.2019
27. Lenz Johannes (2017): „7 Fragen an …" den Nikolaus – im Gespräch mit Jens Albers vom Bistum Essen. Messengerpeople.com. https://www.messengerpeople.com/de/7-fragen-an-den-nikolaus-im-gespraech-mit-jens-albers-vom-bistum-essen/. Zugegriffen: 05.01.2019
28. Lenz Johannes (2018): Messenger Marketing & Banken: Die Commerzbank als 1st Mover in Sachen WhatsApp!. MessengerPeople.com. https://www.messengerpeople.com/de/messenger-marketing-banken-commerzbank/. Zugegriffen: 01.01.2019
29. Lenz Johannes (2018): Nordwest-Zeitung & WhatsApp: diese drei Faktoren bestimmen den Erfolg! MessengerPeople.com. https://www.messengerpeople.com/de/nordwest-zeitung-whatsapp-diese-drei-faktoren-bestimmen-den-erfolg/. Zugegriffen: 02.01.2019
30. Lenz Johannes (2018): Kundenservice via WhatsApp: Wie Brille24 professionellen Kundenservice im Messenger bietet. MessengerPeople.com. https://www.messengerpeople.com/de/kundenservice-via-whatsapp-brille24/. Zugegriffen: 03.01.2019
31. Lenz Johannes (2018): B2B Kundenservice per Messenger: Wie Transgourmet im 1:1 Chat auf WhatsApp seinen Kunden hilft. Messengerpeople.com. https://www.messengerpeople.com/de/b2b-kundenservice-messenger-chat-whatsapp/. Zugegriffen: 03.01.2019
32. Lenz Johannes (2018): Kundenservice via WhatsApp: Wie INTERSPORT Hübner mit persönlicher Beratung im beliebtesten Channel seine Kunden glücklich macht!. MessengerPeople.com. https://www.messengerpeople.com/de/wie-intersport-huebner-via-whatsapp-seine-kunden-glueclich-macht/. Zugegriffen: 04.01.2018
33. Lenz Johannes (2018): Kundenservice und WhatsApp: 7 Notification Cases in der Transport-Branche. MessengerPeople.com. https://www.messengerpeople.com/de/kundenservice-und-whatsapp-7-notification-cases-transport/. Zugegriffen: 04.01.2019

34. Lenz Johannes (2018): Messenger Kommunikation: 18 Kundenservice- und Digitalexperten über die Trends 2019. MessengerPeople.com. https://www.messengerpeople.com/de/messenger-kommunikation-18-kundenservice-und-digitalexperten-trends-2019/. Zugegriffen: 13.01.2019
35. Lenz Johaness (2019): Kundenservice und WhatsApp im E-Commerce: Persönlicher Dialog (oder 1:1 Chat), Chatbots und WhatsApp Bots. MessengerPeople.com. https://www.messengerpeople.com/de/kundenservice-und-whatsapp-im-e-commerce-persoenlicher-dialog-oder-11-chat-chatbots-und-whatsapp-bots/. Zugegriffen: 06.01.2019
36. Lilie Benjamin, Lüdemann Nina (2018): Messenger Marketing bei der Hamburger Hochbahn. Schriftliches Interview für MessengerPeople. Juli 2018
37. Mehner Matthias (2018): 8 Kennzahlen, auf die Du im Messenger Marketing achten solltest!. MessengerPeople.com. https://www.messengerpeople.com/de/8-kennzahlen-auf-die-du-im-messenger-marketing-achten-solltest/. Zugegriffen: 31.12.2018
38. Mehner Matthias (2018): Chatbot Gewinnspiel – Mercedes Benz bewirbt die neue X-Klasse. MessengerPeople.com. https://www.messengerpeople.com/de/chatbot-gewinnspiel-mercedes-benz-bewirbt-die-neue-x-klasse/. Zugegriffen: 05.01.2019
39. Nordwest-Zeitung (2018): Leistungsdaten NWZ-Mediengruppe. NWZonline.de. https://werben.nwzonline.de/werben/medialeistung/leistungsdaten-nwz-mediengruppe/. Zugegriffen: 02.01.2019
40. Palm Daniel (2018): Messenger und Chatbots bei den Urlaubspiraten. Schriftliches Interview für MessengerPeople. Juli 2018
41. PIDAS (2017): Benchmark-Studie: Kundenservice im digitalen Zeitalter. https://www.pidas.com/de/benchmark-studie. Zugegriffen: 03.01.2019
42. Poelmann Dirk (2018): Messenger und Chatbots bei der Nordwest-Zeitung. Schriftliches Interview für MessengerPeople. Juli 2018
43. Przibylla Roman (2018): Messenger und Chatbots bei der Commerzbank. Schriftliches Interview für MessengerPeople. Juli 2018
44. Sobing Andreas (2018): Messenger und Chatbots bei Brille24. Schriftliches Interview für MessengerPeople. Juli 2018
45. Stölting Claus (2018): WhatsApp-Zeitreise startet. NWZonline.de. https://www.nwzonline.de/wildeshausen/wildeshausen-whatsapp_a_50,3,2299761270.html. Zugegriffen: 02.01.2019
46. Südzucker AG (2019): Unternehmensprofil. Kurzporträt. http://www.suedzucker.de/de/Unternehmen/Unternehmensprofil/Kurzportrait/. Zugegriffen: 01.01.2019
47. Transgourmet (2019): Das Wichtigste in Kürze: Unser Profil. http://www.transgourmet.de/web/unternehmen/unternehmensprofil.xhtml. Zugegriffen: 03.01.2019
48. Treiß Kay Ulrike (2017): Handel im Wandel. Durch die Woche mit Franziska Wetzel von Intersport Hübner. LocationInsider.de. https://locationinsider.de/handel-im-wandel-durch-die-woche-mit-franziska-wetzel-von-intersport-huebner/. Zugegriffen: 04.01.2019
49. Trendbüro (2017): Trends to watch in 2017. http://trendbuero.com/wp-content/uploads/2017/01/Trendbuero_Trends_to_Watch_in_2017.pdf. Zugegriffen: 03.01.2019

50. Viertel kai (2017): Chatbot hilft Bayern-Fans ihr Team zu treffen. MessengerPeople. com. https://www.messengerpeople.com/de/chatbot-hilft-bayern-fans-ihr-team-zu-treffen/. Zugegriffen: 05.01.2019
51. Wiggen Simon (2017): Nikolaus verschickt WhatsApp-Nachrichten. Bistum-Essen.de. https://www.bistum-essen.de/presse/artikel/nikolaus-verschickt-whatsapp-nachrichten/. Zugegriffen: 05.01.2019
52. YouGov/MessengerPeople (2018): MessengerPeople Studie 2018: Exklusive Zahlen und Statistiken zur Messenger Kommunikation für Unternehmen. https://www.messengerpeople.com/de/studie2018/. Zugegriffen: 29.12.2018

# Exkurs: Marketing und Service Automation mit Chatbots

**8**

### Zusammenfassung

Messenger Marketing wird oft mit Chatbot Technologien in einem Atemzug genannt. Dabei sind Chatbot nur ein kleiner und optionaler Teil im Messenger Service. Künstliche Intelligenz (KI) wiederum ist nur ein ganz kleiner und optionaler Teil von Chatbots. Wie durch jede Automatisierung auch, haben Unternehmen durch Chatbots die Möglichkeit ihre Produktivität zu optimieren. Besonders im Kundenservice können Chatbots sehr einfach, schnell und ohne großen Aufwand viele Anfrage automatisiert beantworten. Einige gute Beispiele aus der Praxis zeigen, wie Firmen mit Hilfe von Chatbots mehr Erfolg haben können – sei es bei der Steigerung von Service Qualität oder bei eher klassischen Marketing Kampagnen.

„Chatbots sind in erster Linie Conversational Interfaces. Als solche sollten Unternehmen sie ernst nehmen. Schließlich gelangen die Unternehmensbotschaften in einen sehr persönlichen Kontext auf den eigenen Messenger. Wer auf die persönliche Ansprache verzichtet, sondern 1:1 alte Texte aus anderen Quellen verwendet, wird damit nicht besonders erfolgreich sein. Der Chatbot Content sollte sehr stark von den Bedürfnissen der Nutzer getrieben sein, damit diese mit der Ansprache glücklich sind. Eine gut gemachte Personalisierung ist eine wichtige Voraussetzung für das Content Marketing auf Basis von Chatbots" (Klaus Eck, Geschäftsführer und Gründer von d.tales [19]).

Es gibt kaum ein Wort, das in den vergangenen Jahren von Techfans, KI-Anhängern und Digitalexperten mehr gehypt wurde als die so genannten Chatbots. Spätestens seit 2016, als Facebook auf der Developerkonferenz F8 eine Plattform für automatisierte Kommunikation ankündigte, gelten Chatbots als einer der innovativsten Digital-Trends [3]. Gibt man den Begriff „Chatbot" auf Google.de ein, erhält man bereits nach 0,4 s über 25 Mio. Suchergebnisse.

**Vorbehalte und Unwissen dominieren noch**
Chatbots sind nicht gerade des Deutschen liebster Gesprächspartner. Das liegt in erster Linie an der Willkür, mit der Unternehmen solche Projekte oft aufsetzen. Dabei kann ein Bot unter Beachtung einiger Aspekte ein echter Kundenköder sein.

Laut einer repräsentativen Online-Befragung der Entwicklerkonferenz Developer Week (DWX) aus dem Jahr 2017 wissen 46 % der Bundesbürger nicht, was ein Chatbot eigentlich ist. Insofern ist es wenig verwunderlich, dass im Rahmen dieser Studie 71 % der Deutschen behaupteten, Chatbots nicht nutzen zu wollen [27] (Abb. 8.1).

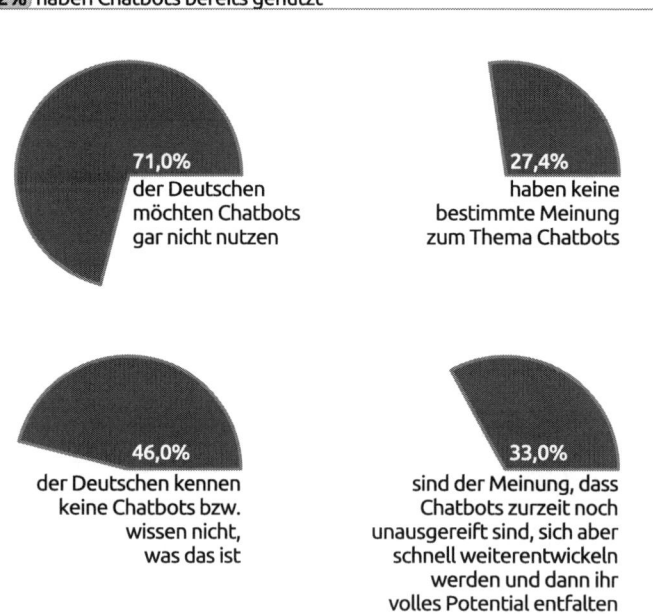

**Abb. 8.1** UnBOTmäßig: 46 % der Deutschen wissen nicht, was ein Chatbot ist. (Quelle: Developer Week 2017 [27], eig. Darstellung)

Dabei ist die Automatisierung von Dienstleistungen – vom Geldautomaten über Online-Reservierungen bis hin zum Anrufbeantworter als Ersatz für den persönlichen Sekretär – bereits heute fester Bestandteil unseres Alltags. Und Online-Riese Amazon hat spätestens seit 2016 mit der Markteinführung seiner Echo-Lautsprecher dafür gesorgt, dass Chatbots auf breiter Front auch in die heimischen Wohnzimmer der Kunden eingezogen sind. So geht Bernard Marr in einem Artikel für Forbes davon aus, dass die meisten Menschen in Industrieländern schon einmal mit sprachgenerierenden Programmen zu tun hatten – allerdings ohne es zu merken [21].

**Eliza – die Mutter aller Chatbots**
Die Idee, zwischenmenschliche Kommunikation für Dienstleistungen zu automatisieren, verbreitete sich vor allem Zuge des wirtschaftlichen Aufschwungs nach dem 2. Weltkrieg. Als erster Chatbot der Geschichte gilt Eliza (Testversion unter med-ai.com/models/eliza) aus dem Jahr 1966. Dabei handelte es sich um ein von dem deutsch-amerikanischen Informatiker Joseph Weizenbaum entwickeltes Programm, das es dem Nutzer via Texteingabe ermöglichte, Fragen einen virtuellen Psychotherapeuten zu stellen [34]. Obwohl Eliza in Anbetracht der technischen Entwicklung aus heutiger Sicht extrem simpel erscheint, konnte das System die Anwender überzeugen:

„Nicht wenige ahnungslose Testpersonen waren am Ende ihrer „Therapeutengespräche" nämlich fest davon überzeugt, sich per Tastatur tatsächlich mit einem sensiblen und verständnisvollen Doktor ausgetauscht zu haben: Sie fühlten sich verstanden und offenbarten dem vermeintlichen Arzt intimste Details ihres Seelenlebens" [34].

**Chatbot machen Messenger Service besser**
Der Begriff Chatbot setzt sich zusammen aus *Chat* (engl. „Unterhaltung") und *Robot* (engl. „Maschinenmensch"). Chatbots sind also sprach- (Alexa, Siri, Google Assistant, Cortana, Bixby etc.) oder textbasierte Programme, die den Dialog mit einem technischen System ermöglichen.

Gerade bei der Kommunikation in Messenger Apps spielen Chatbots eine wichtige Rolle. Schließlich handelt es sich hier um eine Chat App. Kein anderes Medium eignet sich so gut zum gegenseitigen Dialog und daher erwarten Menschen ein schnelles und qualitatives Feedback. Die Beliebtheit von Messenger Apps plus die Erwartung der Kunde stellt aber Unternehmen zunehmend vor Herausforderungen. Experten gehen davon aus, dass bis zu 60 % mehr Kundenanfragen über den Messenger aufkommen werden, als das per Hotline oder

E-Mail der Fall ist. Diese Quantität kann ohne Automatisierung von vielen Unternehmen nicht mehr wirtschaftlich und qualitativ bewältigt werden.

## Chatbot Hype und Künstliche Intelligenz

Im Laufe der vergangenen Jahre wurden Chatbots auf zahlreichen Kongressen, in Medien und Blogs als einer der Megatrends der Kundenkommunikation propagiert. Dadurch hat sich– gerade in Verbindung mit dem u a. durch zahlreiche Hollywood-Filme stark gehypten Begriff der Künstlichen Intelligenz – bei vielen Menschen eine Erwartungshaltung aufgebaut, die Chatbots in der Praxis nur schwer erfüllen können.

„Man darf sich bei Bots keine künstliche Intelligenz wie aus dem Hollywoodfilm vorstellen, sondern eher eine Unterhaltung mit einem Kleinkind, das gerade erst zu sprechen gelernt hat" (Jakob Reiter, (Mit-)Gründer von TheVentury [11]).

Für erfolgreiche Messenger Kommunikation sind Chatbots nicht wirklich nötig, aber nützlich. Genauso verhält es sich mit Künstlicher Intelligenz und Chatbots. Zu oft werden beide Themen in einen Topf geworfen, dabei braucht ein guter Chatbot nicht unbedingt eine KI. Die meisten Dialoge zwischen Unternehmen und Kunde sind immer die gleichen. Frage nach Servicezeiten, Ansprechpartner oder besonderen Angeboten. Hier können Chatbots auch ohne KI, sondern durch einfache Programmierung schon einen echten Mehrwert bieten [26].

Für die automatisierte Beantwortung von Kundenanfragen (sog. *Service Automation*) besteht dabei großes Potenzial: So nutzt laut der großen PIDAS-Benchmarkstudie zu Kundenservice im digitalen Zeitalter nur jedes fünfte Unternehmen die Möglichkeiten eines automatisierten, verkaufsaktiven Services. Dem entsprechend kommt die detaillierte Marktanalyse zu dem Ergebnis, dass für Unternehmen zukünftig Künstliche Intelligenz (Artificial Intelligence, AI) und Chatbots den größten Beitrag leisten werden, um Kundenservice und interne Prozesse zu optimieren [25] (Abb. 8.2).

Gerade die Vermischung mit KI haben Chatbots zu einen wirklichen Hype Thema gemacht. Kurzfristige Hypes, die meist durch PR und Netzwerkeffekte in kürzester Zeit zum Massenphänomen werden, geht es oft wie dem Sohn des Daidalos. Wer übermütig zu schnell zu hoch will, muss die Strafe der Götter fürchten und findet sich schneller auf dem Boden der Realität wieder, als es gesund ist. Um langfristige Trends und Hypes auf einer etwas mehr wissenschaftlichen Basis einzuordnen, gibt es zum Beispiel den Gartner Hype Cycle. Auf Basis von

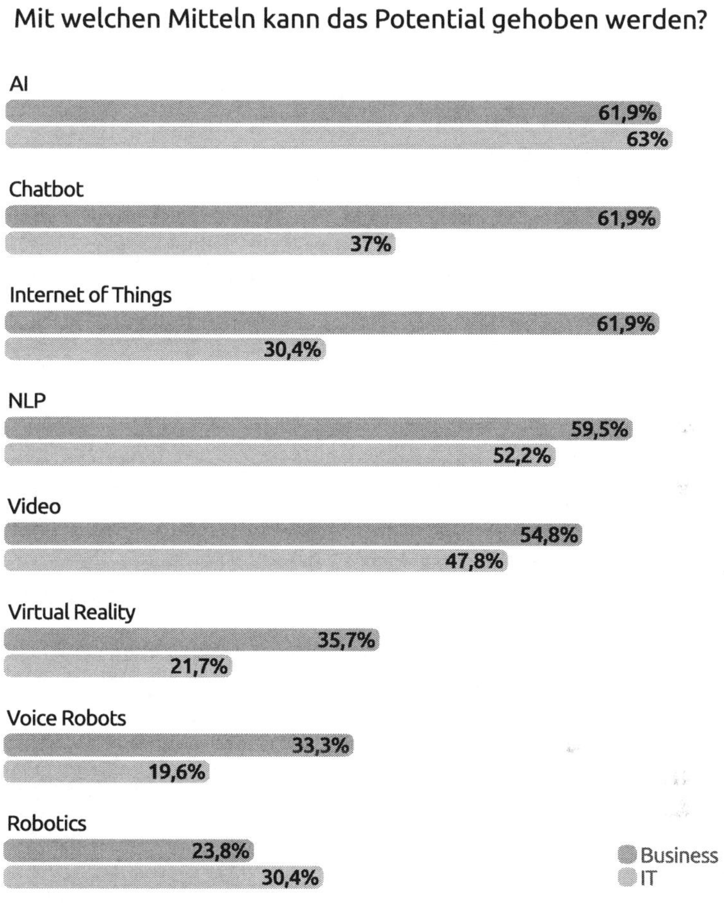

## Mit welchen Mitteln kann das Potential gehoben werden?

**AI**
- 61,9%
- 63%

**Chatbot**
- 61,9%
- 37%

**Internet of Things**
- 61,9%
- 30,4%

**NLP**
- 59,5%
- 52,2%

**Video**
- 54,8%
- 47,8%

**Virtual Reality**
- 35,7%
- 21,7%

**Voice Robots**
- 33,3%
- 19,6%

**Robotics**
- 23,8%
- 30,4%

● Business
● IT

**Abb. 8.2** Künstliche Intelligenz, Chatbots und das „Internet der Dinge" bieten laut PIDAS-Studie das größte Optimierungspotenzial für Unternehmen. (Quelle: PIDAS 2017 [25])

zigtausenden Analysten und noch mehr Studien wirft Gartner hier einmal im Jahr einen Blick in die Zukunft und ordnet Trends von „was kommt, aber niemand hat es auf dem Schirm" zu „überzogene Erwartung, über die jeder spricht" und dann weiter zum „Tal der Tränen", der „Erleuchtung" bis hin zum „Mainstream".

Laut Gartner ist das Thema „Virtual Assistants" nach dem Höhepunkt des Hypes in 2017 nun im Tal der Tränen angekommen (Sommer 2018). Demzufolge kann man bis 2020 mit dem Erreichen der Mainstream Phase rechnen. Das würde auch bedeutenden, dass wir weniger Experimente und mehr seriöse und nachhaltige Entwicklungen erwarten können. Denn nur wenn Chatbots – mit oder ohne KI – einen echten Mehrwert für Unternehmen und Kunden darstellen, wird sich diese Technologie durchsetzen.

**8 Mrd. Business-Messages pro Monat im Messenger**
Insbesondere Telegram und der Facebook Messenger bieten Unternehmen und Entwicklern dabei ein breites Spektrum an Möglichkeiten, um mit einfach zu bauenden, benutzerfreundlichen Chatbots kommunikative Abläufe und Prozesse zu automatisieren. So sagte Facebooks ehemaliger Head of Messenger, David Marcus, im Mai 2018, dass es im blauen Messenger des Konzerns – dem Facebook Messenger – mittlerweile mehr als 300.000 aktive Chatbots gibt. Jeden Monat werden über diese Plattform mehr als 8 Mrd. Messages zwischen Unternehmen und Kunden verschickt [4].

Gerade in Märkten wie Südamerika, Afrika, Asien und Deutschland – wo WhatsApp verbreiteter als der Facebook Messenger ist (vgl. Abschn. 2.1) – stellt sich für Unternehmen die Frage nach möglichen WhatsApp-Bots. Dabei ist zu beachten, dass WhatsApp bislang keine spezielle Programmierschnittstelle für Developer geöffnet hat (Application Programming Interface, API), um eigene Chatbots auf WhatsApp-Basis zu erstellen.

**WhatsApp-Business-Lösungen: bislang nur rudimentäre Chatbot-Funktionen**
Seit dem Deutschland-Rollout der *WhatsApp Business App* für kleine Unternehmen (seit Januar 2018) bzw. der *WhatsApp Business API* für mittlere und größere Unternehmen (seit August 2018) lassen sich von Unternehmen kostenfrei rudimentäre Chatbot-Funktionen realisieren.

So lassen sich in der WhatsApp Business App für bestimmte Anwendungsbereiche automatisierte Antworten einstellen (bspw. Abwesenheitsnotiz außerhalb der Geschäftszeiten, Begrüßungsnachrichten) oder Schnellantworten für häufig gestellte Fragen definieren [32].

Auch bei der WhatsApp Business API können Unternehmen Nachrichtenvorlagen einrichten: Dabei handelt es sich standardisierte Vorlagen für sämtliche Nachrichten, die ein Unternehmen an Kunden versendet (Willkommensnachricht, Auftragsbestätigung etc.). Da eines der wesentlichen Prinzipien der WhatsApp API neben der Skalierbarkeit schneller Support sowie die Vermeidung von Spam-Messages ist, *müssen* Firmen für jegliche Benachrichtigungen an Kunden (nach einer Frist von 24 h) Nachrichtenvorlagen verwenden. Diese werden von

WhatsApp nach der Erstellung überprüft, um sicherzustellen, dass sie nicht gegen die WhatsApp-Richtlinien verstoßen [33].

Wer als Unternehmen für seine Kommunikations- oder Marketingziele professionelle WhatsApp-Chatbots einsetzen will, ist dazu bislang auf die Unterstützung eines professionellen Dienstleisters wie Hubtype, Facelift, Yalo, LivePerson oder MessengerPeople angewiesen (Abb. 8.3).

**Vorteile von Chatbots**

Allein in Deutschland wurden 2018 über 50 Mio. Kundenanfragen von einem Unternehmens-Chatbot bearbeitet [13]. Die allermeisten Unternehmen nutzen Chatbots, um parallel die Effizienz UND die Qualität des Kundenservice zu steigern. Gegenüber den herkömmlichen Methoden der Kundenkommunikation via Telefon oder Mail durch einen Mitarbeiter haben die technischen Helfer zahlreiche Vorteile [16]. Chatbots ...

**Abb. 8.3** Freundlicher Service: Über die Hälfte der befragten Kunden wünscht sich einen freundlichen Chatbot. (Quelle: Statista 2017 [29])

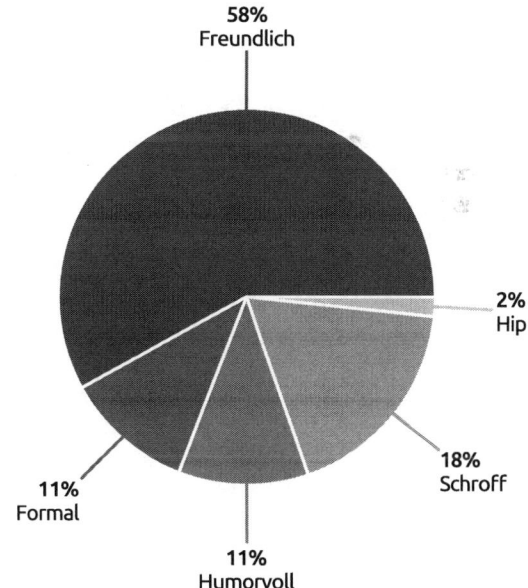

Welchen Persönlichkeitstyp eines Chatbots würden Sie präferieren?

58% Freundlich

2% Hip

18% Schroff

11% Humorvoll

11% Formal

- … sind *zeit- und kostensparend* - das gilt insbesondere für sich wiederholende Prozesse, etwa die Legitimation eines Kunden bei Reklamationen (durch Angabe von Namen, Bestell- oder Kundennummer). Ein simples Rechenbeispiel zeigt, dass insbesondere im Kundenservice ein enormes Potenzial für Chatbots besteht.: Bei 1000 Anrufen pro Tag und einer durchschnittlichen persönlichen Gesprächszeit von 40 s für die Begrüßung und Kundenlegitimation nimmt ein Bot den Mitarbeitern im Call-Center mehr als 11 h Gesprächszeit pro Tag ab. Ressourcen, die jedes Unternehmen sinnvoller einsetzen kann, um zum Beispiel anspruchsvollere Anfragen und Kundenwünsche serviceintensiver zu beantworten.

- … sind eine *skalierbare* Lösung für wachsende oder international expandierende Unternehmen.

- … sind *rund-um-die-Uhr* aktiv, an sieben Tagen in der Woche verfügbar, nie krank oder im Urlaub.

- … sind *nutzerfreundlich.* Bei der Recherche auf einer Website oder in einer App sind meist mehrere Schritte notwendig, bis man sich zur gewünschten Information durchgeklickt hat. Ein Chatbot macht diese Schritte überflüssig.

- … sind *schnell:* Sie beantworten Anfragen umgehend – im Bruchteil der Zeit, die ein menschlicher Bearbeiter dafür bräuchte.

- … sind *flexibel und multimedial.* Textbausteine oder Mediendateien können schneller und einfacher integriert oder geändert werden als dies bei einer App möglich wäre.

- … sind *geduldig,* wenn der Kunde gerade keine Zeit hat. Dank der Möglichkeit der asynchronen Kommunikation kann der Kunde die Interaktion zu einem beliebigen Zeitpunkt zu dem gleichen Stand wieder aufnehmen – ohne sein Anliegen erneut erklären zu müssen.

- … vergessen nie. Chatbots *„merken"* sich im Vorfeld definierte Daten und Präferenzen des Kunden (Kundennummer, bevorzugte Sitzplätze, Zahlungsweise etc.).

- … sind *wartungsarm.* Im Gegensatz zu Apps sind Chatbots meist einfacher und günstiger in der Erstellung, müssen nicht regelmäßig gewartet oder geupdatet werden.

- … haben eine *eigene Persönlichkeit!* Abhängig von der gewählten Persönlichkeit können Chatbots Emotionen wie Humor oder Vertrauen bei ihrem Gesprächspartner erwecken. Der „ideale" Bot ist geduldig und höflich – aber auch humorvoll [29].

**Drei Arten von Chatbots**

Abhängig von der technischen Grundlage, das heißt: dem Funktionsprinzip lassen im Wesentlichen lassen sich drei Arten von Chatbots unterscheiden:

*Regelbasierte Chatbots* greifen auf Antworten aus vordefinierten Textbausteinen zurück. Um Fragen oder Aussagen der Kunden zu verstehen und die passende Antwort darauf liefern zu können, greift der Chatbot auf ein bestehendes Set aus Fragen und Antworten zurück. Er kann also nur auf das antworten, was die Programmierer berücksichtigt haben. Dabei lassen sich die zu erwartenden Nutzeranfragen auch nach Intents (Intention) und Entities (Objekte, welche die Anfragen auslösen) in Container einordnen, die in der Antwort des Chatbots entsprechend gefiltert werden. Damit stehen regelbasierte Chatbots „technisch betrachtet (…) einer Volltextsuchmaschine in vielen Fällen noch näher als dem großen und komplexen Spielfeld der Künstlichen Intelligenz" [26].

*Bei hybriden Chatbots* handelt es sich um eine Kooperation von Mensch und Maschine. Überspitzt formuliert: Chatbots erledigen die einfachen Standardfragen oder die Vorqualifizierung der Kunden (First-Level-Support), während die menschlichen Mitarbeiter sich um die komplizierteren Fälle kümmern. So setzt etwa der zu Telefónica gehörende Mobilfunkbetreiber O2 einen Bot namens „Lisa" auf seiner Website als virtuelle Online-Hilfe ein: „Ist sich Lisa einmal nicht zu 100 % sicher, wird ihre Antwort an einen Agenten ausgespielt. Er überprüft den Inhalt und bringt Lisa die richtige Antwort bei", erklärt Christian Schmidtchen, Head of Digital Assistance and Innovation bei Telefónica Deutschland: „So kombinieren wir menschliche mit künstlicher Intelligenz und stellen die bestmögliche Qualität sicher" [9]. Der Chatbot „merkt" sich die Antwort auf diese Frage. Nach und nach ist der Chatbot so in der Lage, immer mehr Fragen immer spezifischer zu beantworten [17].

Ein *selbstlernender Bot* lernt hingegen, anhand von getätigten Konversationen mit Menschen selbstständig die passenden Antworten zu liefern (Machine Learning). Durch so genanntes Natural Language Processing (NLP) kann er selbst Verknüpfungen und Querverweise herstellen und somit auch auf unerwartete Fragen die passenden Antworten liefern. Er ist in diesem Sinne also wirklich „künstlich intelligent" [21].

Da regelbasierte sowie hybride Chatbots relativ schnell und mit Hilfe geeigneter Tools (vgl. Abschn. 11.1) auch ohne umfassende Programmierkenntnisse aufzusetzen sind, stellen sie in der Unternehmenspraxis bislang die Mehrzahl. So kommt etwa bei Volkswagen Automobile Frankfurt ein hybrider Chatbot im Kundenservice zum Einsatz.

Auf seinem Messenger-Kanal bietet das Autohaus Kunden die Möglichkeit, Termine über WhatsApp zu vereinbaren. Dabei fragt ein Chatbot vorab relevante Informationen ab (u. a. „bestehender Kunde/Neukunde", „Grund des Werkstattbesuchs" – bspw. TÜV-Untersuchung, Inspektion, Fehlermeldung, Reifenwechsel). Dieses Briefing wird an den zuständigen Kundenberater weitergeleitet, der den Kunden anschließend im 1:1-Chat begleitet und Termine vereinbart [17].

**Bevorzugt: Terminplanung, Reservierung, Online-Shopping**
Laut einer repräsentativen Bitkom-Umfrage kann sich jeder vierte Bundesbürger (25 %) vorstellen, Chatbots zu nutzen:

- 68 % davon möchten Chatbots als Assistent für die *persönliche Terminplanung* verwenden.
- 64 % wollen Chatbots einsetzen, um *Veranstaltungstickets* wie Kino- und Theaterkarten zu reservieren oder zu kaufen.
- Jeweils 58 % möchten Chatbots für *Recherchen beim Online-Shopping,* zum Beispiel bei der *Suche nach bestimmten Produkten,* oder für die *Buchung* von Reisen, Flügen, Zugfahrten oder Hotels nutzen.
- Für 53 % der Befragten sind Chatbots interessant, um damit tagesaktuelle *Informationen, wie das Wetter, Nachrichten, die Verkehrslage oder Börsenwerte* abzurufen.
- 41 % der Befragten finden Chatbots für den Einsatz im *Kundenservice* attraktiv, um dort Nachfragen zu Bestellungen und Beschwerden zu bearbeiten.
- Für rund jeden Vierten (23 %) wäre es interessant, Chatbots in Verbindung mit *Lieferservices* nutzen, etwa um per Sprachbefehl Essen oder Blumen zu bestellen [2] (Abb. 8.4).

**Einsatzfelder von Chatbots**
Der wohl bekannteste Einsatzfeld von Chatbots sind die sogenannten *Conversional Chatbots,* die einen Kundendialog führen. Aber wie im Messenger Marketing generell gilt auch für Chatbots: kreativen Ideen sind kaum Grenzen gesetzt. Im Prinzip lässt sich jede Form der Kommunikation ebenso wie jeder Prozess mit Hilfe eines Bots abbilden und automatisieren. So sind Chatbots ideal geeignet, um proaktiv und automatisiert Informationen zur Verfügung zu stellen.
Da sie sich schnell aufsetzen lassen und dem Nutzer einen konkreten Mehrwert bieten, sind *Information bzw. News Bots* im Moment die am weitesten verbreiteten Chatbots [16]. Diese informieren den Empfänger anhand festgelegter Parameter wie Uhrzeit, Ort oder inhaltliche Präferenzen regelmäßig

## Verschiedene Einsatzgebiete von Chatbots

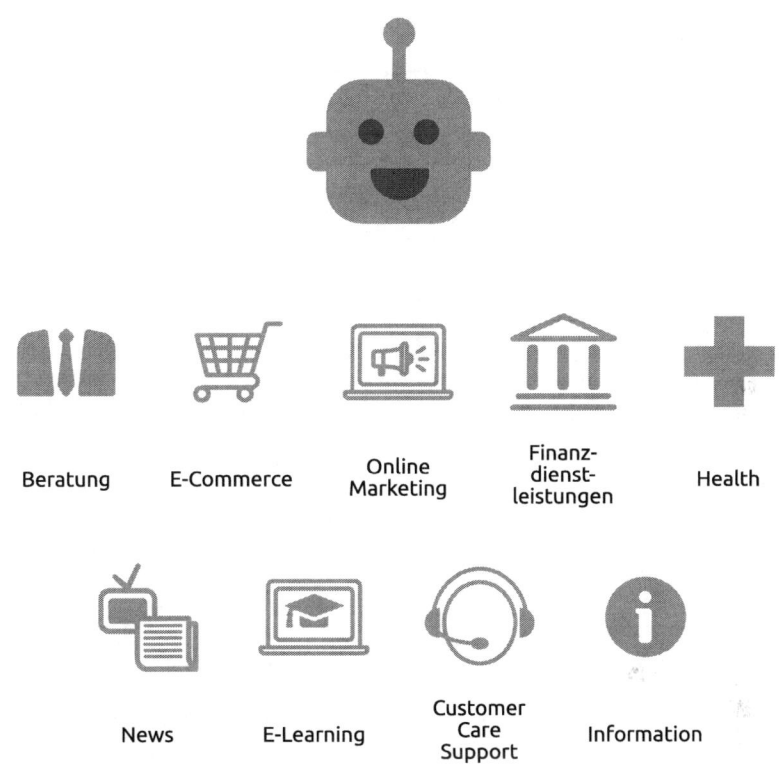

**Abb. 8.4** Vielseitige Helfer: Bots werden mittlerweile in zahlreichen Bereichen erfolgreich eingesetzt. (Quelle: eig. Darstellung)

zu bestimmten Themen. So verschickt Novi, ein gemeinsamer News-Bot von tagesschau und NDR für das öffentlich-rechtliche Jugendangebot funk, zweimal täglich eine Zusammenfassung der aktuellen Nachrichtenlage via Facebook Messenger (Facebook.com/getnovibot). Morgens gibt es für Informationsfreunde einen kompakten Überblick und am Nachmittag ausführliche Updates.

Im Unterschied zu „klassischen" Nachrichtenformaten präsentiert Novi die News als kurze Chatnachricht, unterstützt durch kurze Videos, GIFs und Fotos und verweist per Link auf die entsprechenden Hintergrundberichte im Netz. „Das ist eine völlig neue Art der Nachrichtennutzung, von der wir glauben, dass sie für unsere Zielgruppen spannend ist", sagt Philipp Schild, der Leiter des Content-Teams bei funk [30] (Abb. 8.5).

Ähnlich funktionieren der Wetterbot von WetterOnline (vgl. Abschn. 8.1) oder der Xing-Bot, der Nutzer des deutschen Business- und News-Netzwerks jeden Freitag Stellenangebote passend zum individuellen Xing-Profil verschickt. Abgesehen von der Rolle als Information Bot können Nutzer auch individuelle Fragen per Texteingabe stellen, die unmittelbar beantwortet werden.

So bieten auch die Information Chatbots von Lecker [14] und „Kim – der MAGGI Chatbot" [20] dem Nutzer Inspiration rund um das Thema „Kochen und Backen". Beide Bots können nach Rezepten und/oder Zutaten gefragt werden. Während der Lecker-Bot dazu tägliche Rezepte Inspirationen zum Nachkochen liefert, bietet Maggi zu jedem Rezept einen Link, um die benötigten Zutaten direkt auf REWE.de zu bestellen (Abb. 8.6).

*Conversational Chatbots* werden überwiegend im Kundenservice eingesetzt. Dabei beantworten diese Chatbots Kundenanfragen, in dem sie aus der verfügbaren Datenmenge die passenden Informationen filtern und umgehend per Messenger versenden. Mit einem Conversational Bot lassen sich nicht nur häufig gestellte Fragen der Kunden (FAQs) beantworten, sondern auch Vertragsänderungen, Einkäufe oder Buchungen durchführen. Beispielsweise beantwortet der „Chatbock" Elvis des Mobilfunkanbieters Klarmobil gängige Kundenan-

**Abb. 8.5** „Was gibt es Neues zum Thema?" Mit Novi, dem Tagesschau-Newsbot, sind Nutzer stets aktuell informiert. (Quelle: Facebook.com/Getnovibot)

**Abb. 8.6** Die Bots von lecker und Maggi inspirieren zu neuen Rezepten. (Quelle: eig. Darstellung)

fragen, berät zu Tarifen und ermöglicht eine Änderung der Kundendaten wie Adresse oder Bankverbindung. Über ein konstantes *persistent Menü,* das stets am unteren Rand verfügbar ist, können Nutzer jederzeit zum Hauptmenü des Kundenservices zurückkehren (Abb. 8.7).

> „Die Einführung des lernfähigen Chatbots ist für klarmobil ein Meilenstein auf dem Weg zu einer neuen Form des Kundenservice." (Martin Theinert, Head of Social Media, klarmobil.de).

Mit Hilfe des Gastrofix-Chabots „Marc" sind mittlerweile auch Getränkebestellungen und -bezahlung im Restaurant möglich. Via Facebook Messenger gibt der Kunde seine Bestellung auf dem Smartphone ein. Nachdem der Kauf unter Angabe der Tischnummer per PayPal, Kreditkarte oder Sofortüberweisung bezahlt wurde, geht die Bestellung direkt ins Kassensystem, das einen Bondruck am Tresen auslöst. Während ein Kellner in der Regel pro Gast drei Mal an den Tisch kommen muss (zur Aufnahme der Bestellung, zum Servieren und zum Kassieren), ist bei „Marc" nur noch das Servieren notwendig [7].

**Abb. 8.7** Klarmobil-
Chatbock Elvis beantwortet
Kundenfragen zum
Mobilfunkvertrag. (Quelle:
eig. Darstellung)

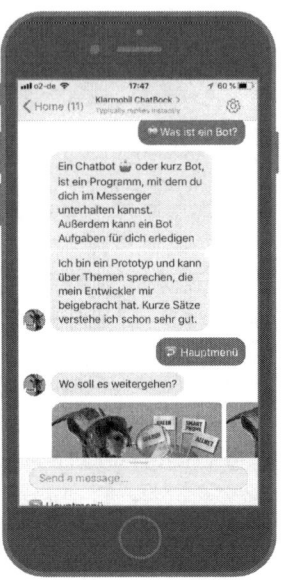

Erfolgreiche *Storytelling-Bots* oder *Gamification-Bots* nutzen den Unterhal-
tungs- und Spieltrieb des Menschen: Mithilfe von Fragen (und Antworten der
Nutzer) führt der Chatbot die Nutzer zu einem bestimmten Ziel. Dabei kann es
sich etwa um einen Sachgewinn (z. B. Mercedes Benz Vans: „Jagd nach Mr. X!",
vgl. Abschn. 7.3.4; Urlaubspiraten: Sommergewinnspiel 2017 [12]), ein personalisiertes Video („Der Bote der Sparkasse", vgl. Abschn. 8.3; „NIVEA-Muttertags-
bot" [18]) oder auch eine Jobempfehlung (Bundesagentur für Arbeit: „WhatsMe
Bot") handeln.

**Gamification sorgt für Engagement in der Zielgruppe**
Der Vorteil dieser unterhaltsamen Chatbot-Form ist, dass es sich dabei um eine
effektive Mechanik handelt, um meist relativ schnell für Engagement in der
Zielgruppe zu sorgen. Dadurch können Gamification-Chatbots bei Produktein-
führungen helfen oder eingesetzt werden, um neue Kunden oder Abonnenten
gewinnen oder die Markenbekanntheit erhöhen.

Ein weiterer für Unternehmen relevanter Einsatzbereich von Chatbots ist,
automatisierte Umfragen durchzuführen: Dabei kann es sich um Umfragen zur
Teilnahme einem Gewinnspiel – aber auch um Umfragen zu den Präferenzen der
Zielgruppe sowie zur Kundenzufriedenheit mit den Services und Leistungen eines

Unternehmens handeln. Auch *Quizbots* (Werben und Verkaufen: „DSGVO-Quizbot", RedBull: „Cliffdiving Quizbot" [23]) fallen in diese Kategorie. Einen solchen *(geführten) Umfrage-Chatbot* auf Messengerbasis zu erstellen, ist in der Praxis relativ unaufwändig. Der große Vorteil von Chatbots gegenüber Online-, Telefon- oder schriftlichen Umfragen liegt in der Nutzerfreundlichkeit: Umfrage-Chatbots sind interaktive, oft kurzweilige Applikationen, die für Smartphones oder Tablets optimiert sind – und damit den mobilen Nutzungsgewohnheiten der Zielgruppe Rechnung tragen und eine einfache, „vertraute" und idealerweise: sympathische Möglichkeit zur Interaktion zwischen Marken und Kunden schaffen.

**Starke KPIs-für Chatbot-Quizzes**
So lässt sich eine Umfrage unterbrechen – und zu einem späteren Zeitpunkt fortsetzen, ohne dass ein Zwischenstand gespeichert muss. Dadurch können Kunden auch in der Wartezeit auf den Bus oder beim Arzt an schnellen Umfragen teilnehmen. Durch ihre Multimedialität bieten messengerbasierte Chatbot-Umfragen zudem die Möglichkeit, in den Ablauf der Umfrage stellenweise noch unterhaltsame Elemente einzubauen (z. B. GIFs, Videos), um die Zahl der Abbrüche zu reduzieren.

Dadurch „spielen" bis zu 85 % der Nutzer eine Chatbot-Umfrage in Form eines Quizzes bis zum Ende, 25 % davon sogar mehrfach. Rund ein Drittel der Teilnehmer an einem Chatbot-Quiz klickt danach auf einen Lead-Link des Unternehmens [24].

## 8.1 Content Marketing: Der WetterBot von WetterOnline

WetterOnline wurde 1996 in Bonn gegründet und ist heute mit WetterOnline.de und den Apps WetterOnline und RegenRadar der reichweitenstärkste Wetterdienst Deutschlands. Seit März 2016 verschickt das Unternehmen Wetter-News und redaktionelle Inhalte über die Messenger-Apps WhatsApp, Telegram, Facebook Messenger und Insta.

Im August 2016 startete WetterOnline den ersten WetterBot, der automatisch aus den vorhandenen Wetterdaten dem Nutzer die Wetterlage und eine Prognose der nächsten Tage via Messenger zukommen lässt. Die Informationen rund um das Wetter sind dabei individuell auf den Abonnenten zugeschnitten, da der WetterBot neben der bevorzugten Uhrzeit für den Messageversand auch den bevorzugten Ort des Nutzers erfasst.

Um den Bot anzusprechen, kann der Nutzer in einem Messenger seiner Wahl einfach das Wort START an WetterOnline senden. Daraufhin reagiert der Bot automatisch und führt den Nutzer durch den kurzen Anmeldeprozess (Abb. 8.8).

**Bot liefert Wetter für den gewünschten Ort**
Zur gewählten Uhrzeit fragt der Bot dann die jeweiligen Wetterdaten von der WetterOnline-Daten-API ab, erzeugt daraus automatisch ein Prognosebild sowie einen Prognosetext und sendet diesen an den Nutzer. Dabei können Nutzer jederzeit auch zu jedem anderen Ort einen aktuellen Wetterbericht erhalten. Dazu muss der Nutzer nur das Wort WETTER via Message an WetterOnline senden. Darüber hinaus versendet der WetterBot auch Unwetterwarnungen als Push-Nachricht.

„Neben der absoluten Zahl von Fans spielt das Thema „Branding" bei unserem Messenger Marketing eine wichtige Rolle", so Matthias Habel, Leiter der Unternehmenskommunikation bei WetterOnline. „Durch tägliche Präsenz auf den Geräten unserer Nutzer hoffen wir, dass der einzelne Nutzer in dem Moment, in dem er eine Wetterprognose benötigt, die WetterOnline-App startet." So unterstützt der WetterBot das Unternehmen erfolgreich darin, den Traffic auf die eigenen Angebote außerhalb der Messenger-Kanäle (Website, App) zu erhöhen [8].

**Abb. 8.8** Versteht auch Umgangssprache: Der WetterBot lässt seine Nutzer nie im Regen stehen. (Quelle: eig. Darstellung)

**90.000 tägliche Bot-Nutzer**

Im Augenblick (Stand: Januar 2018) haben sich rund 220.000 Menschen für den Messenger-Service des Unternehmens angemeldet, davon nutzen mehr als 90.000 täglich die Dienste des WetterBots. Über 2,5 Mio. Anfragen bearbeitet der WetterBot jeden Monat [8].

Dabei verzeichnet WetterOnline ein durchschnittliches, „wetterabhängiges" Wachstum der Messenger-Abonnenten von 20 % [8]. Um die Nutzung von WhatsApp und Co. zu erhöhen, weist WetterOnline in redaktionellen Angeboten und auf der Facebook-Seite des Unternehmens regelmäßig auf sein Messenger-Angebot hin. Gelegentlich schaltet WetterOnline dazu auch Facebook-Ads oder Anzeigen im Facebook Messenger.

„Man sollte nicht den Fehler machen und einfache Werbebotschaften über Messenger verschicken. Dies wird von der Community dann sofort durch die Deaktivierung des Services „bestraft"", rät Habel. „Belohnt wird hingegen, wenn man interessanten Content liefert, der für die Nutzer wirklich relevant ist. Dann wird man in den klassischen Broadcasts mit Klickraten von bis zu 50 % belohnt – ein Wert, der mit keinem anderen Medium zu erzielen ist" [8].

## 8.2 Kundenservice: Ralph, der LEGO-Geschenke-Bot

Für das Weihnachtsgeschäft 2017 setzte der Spielwarenhersteller Lego als erstes Unternehmen der Branche einen Facebook-Messenger-Chatbot ein, um Fans und Interessenten bei ihrer Geschenkewahl auf die eigene Marke zu lenken. „Ralph – der Geschenke-Bot" ist ein digitaler Einkaufsberater, der den Nutzern hilft, in der Vielfalt der Lego-Produkte, der verschiedenen Serien und Sets das Richtige für den Beschenkten zu finden. So umfasste der Lego Katalog für die erste Jahreshälfte 2019 108 Seiten mit durchschnittlich sieben Sets pro Seite [15].

**„Hallo! Ich bin Ralph, der LEGO Geschenk-Bot"** ...

... wird der Nutzer freundlich vom Chatbot begrüßt. Der kleine Chat-Roboter im Lego-Stil kann direkt aus dem Facebook Messenger (Messenger.com/t/LEGOGermany) oder über die Messenger-Funktion auf der Lego-Facebook-Seite (Facebook.com/LEGOGermany/) gestartet werden: „Brauchst du Hilfe bei der Auswahl des perfekten LEGO Geschenks oder einer kleinen Belohnung für dich selbst?"

James Poulter, Senior Manager für Digital Consumer Engagement bei Lego, sagte: „Wir sind immer auf der Suche nach neuen und unterhaltsamen Wegen, um mit unseren Kunden und potenziellen Käufern in Kontakt zu treten. Immer mehr Marken setzen inzwischen Chatbots ein, um digital mit ihrer Zielgruppe zu interagieren und dadurch den Umsatz zu steigern. Die LEGO-Gruppe ist das erste Unternehmen in der Spielwarenbranche, das einen Chatbot verwendet" (James Poulter, Senior Manager Digital Consumer Engagement, Lego [22]).

Schritt für Schritt, aufgelockert durch kurze, unterhaltsame Kommentare von Ralph sowie kleine Animationen, geht der Bot mit dem Nutzer die relevanten Kriterien für eine optimale Kaufempfehlung durch: Altersgruppe, preislicher Rahmen, inhaltliche Vorlieben (in der Altersgruppe sechs bis 12 Jahre beispielsweise Filme und Science Fiction, Superhelden, Fantasy, Bauen, Stunts und Nervenkitzel). Am Ende schlägt der Bot eine passende Geschenkempfehlung vor, die direkt zu der entsprechenden Seite im Lego-Onlineshop führt. Dabei ist es möglich, sich weitere Produkte empfehlen zu lassen, mehr Informationen zum Produkt als Chatbeitrag anzeigen zu lassen oder den Kaufprozess neu zu beginnen (Abb. 8.9).

Der gesamte Chat funktioniert ohne Möglichkeit zur freien Texteingabe seitens des Nutzers (das Status-Feld des Messegers ist dabei deaktiviert), sondern läuft ausschließlich über vordefinierte Antwort-Buttons. Dadurch wird das Risiko minimiert, dass der Kunde aus Enttäuschung (etwa weil der Chatbot eine Frage nicht versteht) den Chatvorgang abbricht.

**Click-to-Messenger-Ads konvertieren stärker**
Nach dem großen Erfolg im Weihnachtsgeschäft 2017 beschloss Lego, Ralph dauerhaft online zu lassen. Dabei wurde der Chatbot vom 22. März bis 06. April 2018 noch einmal intensiv beworben („Das perfekte Oster-Geschenk"), um die Werbewirkung von Click-to-Messenger im Vergleich zu Click-to-Website-Ads zu evaluieren:

**Abb. 8.9** Ralph – Lego´s Facebook Messenger Chatbot. (Quelle: Facebook.com/LEGO-Germany)

Im Rahmen dieser Kampagne erzielte Lego einen 3,4-fach höheren ROAS (Anzeigenrendite, Return-on-Advertising-Spend) für Click-to-Messenger-Anzeigen im Vergleich zu Anzeigen, die mit der Lego-Website verlinkt sind. Die Werbungskosten für den Messenger-Einkauf fielen rund 71 % geringer aus im Vergleich zu klick-optimierten Anzeigen. Dabei war der durchschnittliche Einkaufswert, der durch eine Click-to-Messenger-Ad erzielt wurde, um knapp das Doppelte (1,9-fach) höher als bei „normalen" Käufen [6].

**„Excellent Change in Shopping Experience"**
Auch wenn der Lego-Bot funktionell noch ausbaufähig ist (u. a. hinsichtlich der Dialogtiefe oder Möglichkeit zur freien Eingabe) und sich lediglich auf den „harten" Use Case Einkaufsberatung beschränkt (statt bspw. auch Aufbauanleitungen oder die Möglichkeit zur Nachbestellung von verlorenen Teilen zu bieten), zeigen diese Kennzahlen sehr schön, wie sich Service erfolgreich automatisieren lässt – und dabei zu einem positiven Einkaufserlebnis auf Kundenseite führen kann: „This change in shopping experience is excellent. It lets the giftbot (chatbot) feel like a friend giving you advice on what to buy while the website has a normal shopping experience for those who want a familiar way to shop" [1].

## 8.3  Campaigning: Kwitt – Der Bote der Sparkasse

Mit rund 540 Unternehmen und über 312.500 Mitarbeitern ist die Sparkassen-Finanzgruppe, ein Verbund von Akteuren der Finanzbranche (u. a. Kreditinstitute, Versicherungen, Kapitalbeteiligungsgesellschaften, Stiftungen) die größte Kreditinstitutsgruppe Europas [5]. Am 28. November 2016 führte die Sparkassen-Finanzgruppe mit Kwitt (angelehnt an das englische „quit": begleichen) eine neue App ein, um kleinere Geldsummen mobil, schnell und direkt von Smartphone zu Smartphone zu senden. Bis zu einer Höhe von 30 EUR lassen sich mit Kwitt sogar Beträge ohne Eingabe einer TAN überweisen.

Unterstützt wurde die Einführung der neuen Mobile-Payment-App ab Februar 2017 durch die crossmediale Kampagne „Der Bote der Sparkasse" (Kreation: Jung von Matt/Spree): Im Zentrum dieser Kampagne stand ein Facebook-Messenger-Chatbot, der vor allem die PayPal-gewohnte „Generation X" zur Kwitt-Nutzung motivieren sollte: „Mit dieser Kampagne, deren Herzstück der Bot ist, wollten wir bei der Sparkassen ein gravierendes Problem angehen, nämlich, dass wir den Jüngeren nicht als progressiv und fortschrittlich und somit als unattraktiv angesehen werden", erklärte Silke Lehm, Leiterin Marketing-Kommunikation beim deutschen Sparkassen und Giroverband [10] (Abb. 8.10).

**Abb. 8.10** Keine Mauer zu dick: Mit dem Sparkassen-Bot kann der Nutzer Freunde an ihre Schulden erinnern. (Quelle: YouTube.com)

**„Wir sind Kwitt!"**
Im bewussten Bruch mit diesem Image wurde der Chatbot (Facebook.com/wir-sindkwitt) von einem volltätowierten Muskelmann verkörpert. Für die Visualisierung des Bots war Hollywood-Regisseur Harald Zwart verantwortlich, der – je nach Antworten der Nutzer – verschiedene Varianten von unterhaltsamen Videoclips und Fotos produzierte.

Dabei bot der Chatbot im Slang eines Action-Filmes vier verschiedene Services an, um die er sich im Auftrag der Nutzer kümmerte:

- er erinnerte einen Freund an die Rückzahlung seiner Schulden und den genauen Betrag,
- er unterstützte dabei, Geld für ein Event oder ein Geschenk zu sammeln,
- er erinnerte vergessliche Freunde daran, sich zu melden, oder
- er überbrachte Einladungen (z. B. zu Partys oder zu einem Kinoabend).

**Personalisiertes Video**
Nutzer wurden durch den kompletten Chat mit Hilfe vordefinierter Antwortfelder geführt. Für eine direkte Ansprache des Adressaten bestand zugleich die Möglichkeit, die Botschaft in freier Texteingabe zu personalisieren: Dabei erfragte der Bot etwa den Namen des Freundes, die Höhe der Schulden oder den Anlass für eine Einladung. Zum Abschluss des Chats erzeugte „der Bote der Sparkasse" ein personalisiertes Video, das über den Facebook Messenger mit Freunden geteilt werden konnte.

Der Launch von „Der Bote der Sparkasse" erfolgte im Februar 2017 mit einem 60-sekündigen Webfilm auf YouTube und Facebook, unterstützt durch eine umfangreiche Online-Kampagne, die User direkt zum Messenger-Bot führte und mit der Kampagnenseite verlinkt war, auf der die Kwitt-App direkt herunter-geladen werden konnte (sowohl für Android als auch für iOS). Um die Bekannt-heit von Kwitt zu steigern, schaltete der Deutsche Sparkassen- und Giroverband auch Kino-, TV- und Printwerbung für seinen Chatbot [31] (Abb. 8.11).

**Preisgekrönt und erfolgreich**
Für die kreative Konzeption wurde die Kwitt-Kampagne der Sparkassen mit zahlreichen Kommunikations- und Marketingpreisen ausgezeichnet – u. a. bei den Effie Awards (Bronze), beim Wettbewerb des Art Directors Club (zweifach Bronze), bei den Lovie Awards (Silber), den Annual Multimedia Awards (Silber) oder den Digital Communication Awards (Gewinner in der Kategorie "Online Storytelling").

„Die Kombination aus Technik, Kreation und Strategie hat uns zum Erfolg geführt" (Silke Lehm, Leiterin Marketing-Kommunikation, Deutscher Sparkassen- und Giro-verband [10]).

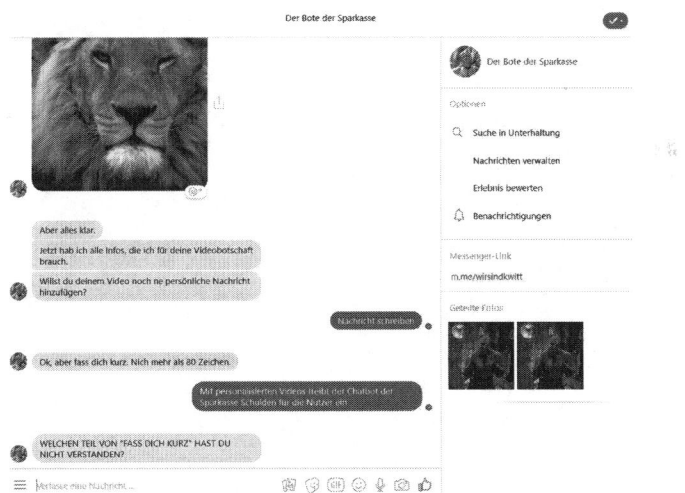

**Abb. 8.11** Kreative Bilder, unterhaltsame Dialoge: Der Bote der Sparkasse punktete mit Humor bei den Nutzern. (Quelle: Messenger.com/t/wirsindkwitt)

Der Bote der Sparkasse ist nicht nur unterhaltsam und bringt den Mehrwert der neuen Payment-Funktion der Sparkassen auf den Punkt. Er zählt bis heute zu den erfolgreichsten deutschen Chatbots.

Bereits innerhalb der ersten vier Wochen erstellten 48.840 Personen 85.458 individuelle Videos, bei denen der Bote an die Tür ihrer Freunde klopft. Die Anzahl der App-Downloads/Kwitt-Registrierungen während der Kampagne konnte um über 350 % gesteigert werden. Die Anzahl der Kwitt-Transaktionen stieg um 38 % [28].

## Literatur

1. Alleycat Code (2018): Yes, you can buy legos on messenger. ChatbotsLife.com. https://chatbotslife.com/yes-you-can-buy-legos-on-messenger-7f84f7e96c0b. Zugegriffen: 08.01.2019.
2. Bitkom (2017): Jeder Vierte will Chatbots nutzen. Bitkom.org. https://www.bitkom. org/Presse/Presseinformation/Jeder-Vierte-will-Chatbots-nutzen.html. Zugegriffen: 06.01.2019.
3. Constine Josh (2016): Facebook launches Messenger platform with chatbots. Tech-Crunch.com. https://techcrunch.com/2016/04/12/agents-on-messenger/. Zugegriffen: 06.01.2019.
4. Constine Josh (2018): Facebook tiptoes into translation within Messenger. TechCrunch. com. https://techcrunch.com/2018/05/01/facebook-messenger-translation/. Zugegriffen: 06.01.2019.
5. Deutscher Sparkassen- und Giroverband (2019): Verbundstruktur. Deutscher Sparkassen- und Giroverband online. DSGV.de. https://www.dsgv.de/sparkassen-finanz-gruppe/organisation/verbandsstruktur.html. Zugegriffen: 09.01.2019.
6. Facebook (2019): LEGO: Increasing sales conversions with a bot for Messenger. https:// www.facebook.com/business/success/2-lego. Zugegriffen: 08.01.2019.
7. Gastrofix (2018): Innovatives Self-Ordering via Messenger-Chatbot Wie „Marc" das Bestellen im Restaurant revolutioniert. Pressemitteilung. https://www.gastrofix.com/ wp-content/uploads/2019/01/pm-gastrofix-self-ordering-via-chatbot-.pdf. Zugegriffen: 08.01.2019.
8. Habel Matthias (2018): Messenger und Chatbots bei WetterOnline. Schriftliches Interview für MessengerPeople. Juli 2018.
9. Hauß Katja (2018): Virtuelle Online-Hilfe im O2 Kundenservice überzeugt Fachjury. Blog. Telefonica.de. https://blog.telefonica.de/2018/03/cat-award-fuer-telefonica-manager-vir-tuelle-online-hilfe-im-o2-kundenservice-ueberzeugt-fachjury/. Zugegriffen: 07.01.2019.
10. Hölting Sarah (2017): „Kwitt" durch Artifical Intelligence: Sparkassen-Muskelmann als Inkasso-Bot für die Generation Z. Absatzwirtschaft.de. http://www.absatzwirt-schaft.de/kwitt-durch-artifical-intelligence-sparkassen-muskelmann-als-inkasso-bot-fuer-die-generation-z-118603/. Zugegriffen: 08.01.2019.

11. Horizont.at (2016): Am Anfang der Chatbot-Revolution. Horizont Österreich online. https://www.horizont.at/home/news/detail/am-anfang-der-chatbot-revolution.html. Zugegriffen: 08.01.2019.
12. Kremming Katharina (2017): MessengerPeople realisiert Chatbot für Sommer-Gewinnspiel der Urlaubspiraten. MessengerPeople.com. https://www.messengerpeople.com/de/whatsbroadcast-realisiert-chatbot-fuer-sommer-gewinnspiel-der-urlaubspiraten/. Zugegriffen: 08.01.2019.
13. Kremming Katharina (2018): MessengerPeople Studie 2018: 10 Millionen Menschen nutzen bereits Messenger Services, um mit Unternehmen zu kommunizieren. MessengerPeople.com. https://www.messengerpeople.com/de/insights-messenger-kommunikation/. Zugegriffen: 06.01.2019.
14. Lecker (2019): Rezepte suchen per WhatsApp – so geht's! Lecker.de. https://www.lecker.de/rezepte-suchen-whatsapp-so-gehts-68932.html. Zugegriffen: 08.01.2019.
15. Lego (2019): Brand Catalogue (ENMEA). 1st half year 2019. https://catalogs.lego.com/BrandCatalog/1hy2019/reemea/enmea/#/. Zugegriffen: 08.01.2019.
16. Lenz Johannes (2018): Alles was du über Chatbots wissen musst! MessengerPeople.com. https://www.messengerpeople.com/de/alles-was-du-ueber-chatbots-wissen-musst/. Zugegriffen: 06.01.2019.
17. Lenz Johannes (2018): Wie Chatbots im Kundenservice erfolgreich eingesetzt werden. MessengerPeople.com. https://www.messengerpeople.com/de/wie-chatbots-im-kundenservice-erfolgreich-eingesetzt-werden/. Zugegriffen: 07.01.2019.
18. Lenz Johannes (2018): Muttertag & WhatsApp: „Mami, Du Bisch Die Bescht" von NIVEA Schweiz. MessengerPeople.com. https://www.messengerpeople.com/de/muttertag-whatsapp-bot-nivea-schweiz/. Zugegriffen: 08.01.2019.
19. Lenz Johannes (2018): Messenger Kommunikation: 18 Kundenservice- und Digitalexperten über die Trends 2019. MessengerPeople.com. https://www.messengerpeople.com/de/messenger-kommunikation-18-kundenservice-und-digitalexperten-trends-2019/. Zugegriffen: 13.01.2019.
20. Maggi (2019): Hallo Kim – der MAGGI Chatbot ist da! Maggi.de. https://www.maggi.de/artikel/chatbot-kim. Zugegriffen: 08.01.2019.
21. Marr Bernard (2018): As Google Home Fights Amazon Echo We Ask: What Really Is Natural Language Generation and Processing? Forbes.com. https://www.forbes.com/sites/bernardmarr/2018/01/12/as-google-home-fights-amazon-echo-we-ask-what-really-is-natural-language-generation-and-processing/#6e72059356ab. Zugegriffen: 06.01.2019.
22. Mc Carthy John (2017): Meet Lego's Facebook Messenger chatbot Ralph, a helpful alternative to bricks and mortar. TheDrum.com. https://www.thedrum.com/news/2017/11/23/meet-lego-s-facebook-messenger-chatbot-ralph-helpful-alternative-bricks-and-mortar. Zugegriffen: 08.01.2019.
23. Mehner Matthias (2018): Chatbot Gewinnspiele und Aktionen auf WhatsApp – so gehts! MessengerPeople.com. https://www.messengerpeople.com/de/chatbot-gewinnspiele-und-aktionen-auf-whatsapp-so-gehts/. Zugegriffen: 08.01.2019.
24. Mehner Matthias (2018): Wie wir mit Hilfe von Messenger Ads und einem Chatbot qualifizierte Leads generieren konnten. Hutter Consult. https://www.thomashutter.com/gastbeitrag-wie-wir-mit-hilfe-von-messenger-ads-und-einem-chatbot-qualifizierte-leads-gewinnen-konnten/. Zugegriffen: 08.01.2019.

25. PIDAS (2017): Benchmark-Studie: Kundenservice im digitalen Zeitalter. https://www. pidas.com/de/benchmark-studie. Zugegriffen: 07.01.2019.
26. Rolf Christian (2018): Wenn Roboter Intelligenz entwickeln. Ein Überblick über die Chatbot-Trends 2018. Digital Publishing Report 03/2018. https://digital-publishing-report.de/wp-content/uploads/dpr/ausgaben/dpr_Heft3_2018.pdf. Zugegriffen: 07.01.2019.
27. Schmoll-Trautmann Anja (2017): Studie: Chatbots stoßen in Deutschland kaum auf Interesse. ZDnet.de. https://www.zdnet.de/88299275/studie-chatbots-stossen-in-deutschland-kaum-auf-interesse/. Zugegriffen: 06.01.2019.
28. Snoeck Pieter (2018): Jung von Matt/Spree: Der Kwitt-Chatbot der Sparkassen-Finanzgruppe. Schriftliches Interview für MessengerPeople. Juli 2018.
29. Statista (2017): Welchen Persönlichkeitstyp eines Chatbots würden Sie präferieren? Statista.de. https://de.statista.com/statistik/daten/studie/740032/umfrage/bevorzugte-persoenlichkeit-von-chatbots/. Zugegriffen: 06.01.2019.
30. Tagesschau (2018): Novi. Tages – Nachrichten im Chatformat. Tagesschau.de. https:// www.tagesschau.de/inland/novi-103.html. Zugegriffen: 08.01.2019.
31. Unckrich Bärbel (2017): Jung von Matt zeigt, wie kreatives Storytelling mit einem Chatbot funktioniert. Horizont.net. https://www.horizont.net/marketing/nachrichten/ Sparkassen-Kampagne-Jung-von-Matt-zeigt-wie-kreatives-Storytelling-in-Kombination-mit-einem-Chatbot-funktioniert-145936. Zugegriffen: 09.01.2019.
32. WhatsApp (2019): WhatsApp Business App. https://www.whatsapp.com/business. Zugegriffen: 06.01.2019.
33. WhatsApp (2019): WhatsApp Business Richtlinie. https://www.whatsapp.com/legal/ business-policy/. Zugegriffen: 06.01.2019.
34. Woelk Ulrich (2016): „Das sagten Sie bereits". Zeit online. https://www.zeit.de/2016/02/ eliza-software-computer-konversation. Zugegriffen: 06.01.2019.

# Fünf Schritte zur eigenen Messenger-Strategie

**9**

**Zusammenfassung**

Bevor Unternehmen mit Messenger Marketing starten, sollten sie sich eine geeignete Strategie zurechtgelegt haben. Von teurer Unternehmensberatung, langwierige Studien und allzu verkopften PowerPoint Präsentationen ist allerdings abzuraten. Dieses Thema ist noch so jung und entwickelt sich so rasend schnell weiter, dass es besser ist sich einfach den 5 wichtigsten Fragen klar zu werden und dann zu starten: Was wollen Sie erreichen? Was interessiert und schafft Mehrwert? Was sind meine individuellen KPIs? Wie mache ich meinen Messenger Kanal bekannt? Und: wie messe ich Erfolg und optimiere kontinuierlich?

*Stephan Schreyer*

„Die niederschwelligste Art innerhalb und mit Dialogen unterhaltsamen Handel zu (be)treiben wird dank des Einsatzes von Messaging Kommunikation über iMessage, WhatsApp und Co. eine völlig neue, bisher ungekannte Stufe der B2B2C Kommunikation ermöglichen" (Daniel Backhaus, Berater und Experte für Customer Experience und Customer Service [3]).

Die Welt der Messenger kennen Sie nun. Sie wissen, was WhatsApp, iMessage, Facebook Messenger und Co. können und welche Rolle Chatbots dabei spielen. Sie sind mit den Besonderheiten von Messenger vertraut und wissen, wer sie wie und wann nutzt. Soweit zur Theorie. Wie setzen Sie jetzt all das Wissen in die Praxis um? Wie bringen Sie Ihr eigenes Messenger Projekt auf die Schiene?

Sie brauchen zwingend Ihre individuelle Messenger Strategie!

Keine Panik, es geht nicht darum, ein dickes Konzeptionspapier zu entwerfen, an dessen Ende Sie nicht mehr wissen, was auf Seite 12 steht. Mit ein paar wenigen Punkten soll Ihnen dieses Kapitel helfen, ein Verständnis für strategisches, konzeptionelles Denken und Arbeiten zu entwickeln. Nicht mehr und nicht weniger. Die Einsatzmöglichkeiten von Messenger als Kanal sind vielfältig (Sales, PR, Kundenservice, Marketing etc.). Entsprechend individuell sind Ziele und Konzepte. Deshalb kann der hier zur Verfügung stehende Rahmen nur einen ersten groben Einstieg bieten.

Dabei liegt der Fokus klar auf dem Praxisbezug und hilft bei einer „hands on"-Vorgehensweise. Dieses Kapitel gibt Ihnen jene Punkte an die Hand, die quasi allgemeingültig sind. Dieses Vorgehen reduziert Komplexität, schafft Struktur und sorgt für weniger Überraschungen als aus dem Bauchgefühl heraus.

Kommen wir also zurück auf Ihre individuelle Messenger-Strategie. Grundsätzlich gilt: Diese leitet sich immer aus der Unternehmens-, Kommunikations-, Marketing- oder Vertriebsstrategie ab. Also sollten Sie diese kennen und sich dann überlegen: Wie kann der Messenger als Maßnahme zur erfolgreichen Umsetzung dazu beitragen? Kommunikation via Messenger ist immer nur eine Maßnahme im Marketing-, Kommunikations- oder Vertriebsmix. Los geht's!

**In fünf Schritten zur Messenger Strategie**
Die folgenden fünf Schritte können Sie dabei unterstützen, Ihre individuelle Messenger Strategie zu entwickeln:

1. Ziel: Was wollen Sie erreichen? Wobei kann der Messenger unterstützen?
2. Fakten: Was wissen Sie über Ihre Stakeholder, sich selbst und Ihre Produkte, Services und Co.? Was interessiert und schafft Mehrwert?
3. KPI: Definieren Sie Ihre individuellen KPIs!
4. Investieren Sie in Werbung und PR.
5. Messen: Werten Sie kontinuierlich aus und passen Sie an (Abb. 9.1).

Wenn Sie sich nicht mit diesen fünf Punkten beschäftigen, laufen Sie Gefahr, dass Ihr Messenger-Projekt „untergeht". Der Grund ist einfach: Sie befassen sich nicht mit den essenziellen Fragestellungen, Herausforderungen, Besonderheiten Ihres Unternehmens, Ihrer Branche und den Wünschen der Stakeholder. Doch diese müssen Sie zwingend berücksichtigen. Diese Punkte sind erfolgsentscheidend.

Noch ein Tipp: Lernen Sie jeden Tag dazu, indem Sie sich informieren! Abonnieren Sie möglichst viele Messenger-Newsletter von Unternehmen und Branchen. Am besten querbeet. So bekommen Sie ein Gefühl für das Format. Schreiben Sie sich ganz profan auf, was Ihnen passend erscheint und was

**Abb. 9.1**  Die 5 Schritte
zur Konzeption der
perfekten Messenger-
Strategie. (Quelle: eig.
Darstellung)

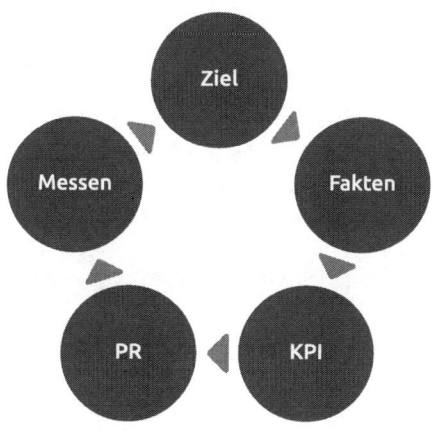

nicht. Ganz wichtig: Notieren Sie sich auch, WARUM Ihnen etwas zusagt oder
nicht. Versuchen Sie bei Ihrem Messenger-Projekt immer auch, den Blick durch
die Corporate-Brille durch den des Privatmenschen zu ergänzen. Abhängig von
der Zielsetzung hilft Ihnen dieser Betrachtungswinkel dabei, dass Sie als Unternehmen nur das anbieten, was Sie als Privatmensch interessiert – und nicht nervt.

## 9.1    Ziel

Ziele sind höchst individuell und müssen zu Ihrem Unternehmen passen. Mehr
nicht! Gleichfalls müssen sie realistisch und (durch Sie) messbar sein. Stellen Sie
sich also die Fragen:

- „Bei welchem Kommunikations-, Marketing-, oder Vertriebs-Ziel könnte uns
  der Messenger unterstützen, es zu erreichen?"
- „Welches Ziel wollen wir mit dem Messenger erreichen"
- „Warum wollen wir einen Messenger starten?"

  Einfach dabei sein, dem Hype folgen, das reicht nicht als Ziel.

Ziele könnten beispielsweise folgende sein: neue Kunden generieren, Umsatz
erhöhen, zusätzlichen Distributionskanal schaffen, Etablierung eines Kanals für
die interne Kommunikation, Aufbau eines weiteren Channels für den Kundenservice, Image steigern, einen direkten und schnellen PR-Kanal aufbauen – die
Liste potenzieller Ziele ist lang.

Ein definiertes Ziel kann sich natürlich jederzeit ändern oder muss nach-
geschärft werden. Wir befinden uns bei der Zieldefinition im ersten Schritt von
fünf. Weitere Fakten zu Stakeholdern und Co., kennen wir an dieser Stelle streng
genommen noch gar nicht oder nicht im Detail. Denn diese Betrachtung folgt
im nächsten Schritt. Es kann daher sein, dass wir etwa in einem der folgenden
Schritte feststellen, dass unser Ziel mit einem Messenger nicht erreichbar ist, weil
beispielsweise die Zielgruppe nicht affin genug dafür ist oder sich Messenger als
Kanal nicht eignet, nicht ausreichend Ressourcen zur Verfügung stehen …

Verstehen Sie daher die fünf Schritte nicht als statisch, sondern bearbeiten Sie
diese agil. Hilfreich ist die Vorstellung einer Art Trichter, den man mit Informationen füllt, ihn feinjustiert und am Ende das richtige Ergebnis erhält.

## 9.2    Fakten

Der zweite Schritt dient grundsätzlich dazu, zu erarbeiten, was (potenzielle) Kunden interessiert. Der (potenzielle) Kunde steht immer im Mittelpunkt. Fragen Sie
sich, was ihm einen Mehrwert bietet oder für ihn Probleme lösen kann.

Um das herauszufinden, müssen Sie Informationen sammeln, kombinieren,
verdichten und Rückschlüsse ziehen. Im weiteren Verlauf verwenden wir aus
Gründen der Einfachheit das Wort „Kunde" synonym für Stakeholder. Zum Beispiel sind Journalisten „Kunden" der PR oder Anwohner eines Chemiewerkes
sind „Kunden" (Betroffene) desselbigen.

**Was wissen Sie über Ihre Kunden?**
Wer sind Ihre Kunden und warum? Warum kaufen sie bei Ihnen oder beauftragen
Sie? Warum bevorzugen sie Ihr Produkt oder Ihre Dienstleistung? Weshalb entscheiden sie sich für Sie und nicht für die Konkurrenz? Was wünschen sich Ihre
Kunden von Ihnen? Wer sind Ihre Kunden (Mann, Frau, Alter, Haushaltsnettoein-
kommen etc.)? An welchen Themen sind sie interessiert? Diese Liste lässt sich
unendlich fortführen. Je länger sie wird, desto besser. Sie zeigt Ihnen, wie viel Sie
wissen.

Generell gilt: Je mehr Sie über Ihre Kunden und Ihre Wünsche, Bedürfnisse
und Fragen informiert sind, desto besser. Hilfreich ist auch die Visualisierung
Ihrer Ergebnisse, das sorgt für Übersichtlichkeit.

▶     **Tipp:** Häufig haben die Marketing-Kollegen und das Sales-Team
      bereits detaillierte Informationen vorliegen. Fragen Sie dort nach!

**Was wissen Sie über Ihre potenziellen Kunden?**
Das Prinzip ist ähnlich wie im obigen Abschnitt. Wenn Sie neue Kunden generieren möchten, dann müssen Sie wissen und verstehen, wie diese „ticken". Mit welchen Angeboten können Sie diese zum Kunden machen? Wie einen Mehrwert bieten? Wo finden Sie Ihre potenziellen neuen Kunden? Warum sind diese bisher noch nicht bei Ihnen? Auch hier lässt sich die Liste unendlich fortführen und es gilt: Je mehr Sie über Ihre potenziellen Kunden und Ihre Wünsche, Bedürfnisse oder Fragen etc. wissen – desto besser.

**Was wissen Sie über sich selbst und Ihre Branche?**
Was wissen Sie über Ihr Unternehmen und Ihre Produkte? Wer sind die Konkurrenten und was machen diese anders? Wie entwickelt sich der Markt? Warum das wichtig ist? Stellen Sie sich vor, Sie haben in den oben genannten Punkten festgestellt, mögliche Kunden sind speziell an einem Thema rund um Ihr Fachgebiet interessiert. Ärgerlich, wenn Ihnen ausgerechnet zu diesem Thema die besondere Expertise fehlt, Sie das gewünschte Produkt nicht in der nachgefragten Qualität im Sortiment haben oder gar am Markt vorbei produzieren. Zapfen Sie alle Informationsquellen an, die es gibt, und sammeln Sie Input!

Gleichfalls gilt es in diesem Punkt Ihre Ressourcen zu überprüfen. Verfügen Sie neben inhaltlichem Wissen auch über Ressourcen in Form von Technik, Personal, Zeit und Geld, um das Thema Messenger zu pushen? Erinnern Sie sich an Abschn. 9.1 und das Stichwort „realistische Ziele"? Jedes noch so gut definierte Ziel wird nicht erreichbar sein, wenn Ihnen die notwendigen Ressourcen und/oder fundiertes Wissen fehlen.

Sammeln Sie alle Fakten, kombinieren Sie und werten Sie aus! Auch hier gilt: Je mehr Informationen Sie haben, desto besser. Spiegeln Sie die Perspektiven „intern" versus „extern". Prüfen Sie, ob Ideen auch bei Ihren Kunden Relevanz besitzen. So finden Sie Ansätze, Ideen, Inhalte, Content und Co., um Ihr Messenger-Projekt erfolgreich zu positionieren. Nur so schaffen Sie echten Mehrwert für Ihre (potenziellen) Kunden. Diese Vorgehensweise ist noch keine Erfolgsgarantie. Aber sie reduziert Komplexität und liefert Impulse für Ihr individuelles Vorgehen.

Tipp: Kennen Sie die wichtigsten Suchmaschinen-Keywords Ihres Unternehmens, der Produkte, Services und die der potenziellen Kunden. Wer sucht Sie und wie im Internet? Durch diese externen Informationen generieren Sie weiteres wichtiges Wissen. Daraus können Sie neue Ideen entwickeln. Mit dem „SCOM-Themenscore" können Sie diese Themen außerdem priorisieren. Das hilft Ihnen, intern die richtigen und wichtigen Themen zu identifizieren [2].

## 9.3    Key Performance Indicators (KPIs)

Sie haben Ihr Ziel definiert, die Fakten im Blick. Jetzt geht es an die Kennzahlen. Entscheidend ist: Sie müssen Kennzahlen zusammenstellen, mit denen Sie Ihr individuelles Ziel messen können, das Sie in Abschn. 9.1 festgelegt haben. Der häufigste Fehler ist, mit allgemeinen Kennzahlen-Cockpits zu arbeiten.

   Sie brauchen ein individuelles Kennzahlen-Cockpit für Ihr individuelles Ziel. Im Idealfall können Sie möglichst viele Kennzahlen aus eigener Kraft erheben, das spart Ressourcen und Sie sind nicht auf externe Dienstleister angewiesen. Kombinieren Sie verschiedene Kennzahlen, so können Sie bessere Rückschlüsse ziehen.

▶   **Tipp:** Der Bundesverband Digitale Wirtschaft (BVDW) e. V. hat ein kostenloses KPI-Framework und ein ebenso kostenloses Tool veröffentlicht [1]. Mit beiden kann man zügig typische KPIs für sein Content-Marketing-Projekt entwickeln.

## 9.4    PR und Werbung

Sie haben das Ziel definiert, die Fakten im Blick und Ihre Kennzahlen geklärt. Jetzt geht es um Öffentlichkeit für Ihr Projekt. Ihr Messenger-Projekt ist startklar. Wie schaffen Sie es nun, Ihren Kanal bekannt zu machen?

   Sie brauchen eine Reichweitenstrategie.

Denken Sie wieder vom Ziel und der Zielgruppe her. Vereinfacht gesagt: Wo finden Sie die Menschen, die Ihren Messenger-Kanal nutzen und damit interagieren sollen?

   Wo und wie würden Sie nach dem Kanal suchen? Genau dort sollten Sie Werbung schalten, um auf sich aufmerksam zu machen.

   Ein noch so gut gemachter Messenger-Kanal ist zum Scheitern verurteilt, wenn ihn keiner findet und Interaktionen nicht stattfinden. Daher sind PR-/Werbe-Maßnahmen essenziell für Ihren Erfolg!

▶   **Tipps** Arbeiten Sie den USP ihres Kanals heraus und nutzen Sie diesen für die Kommunikation.

   Verweisen Sie prominent auf Ihrer Website, in der E-Mail Signatur, Newsletter, Social Media, Telefonansage, Printprodukte usw. auf Ihren Kanal.

Nutzen Sie auch alle externen Medien und Möglichkeiten zum Bewerben. Sei es auf Events, Flyern, Visitenkarten etc.

*Sorgen Sie dafür, dass Sie gefunden und nicht gesucht werden!*

Zusammengefasst: Nutzen Sie alle Optionen, die Ihnen zur Verfügung stehen, um auf Ihren Messenger-Kanal hinzuweisen!

## 9.5 Messung

Sie haben das Ziel definiert, die Fakten im Blick, Ihre Kennzahlen festgelegt und Ihr Messenger-Projekt ist an den richtigen Stellen bekannt. Jetzt geht es darum, agil zu bleiben und Ihr Projekt laufend anzupassen. Das bedeutet: Checken Sie regelmäßig und standardisiert die relevanten Zahlen Ihres Messenger-Kanals.

Die Praxis hat gezeigt, dass es einfacher ist, die Checks z. B. in den Kalender einzutragen und feste Termine für Pre-Meetings zu fixieren. So behalten Sie den Überblick.

Überprüfen Sie regelmäßig Ihre Kennzahlen auf Veränderungen und Entwicklungen. Diese Regelmäßigkeit sorgt dafür, dass Sie im Bedarfsfall zeitnah eingreifen können. Sie könnten z. B. Veränderungen in der PR vornehmen oder Themen, die gut funktionieren, ausbauen. Seien Sie auch konsequent und mutig und streichen Themen, die weniger gut funktionieren. Halten Sie an nichts fest, das zwar im Redaktionsplan steht, aber ergebnislos bleibt. Nichts ist statisch. Hinterfragen Sie Ihre Arbeit immer wieder.

## Literatur

1. Bundesverband Digitale Wirtschaft BVDW (2018). KPI Finder. https://kpi-finder.com/. Zugegriffen: 14.01.2019
2. Lange Mirko (2018): Die SCOM Checkliste „Themenscore und Themenscope". Scompler.com. https://scompler.com/scom-checkliste-themenscore/. Zugegriffen: 14.01.2019
3. Lenz Johannes (2018): Messenger Kommunikation: 18 Kundenservice- und Digitalexperten über die Trends 2019. MessengerPeople.com. https://www.messengerpeople.com/de/messenger-kommunikation-18-kundenservice-und-digitalexperten-trends-2019/. Zugegriffen: 14.01.2019

# Faktoren für erfolgreiches Messenger Marketing 10

**Zusammenfassung**

Um erfolgreiches Messenger Marketing zu betreiben benötigt es neben einer Strategie auch Mut zum Ausprobieren und Erfahrung. Dieses Kapitel gibt einen Überblick aus sehr vielen und sehr unterschiedlichen Projekten. Viele Unternehmen haben schon erfolgreich Messenger integriert und wissen wie sich zum Beispiel schnell hohe Reichweite aufbauen lässt. Auch gibt dieses Kapitel praktische Tipps zur Content Strategie und zur Distribution der Inhalte. Wann und wie soll ich eine WhatsApp verschicken? Wie überzeuge ich meinen Chef von der Idee und errechne ich den Return on Investment?

## 10.1 Strategie & Content

„Brands that focus on integrating a messenger marketing strategy into their broader customer journey and sales funnel can see benefits from users that would prefer messaging. Carefully map your customer journey and funnels so you can define and then test the best moment to offer your audience value by allowing them to interact with your brand on their terms and with their preferred medium" (KJ Prince, Digital-Marketing-Berater, Insurance Engine [7]).

Einer der größten Vorteile der Messenger-Kommunikation liegt in ihren nahezu universellen Einsatzmöglichkeiten. Dabei kann Business-Messaging in zahlreichen Bereichen zum profitablen Wachstum eines Unternehmens beitragen.

Wie das Beispiel der Urlaubspiraten zeigt, eignen sich WhatsApp und Co. zur *Lead-Generierung*. Die Nordwest-Zeitung oder WetterOnline nutzen Messenger-Services, um den *Traffic* auf ihren Websites zu steigern und dadurch (in Form von Paid-Content bzw. Werbung auf der Seite) *direkte Erlöse* zu

© Springer Fachmedien Wiesbaden GmbH, ein Teil von Springer Nature 2019          177
M. Mehner, *Messenger Marketing*,
https://doi.org/10.1007/978-3-658-26060-6_10

erzielen. Die Sparkassen-Finanzgruppe setzt auf Messenger, um sich eine *neue Zielgruppe* zu erschließen. Südzucker und Transgourmet nutzen WhatsApp zur *B2B-Kommunikation* mit Lieferanten und Geschäftspartnern. Your Superfoods (vgl. Kap. 6) gelang es, mit Messenger-Nachrichten die Zahl der *Warenkorbabbrüche* im Onlineshop deutlich zu senken. Lego und Brille24 leisten über Messenger *Kundenservice und geben Produktempfehlungen.* Die Hamburger Hochbahn setzt Messenger ein, um Kunden über Verspätungen oder Ausfälle frühzeitig zu informieren und dadurch die *Servicequalität* zu verbessern. Mercedes Benz Vans erzielte mit einer Messenger-Kampagne erfolgreich *Awareness* für seine Brand. Und Intersport Hübner gelingt es via Business-Messaging, Kunden von der digitalen in die *analoge Interaktion, in die Läden vor Ort,* zu führen.

**Ziele definieren**
Bevor sich ein Unternehmen für den Einsatz von Messengern entscheidet, sollte es daher sehr konkret klären,

a) zur Erfüllung welcher unternehmerischer *Ziele* der neue Kommunikations- kanal eingesetzt werden soll,
b) welche *Touchpoints* des Unternehmens sich für WhatsApp und Co. eignen,
c) für welche *Zielgruppe* der neue Service gewinnbringend eingesetzt werden kann, und
d) wie sich durch exklusive *Interaktionsmöglichkeiten oder Inhalte* eine hohe Relevanz generieren lässt (vgl. auch Abschn. 7.3).

Dabei ist es hilfreich, die gesamte Customer Journey eines Unternehmens zu analysieren: über den reinen Sales-Funnel hinaus auch die Bereiche Afters Sales und Advocacy. „Knapp die Hälfte des Marketingbudgets fließt in Kontaktpunkte, die für Kunden irrelevant sind. Dem systematischen Management der Berührungspunkte zwischen Kunde und Marke wird zu selten die nötige Aufmerksamkeit gewidmet", rät Professor Dr. Franz-Rudolf Esch. Was prinzipiell für alle Marketingmaßnahmen gilt, gilt auch für den Einsatz von WhatsApp und Co.: Messenger Marketing ist „kein Resultat von Hau-Ruck-Aktionen. Was hilft ist, sich als einen ersten Schritt feste Ziele zu stecken und die Markenidentität als Richtschnur zu nutzen" [2].

**Keine Massenwerbung, kein Spam!**
Dabei sollte man beachten, dass sich Messenger Marketing vom „normalen" Online-Marketing sowie vom „klassischen" Marketing dadurch unterscheidet, dass es sich in den meisten Anwendungsbereichen nicht um Massenkommunikation handelt [8]. „Gute" Messenger-Kommunikation bedeutet: Unternehmen treten in persönlichen Kontakt mit Interessenten oder Kunden.

„Messenger marketing is exciting and offers great claims for amazing open rates compared to email. While this might be true, the reality is it's just another inbox. Many rushed into SMS marketing for the same reasons but failed to realize these new channels still have to be respected for style and message frequency. Treat this channel as another touchpoint and as a private inbox to gain traction" (Todd Earwood, Gründer und CEO, MoneyPath [7]).

WhatsApp und Co. werden von den Nutzern bislang vor allem als sehr persönliche, private Kanäle wahrgenommen. Mit der Nutzung von Messengern befindet sich ein Unternehmen auf einer Kommunikationsebene mit Familie, Freunden und Kollegen seiner Kunden. Dies sollte man bei der Wahl des optimalen Contents für den unternehmenseigenen Messenger-Kanal berücksichtigen.

**Die Content-Strategie**
Ähnlich wie bereits bei Social Media oder dem E-Mail-Newsletter-Versand gibt es für Unternehmen in der Praxis nicht die eine, ultimative Content Strategie. Generell gilt: Je exklusiver die Inhalte sind, die ein Unternehmen via Messenger bietet, desto größer ist der Mehrwert für den Nutzer – und desto erfolgreicher wird die neue Plattform sein.

Schon in den Anfängen von Facebook und Twitter reichte es nicht, einfach Pressemitteilungen und Produktinformationen zu posten, um auf den neuen Kanälen erfolgreich zu sein. Das trifft erst recht auf das Messenger Marketing zu: WhatsApp ist für den schnellen Austausch von Informationen entwickelt worden. So wird der Messenger von den Kunden genutzt – und geliebt. Die besten News sind daher die, die innerhalb weniger Sekunden erfasst und als relevant eingestuft werden können.

**Kurz und abwechslungsreich**
Ein aussagekräftiges Teaser-Bild und kurze Texte mit Link helfen den Nutzern, schnell und einfach den wesentlichen Inhalt zu erfassen. Aber auch die speziellen Möglichkeiten von Messengern – wie zum Beispiel Sprachnachrichten oder Videos – gehören zu einem professionellen Medienmix.

Dabei sollten WhatsApp und Co, fester Bestandteil der Multichannel-Kommunikationsstrategie eines Unternehmens sein, wie es bei ProSiebenSat. 1 TV Deutschland der Fall ist. Für die Reality-Show „Promi Big Brother" nutzte die Sendergruppe WhatsApp, um den Fans des TV-Formats exklusive, nur auf diesem Kanal verfügbare Hintergrund-Informationen und Sprachnachrichten zukommen zu lassen [17] (Abb. 10.1).

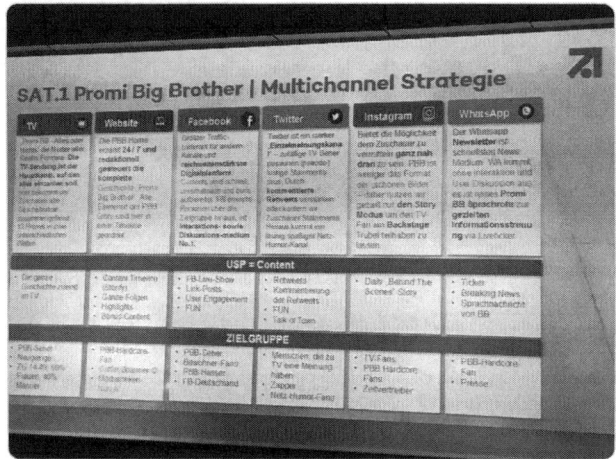

02:01 - 20. Okt. 2017 aus Köln, Deutschland

**Abb. 10.1**  Multi-Channel: Messenger sind bei ProSiebenSat. 1 integraler Bestandteil im Kommunikationsmix. (Quelle: Twitter.com)

**Content ja – aber woher?**
Nahezu jede Organisation verfügt über ein unbegrenzte Menge an hochwertigem Content, der allerdings in der Praxis meist noch nicht als solcher erfasst und/oder niedergeschrieben wurde: Das beginnt bei den FAQs, die ein einfacher Messenger-Chatbot beantworten können sollte, aber zugleich deutlich verraten, wo die Befürchtungen und Unsicherheiten der meisten Kunden liegen. Diese könnten in einer Message des Unternehmens anhand eines Beispiels charmant thematisiert und ausgeräumt werden.

> „Nobody cares about your products and services (except you). People care about themselves and how you can solve their problems" (David Meerman Scott, Online-Marketing-Experte und Bestseller-Autor [16]).

Unternehmen, die hochwertigen Content via WhatsApp und Co. anbieten wollen, sollten sich daher mit folgenden Fragen beschäftigen:

• Wie sieht der „typische" Kunde (Customer- oder Buyer-Persona) aus?
• Was möchte die Persona?
• Welche Dinge unternimmt, nutzt oder braucht sie grundsätzlich in ihrem Leben?
• Welchen täglichen Probleme und Herausforderungen beschäftigen sie?
• Welchen Trends folgt die Persona und wo informiert sie sich? [1]

Je besser Marken ihre Kunden, Geschäftspartner und Stakeholder verstehen – desto einfacher wird es für sie, den „richtigen Ton" zu treffen und relevante Inhalte auf ihren Messenger-Kanälen anzubieten.

Auch der Kundenservice und die Sales-Abteilung eines Unternehmens sind in der Regel wertvolle Contentquellen für abwechslungsreiches, unterhaltsames Storytelling rund um die eigene Brand – ebenso wie das Feedback der Kunden. So lassen sich Inhalte und Tipps erstellen, wie die Kunden das Produkt eines Unternehmens (noch) effizienter nutzen können. Oder auch: Für welche anderen Einsatzzwecke man das betreffende Produkt noch verwenden könnte …

**Tipps für erfolgreiches Business-Messaging**
Im Jahr 2015 haben die ersten Unternehmen in Deutschland damit begonnen, Messenger-Apps für ihre geschäftliche Kommunikation zu nutzen. Aus den zwischenzeitlich gesammelten Erfahrungswerten lassen sich konkrete Tipps für erfolgreiches Business-Messaging ableiten:

*Schnelles Feedback:* Messenger-Nutzer haben bestimmte Erwartungen an die Messenger-Kommunikation mit einem Unternehmen – nicht zuletzt aufgrund ihrer Erfahrungen beim Messaging mit Freunden oder der Familie. Sie erwarten eine Antwort auf ihre Nachricht – und zwar möglichst zeitnah [4]. Ist es beabsichtigt, den Messenger-Kanal ausschließlich zum Versenden von Informationen zu nutzen (etwa bei den U-Bahn-Alerts der Hamburger Hochbahn), sollte das klar kommuniziert werden. Außerhalb der Geschäftszeiten können automatisierte Antworten (Abwesenheits-Messages) oder besser noch: Chatbots auf Anfragen antworten.

*Visualisierung:* Die größten Erfolge im Messenger Marketing verzeichnen Unternehmen, die in ihren Nachrichten kreativ mit den visuellen Erwartungen der Kunden spielen. So lässt sich der „Charakter" einer Marke mit Emojis und in unverwechselbarer Bild -(GIFs) und Videosprache ausdrücken [4].

*Personalisierung:* Marken sollten Persönlichkeit zeigen. „Raus aus dem Business-Modus, rein in den Chat-Modus!" Oder, in Anlehnung an einen SPD-Claim aus dem Bundestagswahlkampf 2013: „Es ist nicht das (formelle) SIE – das DU entscheidet!". 95 % der Unternehmen, die in Deutschland Messenger einsetzen, duzen ihre Kunden und verwenden dabei zwischen 3 und 5 Emojis – am liebsten und – pro Nachricht. Dadurch wird der persönliche Kontakt vertieft und die Customer Experience nachhaltig positiv beeinflusst [13].

*Channels und Targeting:* WhatsApp verfügt über keinen Algorithmus, weshalb ein Unternehmen alle Abonnenten in Echtzeit erreicht. Für Unternehmen mit mehreren Marken bieten sich verschiedene Channels an. Durch den Einsatz von Kategorien können Abonnenten selbst bestimmen, zu welchen Inhalten sie News erhalten wollen. Die Urlaubspiraten bieten ihren Messenger-Abonnenten etwa die Auswahl zwischen „Deals für Singles", „Deals für Familien" und weiteren Einstellungen (Städtetrips etc.). Dadurch wird sichergestellt, dass Empfänger tatsächlich nur diejenigen Nachrichten erhalten, die sie auch interessieren (Abb. 10.2).

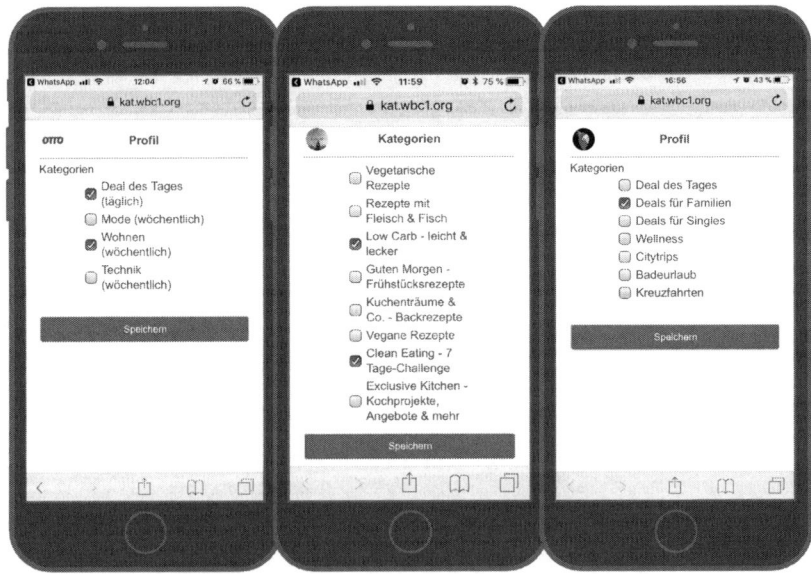

**Abb. 10.2** Targeting: Mit Hilfe von Kategorien lassen sich die Abonnenten eines Messenger-Services zielgruppengerecht ansprechen. (Quelle: eig. Darstellung)

*Frequenz:* Grundsätzlich sollten Unternehmen – von branchenspezifischen Ausnahmen abgesehen, die wie Deal-Plattformen, News oder Alerts über Unwetter und Verspätungen auf Aktualität basieren, – nicht mehr als drei Nachrichten pro Tag aussenden. Medien versenden meist zwischen drei bis fünf Nachrichten am Tag, Online-Brands zwischen fünf und zehn Nachrichten pro Woche und B2B-Unternehmen verschicken zwischen drei und sieben Messages in der Woche [13].

*Timing:* Die höchsten Klick- und Öffnungsraten erzielen Messenger-Newsletter, die morgens (zwischen 7:00 und 8:00 Uhr) und nachmittags (zwischen 17:00 und 18:30 Uhr) versendet werden. Für News eignet sich vor allem der erste Tage der neuen Woche, während Tipps am Donnerstag am häufigsten gelesen werden. Für Aktionen, Schnäppchen, Sonderangebote oder Specials ist Samstag der beste Wochentag [13].

*Umfang:* Messenger sind ein mobiler, schneller Kommunikationskanal. Ausrutscher auf der Tastatur (Tippfehler) werden daher verziehen als Ausrutscher in der Länge der Texte. Während Nachrichten mit Marketingbezug eher kurz gehalten sein sollten (Teaser und maximal 15 Wörter), performen sales-orientierte Messages am besten, die in der Ansprache maximal 8 Wörter und eine kurze Produktbeschreibung enthalten.

*Format: Social Post oder Newsletter?* Der Social-Post kommt mit weniger Content aus, behandelt in der Regel ein Thema und enthält neben einem Bild bzw. GIF einen kurzen Text sowie einen Link enthält. Das Newsletter-Format zeichnet sich durch mehr Content aus – oftmals werden mehrere Themen (mit jeweils eigenem Link) behandelt. Die Wahl des optimalen Formats hängt von der Zielsetzung des Kanals ab. Während Medienunternehmen zum Informationsversand meist den Newsletter-Stil wählen, setzen E-Commerce-Unternehmen eher auf den Social Post, um auf Produkte oder Aktionen hinzuweisen.

*Short Links und Tagging:* Aus Gründen der Nutzerfreundlichkeit und der Lesbarkeit sollten Unternehmen, die Links versenden, einen Link-Shortener (Bitly, TinyURL, Zapier etc.) verwenden. Darüber hinaus empfiehlt es sich, einen Parameter (etwa einen UTM-Parameter bei Google Analytics) an die URL der Zielseite anzuhängen, um den eingehenden Traffic eindeutig dem Messenger-Kanal als Quelle zuordnen zu können.

*Regelmäßige Live-Chats:* Der 1:1-Chat ist die DNA von Messengern. Abonnenten nehmen die Möglichkeit zum direkten Austausch meist gerne an. So können Unternehmen unaufwändig einen Live-Chat mit einem Experten, Prominenten, Testimonial oder dem Unternehmensgründer anbieten. Regelmäßigkeit nach dem Motto „Jeden Montag von 13:00–14:00 Uhr: Experte Max Mustermann antwortet im LIVE-Chat auf Ihre Fragen" wirkt unterstützend, um neue Abonnenten für den Messenger-Channel zu gewinnen [19].

*Interaktion:* Unternehmen können die Möglichkeiten von WhatsApp und Co. nutzen, um durch Umfragen selbst Content zu gewinnen (z. B. zur Kundenzufriedenheit oder zu Produktverbesserungen) oder die Interaktion mit den Abonnenten zu erhöhen.

*Profiling und Targeting:* Verschiedene Dienstleister bieten die Möglichkeit an, über Kategorien hinaus das Nutzerprofil weiter zuzuspitzen, indem freiwillige Angaben der Abonnenten (z. B. Altersgruppe, Region/Wohnort, Mailadressen, Firma, Funktion) erfasst werden. So können in der Praxis Links verschickt werden, durch die Nutzer Zugang zu ihrem Profil erhalten und selbst ihre Daten eintragen können. Qualifizierte Messenger Marketing Solution-Anbieter ermöglichen auch die Anbindung eines Messenger-Kanals an bestehende CRM-Systeme.

## 10.2  Touchpoints für den Nutzeraufbau

> „Marken sind allgegenwärtig. Jede Berührung mit einer Marke, das heißt jeder einzelne Kontaktpunkt, hinterlässt Spuren in unseren Köpfen – ob bewusst oder unbewusst, aktiv gesteuert oder nicht (…) Die Berührung mit dem Kunden ist kein Selbst-zweck, sie muss der Marke dienen – gerade in Zeiten der digitalen Transformation" (Professor Dr. Franz-Rudolf Esch, „Markenpabst", Gründer von Esch. The Brand Consultants [2]).

Wie in Kap. 5 begründet, ist es für Organisationen, die Content Marketing oder Kundenservice via Messenger betreiben wollen, nicht möglich, ohne vorherige Zustimmung des Nutzers (Double-Opt-In) Nachrichten an „fremde" Mobilnummern zu senden. Das bedeutet in der Praxis, dass Unternehmen für das organische Wachstum ihrer Messenger-Kanäle – zumindest zu Beginn ihrer Aktivitäten – auf die Unterstützung und Bewerbung durch andere Kanäle angewiesen sind.

**Landing Page als Basis**

Die optimale Grundlage dafür ist eine eigene Landing Page für den Messenger-Service, die beispielsweise an die Homepage des Unternehmens angedockt ist. Dabei sollte die URL nach Möglichkeit die Begriffe „WhatsApp" oder „Messenger" enthalten, um auch über Suchmaschinen leichter auffindbar zu sein. So warb etwa ProSieben 2018 unter der Adresse http://www.prosieben.de/tv/germanys-next-topmodel/whatsapp für den WhatsApp-Service der TV-Show „Germany's next Topmodel" (Abb. 10.3).

Auf der Seite selbst weist idealerweise ein großflächiges Header-Bild als Call-to-Action direkt auf die Möglichkeit zur Anmeldung hin. Dabei sollten Interessenten Schritt für Schritt durch den Anmeldeprozess geführt werden. Cosmopolitan hat dazu ein eigenes Video erstellt und in die Landing Page für den WhatsApp-Service des Magazins (cosmopolitan.de/whatsapp-cosmopolitan) integriert.

**Klare Kommunikation von Vorteilen, Inhalt, Frequenz, Datenschutz**

Ebenso wichtig ist an dieser Stelle die klare Kommunikation der *Frequenz* und *Inhalte* des Messenger-Angebots (z. B. einmal wöchentlich, Eilmeldungen, Tageszusammenfassungen, aktuelle Deals etc.). Dabei sollten die *Vorteile* für den Abonnenten (schnell, aktuell, exklusiv, personalisiert) deutlich kommuniziert und

**Abb. 10.3** Landing Page für den WhatsApp-Service von „Germany's next Topmodel 2018". (Quelle: ProSieben.de)

betont werden, dass es sich um einen *kostenlosen* Service handelt, von dem sich Nutzer jederzeit ganz einfach abmelden können.

Auch das Thema *Datenschutz* ist für viele Nutzer relevant. Daher sollten Unternehmen – die korrekte Einhaltung der DSGVO-Anforderungen vorausgesetzt – auf der Landing Page darauf hinweisen, dass ihr Messenger-Service sämtliche Datenschutz-Kriterien erfüllt, etwa die Nummer nur zum Zweck der Zustellung von Nachrichten verwendet und niemals an Dritte weitergegeben wird [18].

Ein gutes Beispiel für eine erfolgreiche Landing Page zu ihrem Messenger-Angebot bieten die Regionalzeitung Augsburger Allgemeine unter Augsburger-Allgemeine.de/Special/WhatsApp oder Lufthansa (LufthansaGroup.com/de/Newsroom/LufthansaStories-via-whatsapp).

**Ziel: Konvertierung von Visitors in Abonnenten**
Webseiten-Besucher kommen und gehen. Unternehmen, denen es gelingt, Visitors in Messenger-Abonnenten zu konvertieren, können diese Interessenten einfach und kostenlos immer wieder erreichen. Um diesen Prozess erfolgreich zu managen, gibt es verschiedene Hebel:

- Umfassende Präsenz der Messenger-Landing Page auf der Unternehmenswebsite durch *verlinkte Icons* in der Navigation, im Header, Footer und im Social-Media-Icon-Bereich
- Gestaltung und Integration eigener*Call-to-Action-Banner* für die Homepage, den Header und/oder die Sidebar
- Verweis auf das *Messenger-Angebot im Content* der Website (über oder am Ende eines Beitrages). Möglich ist auch, auf den Messenger-Service direkt im inhaltlichen Kontext zu verweisen – etwa einen Leser der Lokalnachrichten auf die Möglichkeit hinzuweisen, via WhatsApp täglich aktuelle Lokal-News aufs Smartphone zu bekommen
- Hinweis auf der Kontaktseite oder im Impressum des Unternehmens [10] (Abb. 10.4).

**Crossmediale Bewerbung**
Darüber hinaus sollte ein Unternehmen seinen Messenger-Service durch regelmäßige Posts in bestehenden *Social Networks* (Facebook, Instagram, Twitter, XING, LinkedIn etc.) bewerben: Jeder Kontakt, der in einem Messenger-Abonnenten konvertiert werden kann, muss nicht mehr über einen Algorithmus erreicht werden. Ebenso kann ein bereits bestehender *E-Mail-Verteiler* genutzt werden, um die Empfänger über den (neuen) Messenger-Kommunikationskanal des Unternehmens zu informieren.

**Abb. 10.4** Jetzt ran an WhatsApp! Promotion für den eigenen Messenger-Service auf den Websites von „jetzt" und „ran". (Quelle: jetzt.de, ran.de)

Eine besonders friktionslose und erfolgreiche Form der Bewerbung sind die u. a. von Lego für den Geschenke-Bot Ralph geschalteten Facebook-Ads, die direkt in den Facebook Messenger führen (Click-to-Messenger-Ads, vgl. Abschn. 2.2.2). Aufgrund der Zugehörigkeit zu demselben Mutterkonzern sind auch Facebook-Ads möglich, die direkt zu WhatsApp führen (Nachrichtenziel: WhatsApp) [5].

Abgesehen von weiteren Möglichkeiten der kostenpflichtigen Bewerbung im analogen (u. a. durch Give-Aways, TV-, Radio-, Print-Anzeigen, Messeaufsteller) und digitalen Bereich (Google Ads, Plista, Ligatus, Outbrain, Criteo etc.) sind Hinweise auf den Messenger-Kanal an jedem weiteren Touchpoint mit Kunden empfehlenswert: z. B.

- in der E-Mail-Signatur des Unternehmens,
- auf Produktverpackungen und
- als Beileger zum Paketversand.

**Wachsen durch Weiterempfehlungen**

Das Beispiel des Online-Fashion-Stores Threads (vgl. Kap. 6) demonstriert eindrucksvoll, wie Unternehmen alleine durch Shares und Weiterempfehlungen erfolgreich wachsen können [15]. Messenger sind dabei derjenige Kommunikationskanal, auf dem Inhalte am liebsten und häufigsten geteilt werden [6].

Insofern ist relevanter Content – in Verbindung mit gelegentlichen Gewinnspielen, Quizzes und Invite-a-Friend-Kampagnen (vgl. Abschn. 7.3) – der nachhaltigste Weg, um nicht nur die Abmelderate eines Messenger-Kanals gering zu halten, sondern auch, um bestehende Leser zu binden und neue Abonnenten zu gewinnen.

## 10.3  Erfolgsmessung: Kriterien und KPIs

„Businesses can engage in real-time conversations that allow for personalization when using messenger. And brands who take advantage of engaging in this high-impact tailored approach will see results. Personalization is key when developing a strategy for utilizing messenger. Messenger is an effective way for brands to ensure every word, button and link provides leads to a targeted experience" (Ana Miller, Gründerin, A2 Communications Group [7]).

Um den Erfolg der Messenger-Aktivitäten eines Unternehmens zu validieren, müssen verschiedene Faktoren berücksichtigt werden, die sich im Einzelfall jeweils unterschiedlich auswirken können. Natürlich macht es für die Kriterien der Erfolgsmessung einen Unterschied, ob ein Unternehmen Messenger-Apps für das Content Marketing oder im Kundenservice einsetzt.

Entgegen in Marketingkreisen weit verbreiteter Meinungen spielt die *Branche* dabei eine eher untergeordnete Rolle: So erzielte die Sparda-Bank München mit der Ankündigung ihres Online-Adventskalenders eine Click-Through-Rate (CTR) von nahezu 100 % bei ihren Abonnenten [14]. Damit bewegt sich das Finanzinstitut in puncto Klickrate in vergleichbaren Größenordnungen mit den Urlaubspiraten, wenn das Unternehmen via WhatsApp ein günstiges Last-Minute-Angebot für einen Mallorca-Trip pusht [12].

Insofern ist es ein elementarer Faktor für den Erfolg von Messenger-Kommunikation, inwiefern es einem Absender gelingt, seine Empfänger mit *relevantem Content* zu überzeugen – ein Faktor, auf den Messenger-Apps als technische Plattformen der Interaktion nur wenig Einfluss haben. Eine größere Rolle als die Branche spielt hingegen die *Unternehmenskultur und -struktur:* So sind Start-ups aller Branchen in ihren Messenger-Aktivitäten meist schneller erfolgreich.

„Start-Ups sind ja immer auf der Suche nach Marketingkanälen, die gut skalierbar und dann auch noch bezahlbar sind. Meistens sind das Kanäle, die kurz vor dem Durchbruch zum Mainstream, aber gleichzeitig noch ein Geheimtipp sind. Hier finde ich die Möglichkeiten bei Messengern wie WhatsApp und Facebook Messenger extrem spannend. Wir müssen nur auf WeChat in China schauen, um zu sehen, wie die Zukunft aussehen wird: Mobile only + messenger only!" (Tu-Lam Pham, Digital-Experte und Start-Up Coach, Gründer von Digital IQ [11]).

Ungeachtet der Unterschiede hinsichtlich der spezifischen Einsatzbereiche und Use Cases will dieses Kapitel ein Überblick gegeben, welche Kennzahlen für die Evaluation von Messenger Marketing *generell* verwendet werden können, um a) Feedback über die Relevanz der Inhalte zur Optimierung zu erhalten sowie b) dadurch auch den wirtschaftlichen Beitrag der Messenger-Kommunikation für das Betriebsergebnis eines Unternehmens zu belegen. Dabei lassen sich „harte" und eher „weiche" Kennzahlen (Vertrauen in eine Marke, Kundenbindung) unterscheiden.

Der *Return on Invest* (ROI) einer Aktion ist für gewinnorientierte Unternehmen von zentraler Bedeutung für jede Maßnahme. Dieser Aspekt lässt sich im Rahmen dieses Buches nicht nur pauschal beantworten, da er vom Invest – den Ausgaben – und den konkret erzielten Erlösen abhängig ist. Im Vergleich zu anderen Marketing-Formen wie Social-Media-Ads oder Displaywerbung handelt es sich bei Messenger-Kommunikation aber um einen vergleichsweise kostengünstigen Weg, Menschen zu erreichen [20].

Die einfachste Form der kommerziellen Messenger-Nutzung (WhatsApp Business App, Facebook Messenger) ist für Unternehmen kostenlos. Da sich die Anwendungen auch über den Desktop bedienen lassen, ist für diese „Minimalvariante" von Messenger Marketing nicht einmal ein Smartphone mit SIM-Karte nötig. Dabei ist allerdings die Anzahl der Empfänger auf 256 begrenzt. Kostenpflichtige Tools mit sinnvollen Features für eine erfolgreiche kommerzielle Nutzung (z. B. keine Begrenzung des Newsletterversandes, Chatbot Builder, Anbindung an das unternehmenseigene CRM) sind ab rund 70 EUR pro Monat verfügbar.

Wie sich der ROI durch Messenger Marketing berechnen lässt, wird im Folgenden anhand dreier (anonymisierter) Beispiele aus der Unternehmenspraxis aufgezeigt.

**ROI – Praxisbeispiel „Magazin"**

*Ausgangslage:* Ein Magazin hat einen Messenger-Kanal aufgesetzt, um seine Markenbekanntheit zu steigern und neue Zielgruppen zu erschließen. Der WhatsApp-Service verzeichnet 30.000 WhatsApp-Abonnenten und verschickt zweimal täglich einen Messenger-Newsletter mit Links zu relevanten Bei-trägen auf der Website des Magazins. Dabei hat das Magazin auf der Seite Werbebanner integriert, an deren es 2 EUR je 1000 Page Impressions (PIs) verdient.

Der Aufbau der 30.000 Messenger-Abonnenten des Magazins wurde größ-tenteils organisch und mithilfe kleinerer Marketing-Aktionen innerhalb eines Jahres geschafft. Das Marketing dafür kostete 100 EUR im Monat und der Personalaufwand für die Kanalbetreuung liegt bei 300 EUR monatlich (da der Newsletter von der Redaktion betreut wird und sich der Mehraufwand – Meldungserstellung, Versand, individuelle Antworten auf Nutzer-Feedback – in der Praxis auf maximal zehn Minuten am Tag beläuft). Dazu kommen Kosten für eine professionelle Messenger-Marketing-Solution (unlimitierte Empfängerzahl, technischer Service, User-Management, Profiling, Kategorien, CMS, Support) von 899 EUR monatlich.

*Berechnung:* [30.000 (Empfänger) + 3000 (10 % zusätzliche Kontakte via viraler Reichweite/Sharing)] × 2 (Kontakte pro Tag) × 30 (Tage im Monat) = 1.980.000 Kontakte im Monat.

**Bei jedem Nachrichtenversand umgehend rentabel**

Bei einer realistischen Klickrate von 30 % erzielt das Magazin somit 594.500 Klicks im Monat, wobei jeder dieser Klicks durchschnittlich zwei Page Impressions (PIs) verzeichnet. Im Ergebnis kann das Medium pro Monat 1.188.000 vermarktbare PIs vorweisen: 1.188.000/1000 × 2 EUR = 2 376 EUR.

Das heißt, das Magazin verdient 2376 EUR monatlich ausschließlich durch den über Messenger generierten Traffic. Abzüglich aller Kosten beträgt der Gewinn 1077 EUR pro Monat.

*ROI-Berechnung: Umsatzrentabilität × Kapitalumschlag*

(Gewinn/Umsatz) × (Umsatz/investiertes Kapital): (1077/2376) × (2376/12 99) ≈ 0,247

Damit entspricht der ROI des Messenger-Kanals 24,7 %. Messenger Mar-keting ist also für das Unternehmen *bei jedem Nachrichtenversand umgehend rentabel* – obwohl es nicht das primäre Ziel des Magazins war, WhatsApp zur Monetarisierung zu nutzen. Da das Medium bereits ein Messenger-Mar-keting-Solution-Tool mit unlimitierter Empfängeranzahl nutzt, wirkt sich jede weitere Erhöhung der Abonnentenzahl unmittelbar positiv auf die Rendite des Magazins aus.

**ROI – Praxisbeispiel „Online-Shop":**

*Ausgangslage:* Ein Online Shop hat 20.000 Abonnenten auf WhatsApp und verschickt einmal täglich einen WhatsApp-Newsletter mit einem besonderen Angebot. Rund ein Prozent der Shop-Besucher tätigt einen Kauf auf der Website. Der durchschnittliche Warenkorbwert des Unternehmens beläuft sich auf 100 EUR – bei einer Gewinnmarge von 40 %.

Der Aufbau der 20.000 Newsletter-Abonnenten des Shops erfolgte über zwölf Monate durch „Mund zu Mund"-Promotion, die Integration des Messenger-Services an mehreren Touchpoints auf der Webseite sowie vereinzelte Ads auf Facebook. Die Marketing-Ausgaben dafür liegen gemittelt bei 50 EUR monatlich. Da über den Messenger-Kanal auch Kundenanfragen zu Produkten, Beratung und Umtausch eingehen, liegt der Personalaufwand bei rund 500 EUR monatlich. Dazu kommen die Kosten für eine professionelle Messenger-Marketing-Solution in Höhe von 899 EUR monatlich.

*Berechnung:* [20.000 (Abo Empfänger) + 2000 (10 % Mehr-Kontakte via viraler Reichweite)] × 30 Tage (pro Monat) = 660.000 (Kontakte/Monat)

**Messenger Marketing im Online-Shop: ROI von + 1,600 %**

Bei einer (realistischen) Klickrate von 10 % sind das 66.000 Klicks im Monat auf den Online Shop: 66.000 (Klicks im Shop) × 0,01 (Konvertierung in Einkäufer) × [100 (Euro durchschnittlicher Einkaufswert) × 0,4 (Gewinnmarge)] = 26.640 EUR.

Demnach erzielt der Online-Shop pro Monat 26.640 EUR Netto-Umsatz durch Messenger Marketing. Abzüglich der monatlichen Kosten für Marketing, Personal und das Messenger-Tool in Höhe von 1449 EUR beläuft sich der Gewinn des Unternehmens durch Messaging auf monatlich 25.191 EUR.

*ROI-Berechnung: Umsatzrentabilität × Kapitalumschlag*
(Gewinn/Umsatz) × (Umsatz/investiertes Kapital): (25.191/26.640) × (26.640/1449) ≈ 17,385

Der ROI des Onlineshops für seinen Messenger-Marketing-Kanal liegt somit bei hochprofitablen 1,639 %.

**ROI – Praxisbeispiel „Kundenservice"**

*Ausgangslage:* Ein Elektronik-Versandhandel erhält in seinem Kundencenter täglich 500 Anrufe pro Tag. Dabei wird von jedem Kunden zu Gesprächsbeginn der Name, die Adresse sowie die Kunden- und/oder Bestellnummer erfragt. Anschließend wird der Kunde um eine Problembeschreibung gebeten.

Zusammen mit der formellen Begrüßung („Guten Tag. Firmenname. Mein Name ist … Was kann ich für sie tun?") dauert dieser Vorgang rund 2,5 min pro Kunde. Die eigentliche Problemlösung via Telefon dauert bis hin zur Verabschiedung durchschnittlich 3,5 min pro Kunde. Eine qualifizierte Kundenzufriedenheitsanalyse aus dem Vorjahr ergab einen mäßigen Net Promoter Score (NPS: „Wie wahrscheinlich ist es, dass Sie das Unternehmen weiterempfehlen?") von 5,5 (auf einer Skala bis 10). Als Hauptkritikpunkt wurden vom Kundenservice-Nutzern lange Wartezeiten in der Hotline und die umständliche Abwicklung von Reklamationen genannt.

**Customer-Service-Plattform**

Seit drei Monaten setzt das Unternehmen eine Customer-Service-Software auf Messengerbasis ein (10.000 Chats/Monat, Chatbot Builder, Ticketzuweisung, mehrere Bearbeiter, Statistiken, CRM-Anbindung des Chatverlaufs), die 1099 EUR monatlich kostet.

Da das Unternehmen auf der Rechnung und mit einem Paketbeileger bei jeder Bestellung für den Messenger-Kundenservice wirbt, hat sich die Anzahl der Anrufe auf 150 Tag reduziert. 350 Kundenanfragen pro Tag werden über Messenger abgewickelt. Ein Chatbot übernimmt dabei die Vorqualifizierung der Anfragen, ehe sie an einen Customer-Service-Mitarbeiter zur Bearbeitung weitergeleitet werden. Durch die Möglichkeit zum Versenden von Links und Dateien (Anleitungen, Tutorials, FAQs) sowie die Nutzung von Antwort-Templates ist die durchschnittliche Bearbeitungszeit pro Anfrage auf 45 s gesunken. Die Kosten für die Bewerbung der neuen Plattform (Beileger) belaufen sich auf 100 EUR monatlich.

*Berechnung Vorqualifizierung alt:* 500 (Anfragen pro Tag) × 2,5 (Minuten pro Anfrage) × 20 (Arbeitstage pro Monat) = 25.000 (Minuten pro Monat).

Die Kundenservice-Mitarbeiter des Unternehmens verbrachten durchschnittlich 416,7 h pro Monat mit der Vorqualifizierung von Anfragen. Dieser Arbeitsschritt wird nun in 85 % der Fälle von einem Chatbot zufriedenstellend bearbeitet: 416,7 (Stunden pro Monat) × 0,85 = 354,2 h (pro Monat).

Durch den Einsatz eines Chatbots in der Vorqualifizierung spart das Unternehmen monatlich rund 354 Arbeitsstunden.

*Berechnung Problemlösung alt:* 500 (Anfragen pro Tag) × 3,5 (Minuten pro Anfrage) × 20 (Arbeitstage pro Monat) = 35.000 (Minuten pro Monat).

Die Kundenservice-Mitarbeiter des Unternehmens verbrachten durch-schnittlich 583 h pro Monat mit der Problemlösung von Kundenanfragen.

**Ersparnis: 670 Arbeitsstunden pro Monat durch Chatbot und Messenger**

*Berechnung Messenger Customer Service Plattform:* 350 (Anfragen pro Tag) × 0,75 (Minuten pro Anfrage) × 20 (Arbeitstage pro Monat) = 5250 (Minuten pro Monat).
87,5 h/Monat verbringen die Kundenservice-Mitarbeiter mit der Bearbeitung von Messengeranfragen. Die Problemlösung via Telefon (150 Anfragen pro Tag á 3,5 min) beläuft sich aufgrund der gesunkenen Zahl der Anrufe auf nur noch 175 h pro Monat. Insgesamt benötigt die Kundenservice-Abteilung 262,5 h pro Monat zur Problemlösung für Messenger-und Telefonanfragen.
*Berechnung gesparte Arbeitszeit:* 354 (Arbeitsstunden pro Monat durch Vorqualifizierung via Chatbot) + 583 (Arbeitsstunden pro Monat für Problem-lösung am Telefon vor Einführung der Plattform) − 262,5 h (Arbeitsstunden pro Monat für Problemlösung via Messenger und Telefon nach Einführung der Plattform) = 674,5 h pro Monat.

**ROI + 1,000 % & signifikant gestiegene Kundenloyalität**

Bei einem Bruttoarbeitslohn von 21 EUR/h erspart der Einsatz einer Messenger-Kundenservice-Plattform dem Unternehmen monatliche Arbeits-kosten in Höhe von 14.164,50 EUR. Abzüglich der Kosten für die Plattform und die Marketingkosten (insgesamt: 1199 EUR monatlich) verbleibt ein theo-retischer Nettogewinn von 12.965,50 EUR bei vollkommener Rationalisierung der Arbeitsleistung im Kundenservice.
*ROI-Berechnung: Umsatzrentabilität × Kapitalumschlag*
(12.965,50/14.164,50) × (14.164,50/1199) ≈ 10,184
Der ROI des Einsatzes einer Messenger-Customer-Service-Software im Kundenservice liegt somit bei hochprofitablen 1,081 %. Durch die frei-gewordenen Kapazitäten gibt es in der Kundenservice-Hotline des Unter-nehmens *keine Wartezeit*en mehr – was auch diejenigen Kunden goutieren, die nicht die Möglichkeit der Kontaktaufnahme via Messenger nutzen. Der Chat-bot des Onlinehändlers ist rund um die Uhr aktiv.
Seit der Einführung der Plattform, u. a. durch

- die Möglichkeit, Produkteinkäufe zu sharen,
- den vollständigen Wegfall von Wartezeiten in der Service-Hotline,

- die schnelle Bearbeitungzeit und
- die Möglichkeit, das Unternehmen (auch außerhalb der Öffnungszeiten) schnell und einfach kontaktieren zu können, …

… ist der Net Promoter Score als Indikator für die Kundenloyalität auf den guten Wert von 8,4 gestiegen.

**Reichweite, CTR, Interaktionsrate und Co.: Weitere Messenger-KPIs**
Neben dem reinen betriebswirtschaftlichen Aspekt der Umsatzrendite im Messenger Marketing helfen weitere, teilweise aus dem Online-Marketing bekannte Key Performance Indicators (KPIs) bei der Bewertung und Optimierung eines Messenger-Kanals.

*Reichweite:* Die Entwicklung der *Abonnentenzahlen (Neuzugänge minus Abmeldungen)* ist ein direkter Indikator für den Erfolg kommerzieller Messenger-Aktivitäten. Als ideal gilt ein konstantes Wachstum von fünf bis zehn Prozent bei einer Abmelderate von unter zwei Prozent. Der Hauptgrund für eine Abmeldung liegt meist in zu häufiger Versandfrequenz, nicht relevanten Inhalten oder anderen Erwartungen an den Kanal. Umso wichtiger ist es, Nutzer bereits im Anmeldeprozess über diese Aspekte zu informieren (vgl. Abschn. 10.2). Dabei werden beim Versand einer Nachricht sämtliche Empfänger erreicht, da Messenger keinen Algorithmus für das Ausspielen von Inhalten verwenden.

**Quantitative = Qualitative Reichweite bei Messengern**
Dabei ist die *quantitative Reichweite* gleichzeitig auch die *qualitative Reichweite:* Im Gegensatz zu den gefilterten Posts in einer Timeline (wie bei Facebook, Twitter, Instagram oder LinkedIn) erreicht eine Messenger-Nachricht den Empfänger ohne andere Inhalte oder störende Werbung im Umfeld – und ist somit in diesem Moment das Einzige im Fokus des Nutzers.

Um eine Vergleichbarkeit mit anderen Marketingformaten herzustellen, ist neben der ROI-Berechnung auch die Ermittlung des *Medienäquivalenzwertes* möglich: Aufgrund der meist thematisch sehr affinen Zielgruppe der Messenger-Abonnenten eines Unternehmens und der hohen Relevanz von WhatsApp und Co. als Kommunikationskanal kann erfahrungsbasiert mit einem Tausend-Kontakt-Preis (TKP) von 80 EUR im Messenger – vergleichbar etwa mit einer Anzeige in führenden Special-Interest-Medien wie „Kicker" oder „Mein Pferd" – kalkuliert werden:

[5000 (Abo Empfänger) + 500 (10 % Mehr-Kontakte via viraler Reichweite)] × 30 (Newsletter/Monat) = 165.000 Kontakte pro Monat.

Bei 5000 Abonnenten und einem Newsletter pro Tag ergibt sich exemplarisch ein Medienäquivalenzwert von 13.200 EUR pro Monat. Die Aussagekraft der *absoluten Nutzerzahlen* ist dabei begrenzt. Die Zahl der Messenger-Abonnenten eines Kanals ist stets im Kontext der potenziellen Gesamtgröße der Zielgruppe zu sehen: So verfügen insbesondere „kleine" Special-Interest-Kanäle wie der Lawinenwarndienst Tirol, die Stoffwelten oder der Gartenkalender von T-Online über eine äußerst erfolgreiche Marktdurchdringung in ihrem Segment [19].

**Virale Peaks: CTR bis zu 160 %**

*Virale Reichweite:* Leider endet die technische Erfassung der Reichweite einer Message nach der Zustellung der Nachricht an den Abonnenten. Die tatsächliche Reichweite dürfte in der Praxis deutlich höher liegen. Content wird heute weitaus öfter in geschlossenen, persönlichen Kommunikationssettings wie WhatsApp geteilt als öffentlich oder „halböffentlich" auf Facebook oder Twitter (vgl. Kap. 4). Das erklärt, weshalb einige Unternehmen von Klickraten um die 100 % und mehr berichten [14].

*Öffnungsrate:* Die durchschnittlichen Öffnungsraten im Messenger Marketing bewegen sich zwischen 92 und 98 % und sind damit rund drei Mal höher als im E-Mail-Marketing [21]. Dabei werden die meisten Messages innerhalb von 15 min gelesen [21].

*Click-Through-Rate:* Die Klickrate für Links, die über WhatsApp und Co. verschickt werden, liegt bei 32 % [9]. In Ausnahmefällen, etwa bei besonderen News oder zeitlich begrenzten Deals, können die CTRs auch deutlich höher ausfallen. So konnte die Nordwest-Zeitung dank „viraler News" bereits Klickraten von bis zu 160 % auf ihre Paid-Artikel erzielen (vgl. Abschn. 7.1.4).

*CPL und CPC:* Verlinken Messenger-Nachrichten auf eine Website oder eine Landing Page zur Leadgenerierung, können die üblichen Messgrößen des Online-Marketings wie *Cost-per-Click* (CPC) oder *Cost-per-Lead* (CPL) genutzt werden. Dafür sollte die zu versendende URL mit einem eigenen UTM-Parameter getagged werden. Die Kosten für einen Messenger-Kanal resultieren in der Regel aus dem personellen Aufwand, Marketing zur Bewerbung des Messenger-Services oder der Nutzung von Messenger-Marketing- und Chatbot-Tools.

**Meist positives Feedback, keine Trolle**

*Engagement und Bindung:* Die *Anzahl der eingehenden Nachrichten* sowie deren Entwicklung im Zeitverlauf und die *Interaktionsrate* (Anzahl der Nutzer-Feedbacks/Gesamtanzahl der Nutzer) sind ein Schlüsselindikator für den Grad der

Markenbindung unter den Abonnenten eines Messenger-Kanals. So erzielen Umfragen und Gewinnspiele via Messenger regelmäßig eine Interaktionsrate von 10 % der Abonnenten [21].

Dabei sollte auch *die Qualität des Feedbacks* (Anzahl positiver Rückmeldungen im Vergleich zur Gesamtzahl der eingehenden Nachrichten) erfasst werden: Online-Marketer berichten in der Praxis immer wieder, dass das Feedback auf WhatsApp und anderen Messengern deutlich angenehmer, netter und konstruktiver ist.

Der Grund dafür: Messenger sind „geschlossene Kanäle". Trolle haben auf WhatsApp und Co. keine Reichweite – und damit keine Bühne [22]. Im Gegenzug bietet kein anderer Kanal bietet die Möglichkeit, mit Kunden und Interessenten so direkt, persönlich und schnell in Kontakt zu treten. In einer Umfrage unter 8150 Messenger-Nutzern gaben knapp zwei Drittel der Befragten an, dass Messaging mit einem Unternehmen ihr Vertrauen in die Marke steigert [3].

## Literatur

1. Bredl Samuel (2016): Customer Journey: Richtigen Content zur richtigen Zeit anbieten. TakeOffPR.com. https://www.takeoffpr.com/blog/customer-journey. Zugegriffen: 10.01. 2019
2. Esch – The Brand Consultants (2016): Neue Studie: Customer Experience in Zeiten digitaler Transformation. ESCH. Blog. https://www.esch-brand.com/neue-studie-customer-experience-in-zeiten-digitaler-transformation/. Zugegriffen: 10.01.2019
3. Facebook IQ (2018): Drei Vorteile von Messaging, die den Weg zum Kauf revolutionieren. https://www.facebook.com/business/news/insights/3-ways-messaging-is-transforming-the-path-to-purchase. Zugegriffen: 11.01.2019
4. Facebook IQ (2018): Warum Kommunikation mit Unternehmen über Messaging-Tools der neue Standard ist. https://www.facebook.com/business/news/insights/why-messaging-businesses-is-the-new-normal? Zugegriffen: 10.01.2019
5. Facebook (2019): Im Werbeanzeigenmanager Anzeigen erstellen, die per Klick zu WhatsApp führen. Facebook Business. https://www.facebook.com/business/help/447934475640650. Zugegriffen: 10.01.2019
6. Firsching Jan (2018): Messenger Marketing: 62 % teilen Inhalte am liebsten über WhatsApp. FutureBiz.de. http://www.futurebiz.de/artikel/messenger-marketing-whatsapp-sharing/. Zugegriffen: 10.01.2019
7. Forbes (2018): 12 Tips To Optimize Your Messenger Marketing Strategy. Forbes.com. https://www.forbes.com/sites/forbesagencycouncil/2018/12/03/12-tips-to-optimize-your-messenger-marketing-strategy/#6a86475530de. Zugegriffen: 10.01.2019
8. Hieß Florian (2019): Wie Messenger-Marketing die Kommunikation mit Kunden revolutioniert. HubSpot-Blog. https://blog.hubspot.de/marketing/messenger-marketing. Zugegriffen: 15.01.2019

9. Kremming Katharina (2018): MessengerPeople Studie 2018: 10 Millionen Menschen nutzen bereits Messenger Services, um mit Unternehmen zu kommunizieren. MessengerPeople.com. https://www.messengerpeople.com/de/insights-messenger-kommunikation/. Zugegriffen: 11.01.2019

10. Lenz Johannes (2017): So bekommst Du mehr Abonnenten auf WhatsApp und Facebook Messenger! MessengerPeople.com. https://www.messengerpeople.com/de/so-bekommst-du-mehr-abonnenten-auf-whatsapp-und-facebook-messenger/. Zugegriffen: 10.01.2019

11. Lenz Johannes (2017): Warum Startups mit Messenger Marketing den Großen immer einen Schritt voraus sind. MessengerPeople.com. https://www.messengerpeople.com/de/warum-startups-mit-messenger-marketing-immer-einen-schritt-voraus-sind/. Zugegriffen: 11.01.2019

12. Lenz Johannes (2017): „7 Fragen an …" WhatsApp und Messenger Marketing bei den Urlaubspiraten. MessengerPeople.com. https://www.messengerpeople.com/de/7-fragen-an-whatsapp-und-messenger-marketing-bei-den-urlaubspiraten/. Zugegriffen: 11.01.2019

13. Lenz Johannes (2018): Messenger Kommunikation: 7 Hacks für erfolgreiches Content Marketing auf WhatsApp & Co. MessengerPeople.com. https://www.messengerpeople.com/de/messenger-kommunikation-7-hacks-fuer-erfolgreiches-content-marketing-auf-whatsapp-co/. Zugegriffen: 10.01.2019

14. Lenz Johannes (2018): WhatsApp für Banken: Wie die Sparda-Bank München CTRs bis zu 100 % erreicht! MessenerPeople.com. https://www.messengerpeople.com/de/whatsapp-fuer-banken-wie-die-sparda-bank-muenchen-ctrs-bis-zu-100-erreicht/. Zugegriffen: 11.01.2019

15. Lunden Ingrid (2018): Threads raises $20M for its luxury goods 'boutique' that exists only in messaging apps. TechCrunch.com. https://techcrunch.com/2018/08/17/threads-raises-20m-for-its-luxury-goods-boutique-that-exists-only-in-messaging-apps/. Zugegriffen: 27.12.2018

16. Meerman Scott David: Marketing Basics: Nobody Cares About Your Products (Except You). https://www.davidmeermanscott.com/blog/marketing-basics-nobody-cares-about-your-products-except-you. Zugegriffen: 10.01.2019

17. Mehner Matthias (2017): „7 Fragen an …" Warum Promi Big Brother auf WhatsApp Marketing setzt! MessengerPeople.com. https://www.messengerpeople.com/de/7-fragen-an-warum-promi-big-brother-auf-whatsapp-marketing-setzt/. Zugegriffen: 10.01.2019

18. Mehner Matthias (2017): Diese 9 Dinge braucht die optimale Landingpage für Messenger Newsletter. MessengerPeople.com. https://www.messengerpeople.com/de/diese-9-dinge-braucht-die-optimale-landingpage-fuer-messenger-newsletter. Zugegriffen: 10.01.2019

19. Mehner Matthias (2018): Wie Du die richtige Content Strategie für Deinen Messenger Newsletter findest. MessengerPeople.com. https://www.messengerpeople.com/de/wie-du-die-richtige-content-strategie-fuer-deinen-messenger-newsletter-findest/. Zugegriffen: 10.01.2019

20. Mehner Matthias (2018): ROI & Messenger Marketing: was bringt mir ein WhatsApp Newsletter? MessengerPeople.com. https://www.messengerpeople.com/de/roi-messenger-marketing-was-bringt-mir-ein-whatsapp-newsletter/. Zugegriffen: 11.01.2019

21. Mehner Matthias (2018): 8 Kennzahlen, auf die Du im Messenger Marketing achten solltest! MessengerPeople.com. https://www.messengerpeople.com/de/8-kennzahlen-auf-die-du-im-messenger-marketing-achten-solltest/. Zugegriffen: 11.01.2019
22. Mehner Matthias (2018): Shitstorm-Bremse: Keine Bühne für Trolle. LEAD-digital.de. https://www.lead-digital.de/shitstorm-bremse-keine-buehne-fuer-trolle/. Zugegriffen: 12.01.2019

# How to: Praktische Umsetzung

# 11

**Zusammenfassung**

Es gibt diverse Möglichkeiten mit Messenger Marketing zu starten. Vom Zero Budget Ansatz direkt über die WhatsApp for Business App – bis hin zur Omni Channel Unified Messenger Schnittstelle. Egal ob Sie ein Einzelunternehmen, ein Restaurant oder ein Dax Konzern sind, es gibt für alle Ansprüche und Verwendungszwecke die verschiedensten Tools. Einige Checklisten sollten dabei jedem helfen, einen schnellen Überblick zu bekommen und einfach starten zu können.

„Die Adaption von Messaging wird für viele Anwendungsfälle weiter vorangehen. Bisher war der Fokus eher auf Customer Service sowie einfache Anwendungen, um Content zu verbreiten. Zukünftig wird das Thema Conversational Commerce vor allem im Marketing (Messaging Newsletter, digitale Prospekte) an Relevanz gewinnen und ich gehe von einer höheren Automatisierung der Dienste aus. Bisher sind viele Dienste noch nicht ausreichend „conversational" oder ungenügend automatisiert, sodass es zu langen Antwortzeiten kommt und keine 24/7 Erreichbarkeit möglich ist" (Antonia Ermacora, Gründerin von chatShopper [14]).

Neben strategischen Grundüberlegungen und Entscheidungen – etwa hinsichtlich der Ausrichtung und Zielsetzung des neuen Kanals – steht die *Wahl der geeigneten Messenger-App* an erster Stelle, wenn sich ein Unternehmen entschließt, Messenger-Apps zur Kommunikation mit Kunden, Geschäftspartnern und anderen Stakeholdern zu nutzen. Die Auswahl sollte sich dabei vor allem auf zwei Aspekte fokussieren: die Messenger-Nutzung im jeweiligen Zielmarkt (vgl. Kap. 2) sowie gegebenfalls sozio-demographische Besonderheiten der Zielgruppe. So ist ein Unternehmen, das Jugendliche in den USA oder Kanada erreichen will, mit Kik als Chat-App mit weitaus höherer Wahrscheinlichkeit erfolgreich als mit WhatsApp oder Telegram [1].

© Springer Fachmedien Wiesbaden GmbH, ein Teil von Springer Nature 2019    199
M. Mehner, *Messenger Marketing,*
https://doi.org/10.1007/978-3-658-26060-6_11

Da sich dieses Buch in erster Linie an Leser aus dem deutschen Sprachraum richtet, beschränkt sich der folgende *Tool-Überblick* auf die für den Business-Einsatz in der DACH-Region wichtigsten, reichweitenstärksten und meist genutzten Messenger-Apps: WhatsApp, iMessage und den Facebook Messenger. Auf Messenger Marketing spezialisierte Dienstleister bieten professionelle Multi-Messenger-Lösungen: So können Unternehmen parallel zu WhatsApp und dem Facebook Messenger auch Telegram-, Insta- und Viber-Nutzer erreichen (vgl. Abschn. 11.1.6).

## 11.1  Business-Messaging-Tools für Einsteiger bis Profis

### 11.1.1  Messenger Marketing für Einsteiger: Broadcasting mit WhatsApp und Co.

Eigentlich klingt ein Start ins Messenger Marketing ganz einfach: Der Marketingreferent oder Mitarbeiter der Unternehmenskommunikation schnappt sich im Supermarkt um die Ecke ein günstiges Prepaid-Handy, installiert WhatsApp, erstellt ein neues Profil mit Unternehmenslogo und Firmenname – und schickt dann die Werbenachricht fürs neue Produkt an alle Mobilnummern aus der Kundendatenbank …

**Maximal 256 Kontakte**
Von allen denkbaren Einstiegen in die Messenger-Kommunikation ist diese – leider auch in zahlreichen Entscheiderköpfen verankerte – Minimallösung aus mehreren Gründen die schlechteste: Zum einen unterstützt das „normale“, d. h. aus der privaten Nutzung vertraute WhatsApp nur den Nachrichtenversand an eine begrenzte Anzahl von Personen. Über die so genannte Broadcast-Funktion lassen sich Nachrichten an bis zu 256 Kontakte gleichzeitig verschicken.

Dabei können sich die Kontakte, die sich in der Broadcastliste befinden, nicht gegenseitig sehen oder sich untereinander Nachrichten schicken. Eine Antwort auf eine Broadcast-Message ist für den Empfänger nur direkt an den Absender möglich. Damit ähnelt die Broadcast-Funktion von WhatsApp der BCC-Funktion der E-Mail.

Auch über den Facebook Messenger ist der Versand an mehrere Empfänger gleichzeitig möglich. Mit der Gruppenfunktion lassen sich mehrere Personen zu einem Chat hinzufügen. Dabei ähnelt die Gruppenfunktion im Facebook Messenger dem Adressatenfeld einer E-Mail: Die Empfänger einer Nachricht sind untereinander sichtbar und alle Adressaten können antworten. Auch hier ist die Anzahl der versendbaren Nachrichten begrenzt: Über den „normalen" Facebook-Messenger können maximal 150 Nachrichten gleichzeitig verschickt werden [8].

**Nutzereinwilligung: Zwingend erforderlich**
Bei beiden Varianten gilt: Jeder Kontakt muss manuell angelegt und der entsprechenden Broadcast-Liste bzw. Gruppe im Messenger hinzugefügt werden. Auf die Verwaltung von hunderten oder gar tausenden Kontakten sind die Standard-Apps technisch nicht ausgelegt.

Und das mit Absicht: Sowohl die WhatsApp-Richtlinien [25] als auch die Richtlinien des Facebook Messengers [9] untersagen es, Personen anzuschreiben, ohne vorher deren Einwilligung eingeholt zu haben. Ein solches „Opt-In" der Empfänger schreibt auch die Europäische Datenschutzgrundverordnung (DSGVO) vor (vgl. Kap. 5).

**Facebook-Richtlinien: „Keine Werbung!"**
Ebenso untersagen beide Plattformen des Facebook-Konzerns offensive Werbung via Messenger: „Werbe- oder Marketingnachrichten sind nicht gestattet, es sei denn, sie wurden von uns schriftlich genehmigt" [25] (WhatsApp Business Richtlinien), „Verwirre, betrüge, hintergehe, täusche oder schockiere niemanden, und sende auch niemandem Spam" [9] (Facebook-Plattform-Richtlinien).

Außerdem hat WhatsApp so genannte *Commerce Policies,* die bestimmte Anwendungsfälle (u. a. Glücksspiel mit echtem Geld, Verkauf verschreibungspflichtiger Medikamente) und Branchen (Alkohol, Waffen, Tabak, Sex) von einer kommerziellen Nutzung der Messenger-App ausschließen [26].

**Schnell und ohne Mehrkosten: Messenger Marketing für Anfänger**
Ein Unternehmen, das sich dieser technischen, datenschutzrechtlichen und inhaltlichen Rahmenbedingungen bewusst ist und das Thema Messenger Marketing *schnell und ohne Mehrkosten für Software oder einen Dienstleister* für sich testen will, sollte dazu – auch um einer möglichen Sperrung durch WhatsApp zu entgehen – in der Praxis nicht das für den Privatgebrauch konzipierte WhatsApp nutzen, sondern die entsprechende Business-App (vgl. Abschn. 11.1.2).

**1. Schritt: Leeres Adressbuch**
Dabei ist es aus Datenschutz-Gründen empfehlenswert, ein Smartphone ohne Adressbuch-Einträge zu verwenden. Der Grund: Mit der Installation von WhatsApp-App übermittelt der Nutzer sämtliche Kontaktdaten auf seinem Smartphone

an WhatsApp. Nach DSGVO ist allerdings die Weitergabe von Kontaktdaten, die nicht bei WhatsApp angemeldet sind (und insofern nie selbst die WhatsApp-AGB bestätigt haben), nicht zulässig. Insofern sollten in das Adressbuch nur Nummern aufgenommen werden, die das Unternehmen *selbst aktiv* kontaktiert haben (active subscriber).

**2. Schritt: Opt-In und Opt-Out definieren**
Nun gibt es in der Praxis Fälle, in denen ein Kunde einem Unterricht eine Message (bspw. eine Frage oder eine Bitte um Support) sendet. In diesen Fällen darf ein Unternehmen selbstverständlich eine Antwort schicken. Das bedeutet allerdings nicht, dass ein Unternehmen diesem Kunden zukünftig auch Newsletter zustellen darf.

Deshalb ist es erforderlich, für den Newsletter-Versand einen Opt-In-Prozess festzulegen: bspw. indem kommuniziert wird, dass nur Kunden in den Newsletter-Versand aufgenommen werden können, die

a. die Nummer des Unternehmens in ihren Kontakten speichern (sonst können sie später nicht via Broadcast angeschrieben werden) sowie
b. aktiv eine Startnachricht – etwa das Wort „start" – an die Mobilnummer des Unternehmens senden.

Ebenso muss es eine Möglichkeit des umgehenden Opt-Outs für Newsletter-Empfänger geben – etwa in dem ein Kunde das Wort „stop" als Message sendet. Damit der Kunde umgehend erfährt, dass seine Anmeldung erfolgreich war, sollten Unternehmen auf jede Startnachricht möglichst zeitnah mit einer Begrüßungsnachricht („Herzlichen Dank – Ihre Anmeldung war erfolgreich. Sie erhalten zukünftig …") antworten, in der noch einmal auf die Möglichkeit der jederzeitigen Abbestellung des Messenger-Services hingewiesen wird.

Ähnliches gilt, wenn sich ein Kunde via Message abmeldet: In diesem Fall ist es ratsam, ihm in einer (letzten) Nachricht die erfolgreiche Abmeldung zu bestätigen und gegebenenfalls darauf hinzuweisen, dass er den Service jederzeit wieder abonnieren kann, in dem er erneut eine Opt-In-Nachricht sendet. Unternehmen sollten Abmeldungen ernst nehmen und die entsprechende Rufnummer direkt im Anschluss auf die Abmeldebestätigung umgehend aus dem Adressbuch sowie aus der Broadcast-Liste löschen.

Um den laut DSGVO erforderlichen Dokumentationspflichten zu entsprechen, sollten Chatverläufe mit Kunden nicht gelöscht werden. So können Unternehmen – etwa via Screenshot des Chatbeginns – jederzeit nachweisen, dass sich der Kunde selbst aktiv für den Newsletter-Versand registriert hat.

**3. Schritt: Landing Page für den Messenger-Kanal**

Um Abonnenten für den neue Kanal zu gewinnen, empfiehlt es sich, eine eigene Landing Page für den Messenger-Service aufzusetzen. Auf dieser Landing sollte natürlich neben der Mobilnummer auch die Möglichkeiten des Opt-Ins, des Opt-outs, datenschutzrechtliche Hinweise sowie Informationen über Inhalt und Frequenz des Newsletters gegeben werden. Für einen schnelleren Nutzeraufbau kann das Messenger-Angebot mit Link zur entsprechenden Landing Page auf sämtlichen unternehmenseigenen Kanälen promotet werden (vgl. Abschn. 10.2).

Alle Rufnummern, die in der Folge eine Nachricht mit der entsprechenden Startnachricht senden, werden in das Adressbuch aufgenommen. Dabei ist es empfehlenswert, Rufnummern, die „lediglich" eine Supportanfrage schicken, nicht zu speichern, um sicherzustellen, dass sich unter den Kontakten nur „saubere" Nummern befinden, die sich tatsächlich aktiv für den Newsletter-Empfang angemeldet haben (Abb. 11.1).

**4. Schritt: Broadcastlisten sauber verwalten**

Um Nachrichten an mehrere Empfänger gleichzeitig zu versenden, kann über WhatsApp eine Broadcastliste mit bis zu 256 Empfängern erstellt und benannt werden. Dabei können nur Kunden angeschrieben werden, die selbst die Ruf-

**Abb. 11.1**   Über
WhatsApp-Broadcast-
Listen lasen sich bis zu 256
Empfänger kontaktieren.
(Quelle: eig. Darstellung)

nummer des Unternehmens in ihren Kontakten gespeichert haben. In der Praxis berichten Unternehmen immer wieder, dass ein Versand zu Problemen führen kann, wenn sich in einer Broadcast-Liste zu viele Kontakte befinden. Um die Chancen auf einen reibungslosen Versand zu erhöhen, ist es daher empfehlenswert, 150 Kontakte pro Liste nicht zu überschreiten.

Um den Überblick zu bewahren und zu vermeiden, einzelne Kunden doppelt anzuschreiben, sollte sich Unternehmen ein entsprechendes System der Einteilung in die Broadcastlisten überlegen – etwa Füllung der Listen nach Reihe des Eingangs oder nummerisch (Broadcast 1: alle 0171-Nummern, Broadcast 2: alle 0172-Nummern). Rufnummern, die sich abgemeldet haben, müssen auch aus den Broadcastlisten gelöscht werden. Eine Löschung der Rufnummer aus dem Adressbuch des Smartphones ist nicht ausreichend.

**5. Schritt: Nicht-werblichen Content versenden**
Hat ein Unternehmen entsprechenden, entsprechender der WhatsApp-Policy werbefreien Content erstellt, wird dieser als Nachricht an die entsprechenden Broadcastlisten versendet. Text lässt sich über die Copy and Paste-Funktion von WhatsApp einfach übertragen. Unternehmen sollten dabei inhaltlich den Erwartungen der Nutzer Rechnung tragen, indem etwa kurze prägnante Texte und Emojies eingesetzt werden (vgl. Kap. 10).

**6. Schritt: Pausen machen**
WhatsApp ist primär für die 1:1-Kommunikation gedacht. Bei Massenaussendungen besteht nicht nur das Risiko der Sperrung eines Unternehmens-Accounts durch WhatsApp – es kann auch zu technischen Verzögerungen kommen. Daher ist es ratsam, nach jedem Versand an eine Broadcastliste dem System eine „Pause" zu gönnen:

„Bei unserer ersten Aktion, der Ostergeschichte 2015, haben wir noch alles selbst mit einem Smartphone gemacht. Wir hatten mit 500 Teilnehmern maximal gerechnet, als nach fast 7000 Anmeldungen noch immer kein Ende in Sicht war, mussten wir aus technischen Gründen leider Schluss machen", berichtet Jens Albers, stellvertretender Pressesprecher des Bistums Essen:

„Wir hatten 28 Broadcast Listen zu betreuen, da wir aus technischen Gründen jedoch immer nur 5 Broadcastlisten gleichzeitig anschreiben konnten und anschließend eine Viertelstunde warten mussten, waren das für uns sehr kurze Nächte um Ostern herum. Als wir dann für unsere Weihnachtsgeschichte auf WhatsApp mehr als 9000 Anmeldungen hatten, waren wir sehr froh, einen Dienstleister nutzen zu können" [12].

▶ **Tool-Tip**
Die Standard-Messenger-Apps für Privat-User dürfen und können nicht für professionelles Business-Messaging genutzt werden. Damit eignen sie sich bestenfalls für Non-Profit-Organisationen, um mit bestehenden Kontakten kleinere Aktionen vor Ort zu organisieren. Für einen kostenfreien Einstieg ins Messenger Marketing können Unternehmen die WhatsApp Business App nutzen. Dabei gilt es, die technischen, datenschutzrechtlichen und inhaltlichen Anforderungen zu beachten – u. a. sauberes Opt-In und Opt-Out, kein Spam!

## 11.1.2 Tool für die Kleinen: Die WhatsApp Business App

Nachdem verschiedene Agenturen und Marketing-Solution-Provider mit eigener Software bereits seit 2015 professionelles WhatsApp-Marketing für Unternehmen anbieten, rollte WhatsApp im Januar 2018 mit der WhatsApp Business App erstmals eine kostenfreie Lösung für Geschäftskunden aus.

Bei der WhatsApp Business App handelt es sich um eine Anwendung für Android-Smartphones, die sich vorrangig an kleine Unternehmen (Handwerksbetriebe, Friseure, Bäcker etc.) richtet. Für die Anmeldung und den Betrieb eines Accounts kann der Unternehmer auch eine Festnetznummer verwenden, um die private und die berufliche Nutzung von WhatsApp zu trennen. Dadurch ist es möglich, auf demselben Smartphone sowohl die „private" Messenger-App als auch die Business-Variante zu nutzen (Abb. 11.2).

**WhatsApp Business App: Features**
Dabei verfügt die Business App erweiterte Funktionen gegenüber der Standard-Anwendung:

So können Firmen und sonstige Organisationen ein *Profil* erstellen, auf dem der Kunde neben einer Unternehmensbeschreibung auch Auskunft zu Adresse, Öffnungszeiten, E-Mail-Kontakt und Website erhält. Dieses Profil wird von WhatsApp geprüft und *verifiziert,* damit Kunden umgehend erkennen, wenn sie es mit offiziellen Messenger-Kanal eines Unternehmens zu tun haben [1].

Häufig verwendete Nachrichten lassen sich als *Schnellantworten* abspeichern. Mit der Label-Funktion der Business App lassen sich farblich markierte *Labels* erstellen und den entsprechenden Kontakten und Chats zuweisen (bspw. „Neukunde", „in Versand", „Newsletter", „abgeschlossen"). Anhand der Labels können Kontakte und Chats gesucht und gefiltert werden. Dabei lassen sich, wie aus der Standard-App bekannt, die wichtigsten Kontakte an oberster Stelle des Chatverlaufs fixieren („pinnen").

**Abb. 11.2** WhatsApp Business App: Das Unternehmensprofil verrät dem Kunden, ob ein Geschäft gerade geöffnet ist. (Quelle: eig. Darstellung)

Ein *Statistikfeature* bietet einen Überblick über zentrale KPIs des Business-Accounts – z. B. über die Anzahl der versendeten oder geöffneten Nachrichten. Dabei ermöglicht die WhatsApp Business App in kleinem Rahmen auch *automatisierte Nachrichten:* So lassen sich Abwesenheitsnotizen für den Zeitraum außerhalb der Öffnungszeiten oder Begrüßungsnachrichten an Kunden schicken, die das erste Mal via WhatsApp-Kontakt mit dem Unternehmen aufnehmen [27].

Bislang liefert die App allerdings noch keinen strukturierten Überblick, welche Chats noch offen sind und beantwortet werden müssen. Daher empfiehlt es sich, Nachrichten, die nicht umgehend beantwortet werden können, mit dem Label „Noch antworten" zu versehen.

**Newsletter-Versand über die WhatsApp Business App**
Wie auch bei der WhatsApp API (vgl. Abschn. 11.1.3) dürfen Unternehmen über die WhatsApp Business App nur Rufnummern anschreiben, die dem

Unternehmen „ihren Namen und ihre Mobilfunknummer gegeben haben" und zugestimmt haben, via WhatsApp kontaktiert zu werden [25]. Dieses Einverständnis des Kunden lässt sich in der Praxis am einfachsten dadurch nachweisen, dass der Kunde den Chat mit einem Unternehmen startet, indem er bspw. die erste Nachricht schreibt.

An solche Kontakte ist der Versand von informativen Newslettern möglich, solange diese „keine Werbe- oder Marketingnachrichten" enthalten [25].

Wie auch bei der Standardversion der Messenger-App erfolgt der Versand einer Nachricht an mehrere Personen über eine Broadcastliste (max. 256 mögliche Empfänger pro Nachricht). Dabei müssen die entsprechenden Rufnummern manuell gesucht und ausgewählt werden, um sie einer Broadcastliste hinzuzufügen. Dabei ist es nicht möglich, die Labeling-Funktion automatisch auch für den Newsletter-Versand zu nutzen, indem etwa alle Kontakte mit dem Label „Newsletter" automatisch einer Broadcastliste hinzugefügt werden.

**5 Bearbeiter – 1 Smartphone**
Dass es sich bei der WhatsApp Business App um eine Standalone-Anwendung handelt, bietet sie keine Möglichkeit zur technischen Anbindung an die Kundendatenbank oder die Buchhaltungssoftware eines Unternehmens. Ebenso fehlt eine Möglichkeit, über die App mehrere Mitarbeiter kollaborativ an der Bearbeitung der anfallenden Chatanfragen zu beteiligen: Die App ermöglich es zwar, bis zu fünf verschiedene Bearbeiter im Unternehmensprofil anzulegen – ist allerdings an *ein* Smartphone gebunden.

▶ **Tool-Tip** Die WhatsApp Business App ist nützlich für Ein-Personen-Betriebe und kleine Unternehmen, die neu in das Messaging mit einer überschaubaren Anzahl an Kunden einsteigen wollen. Für wachstumsorientierte Unternehmen, die Messenger-Service als feste Säule ihres Kommunikations-Mixes anbieten wollen, ist die App durch die mangelnde Skalierbarkeit und fehlende technische Anbindungsmöglichkeiten (CRM, Accounting) nicht geeignet.

## 11.1.3 Kundenservice für Profis: WhatsApp API

Anfang August 2018 launchte WhatsApp mit Business API seine Geschäftskunden-Lösung für Großbetriebe und Konzerne. Bei der Schnittstelle handelt es sich um ein kostenfreies Tool mit einem nutzungsbasierten Servicegebühr-Anteil, das branchenübergreifend für den Einsatz im Kundenservice konzipiert wurde.

Über 100 Unternehmen weltweit, darunter KLM, Booking.com, Singapore Airlines oder Uber waren Tester der ersten Stunden [17]. Die Facebook-Tochter WhatsApp ergriff damit erstmals eine konkrete Maßnahme, die erfolgreiche Messenger-App für sich zu monetarisieren.

**OTTO meets API**

Bislang (Stand: Januar 2019) ist der Zugang zur WhatsApp Business API streng limitiert, das heißt an einer Nutzung der API interessierte Unternehmen müssen sich erst erfolgreich für einen Zugang authentifizieren. Dabei kooperiert WhatsApp mit ausgewählten WhatsApp Business Solution Providern, welche im Kundenauftrag die Authentifizierung sowie die tiefgreifende Integration der Business API in die technische Infra- und Netzwerkstruktur des Unternehmens übernehmen. In Deutschland zählte der Versandhändler OTTO zu den ersten Großunternehmen, welche die Schnittstelle für ihren Kundenservice einsetzten [22].

Grundvoraussetzung für die Nutzung der Business API ist ein verifiziertes WhatsApp-Unternehmensprofil, das über den Facebook Business Manager erstellt wird. Im zweiten Schritt benötigen Unternehmen eine bestimmte Telefonnummer, die dem WhatsApp-Kundenservice-Kanal hinterlegt wird. Dabei sind Mobil- und Festnetzrufnummern sowie 0800-er oder gebührenfreie Nummern möglich. Allerdings darf die Rufnummer während der letzten sechs Monate nicht für WhatsApp genutzt worden sein.

**Service only! Datenschutz, Skalierbarkeit, Kundennutzen**

Die Funktionen der Business-Lösung sind speziell auf skalierbaren Kundenservice via WhatsApp zugeschnitten. Dabei steht der konkrete Mehrwert für den Kunden durch schnelle Bearbeitung, der Datenschutz sowie die Vermeidung von Spam im Fokus:

- *Click-to-Chat:* Über eigene Click-to-Chat-Buttons für Websites und Facebook können Kunden WhatsApp direkt für Anfragen an ein Unternehmen nutzen.
- *24-h-Limit:* Stellt ein Kunde eine Anfrage an ein Unternehmen via WhatsApp, öffnet sich ein 24-h-Fenster, innerhalb dessen das Unternehmen *kostenfrei* und individuell über einen Chat mit dem Kunden kommunizieren kann. Damit will WhatsApp die Kundenzufriedenheit durch schnellen Support erhöhen.
- *„Notifications":* Die (für ein Unternehmen kostenpflichtigen) Notifications sind WhatsApp-Messages, die eine Firma *nach Ablauf der 24 h* an einen Kunden verschicken will. Dabei handelt es sich in der Praxis meist um Aktualisierungen wie die Änderungen von Flugzeiten, Terminerinnerungen, Buchungs- und Zahlungsbestätigungen oder Informationen zum Versand eines

Produktes. Für solche Notifications muss ein Unternehmen Nachrichtenvorlagen *(Template Messages)* benutzen, die vorab von WhatsApp auf die Einhaltung der Richtlinien (u. a. kein Spam) geprüft wurden.

- *Skalierbarkeit:* Durch die Template Messages ist eine Skalierbarkeit des Kundenservices sichergestellt. Darüber hinaus lassen sich über die WhatsApp Business API auch standardisierte Nachrichten (wie eine Willkommensnachricht, die aus dem Online-Banking bekannte Zwei-Faktoren-Authentifizierung, Buchungs- und Zahlungsbestätigungen, Versandinformationen, Terminerinnerungen) automatisiert verschicken.
- *Integration:* Als Schnittstelle lässt sich die API an bestehende kundenservice-relevante Programme eines Unternehmens (CRM, Buchhaltung/ Accounting, Logistik etc.) anschließen.
- *Issue Resolution:* So genannte Issue Resolution-Messages dienen zur Überprüfung, ob das Probleme des Kunden behoben wurde oder noch weiterer Handlungsbedarf besteht. Dadurch können Unternehmen nach Ablauf der 24-h-Frist kostenfrei beim Kunden „nachhaken", ob seine Anfrage zufriedenstellend beantwortet wurde.
- *Service only!* Im Augenblick (Stand Anfang Januar 2019) ermöglicht die WhatsApp Business API noch kein Content Marketing, etwa in Form von News- oder Angebots-Notifications [13].

**Der Kunde zahlt nichts**
Für Kunden ist der Kundenservice via WhatsApp Business API generell kostenlos. Im Gegensatz zu den kostenfreien *WhatsApp Session Messages* (innerhalb des 24-h-Zeitfensters) sind *WhatsApp Template Messages* (außerhalb der 24-Stundenfrist) für Unternehmen kostenpflichtig. Die Kosten pro Template Message sind länderspezifisch. In Deutschland beträgt die Gebühr $0.0858 USD pro Message [10].

▶  **Tool-Tip** Die WhatsApp Business API ist eine professionelle Lösung für den Kundenservice auf via WhatsApp. Die größten Unterschiede im Vergleich zur Business App liegen in der Skalierbarkeit (automatische Nachrichtengenerierung via Templates) und in der Anbindungsmöglichkeit an die Softwarestruktur eines Unternehmens. Nachteile für Unternehmen: kein Newsletter möglich, Beschränkung auf einen Messenger-Kanal, nach Ablauf von 24 h sind die meisten Nachrichten kostenpflichtig.

## 11.1.4 Messenger Marketing für Profis: Apple Business Chat

Kurz nach dem Launch der WhatsApp Business API brachte auch Konkurrent Apple eine eigene Messenger-Lösung für Unternehmen an den Start: Der Apple Business Chat (ABC) ist in Deutschland seit Anfang Oktober 2018 verfügbar (vgl. Abschn. 2.2.4).

Ähnlich wie die Business API des grünen Messengers aus dem Hause Facebook setzte auch Apple beim Rollout seines Business Chats ab März 2018 zum einen auf ausgewählte Premiumunternehmen, um die Funktionen des Features in der Kundenkommunikation praxisnah zu testen: Zu den lizenzierten Unternehmern der ersten Stunde zählten etwa T-Mobile, die Marriot-Hotels, der Baumarktriese Lowe's oder der Elektronik-Onlinehändler Newegg [19].

Zum anderen kooperiert Apple beim Vertrieb seiner Business-Messaging-Lösung mit ausgewählten Software- und Technologie-Unternehmen (u. a. Liveperson, Zendesk, Salesforce, MessengerPeople, Cisco), die als Plattformanbieter Drittfirmen die Nutzung des Apple Business Chat ermöglichen [2].

**Kontaktaufnahme über Siri, Safari, Maps**
Einer der größten Vorteile des ABC: Er ist fest in die Software-Architektur auf iPhones, iPads, Macs und Apple Watches integriert. Nutzer benötigen keine separate App – sondern befinden sich bei allen Interaktionen in der vertrauten Apple-Umgebung.

> „Business Chat enables customers to connect with businesses through Messages to ask questions, get support, schedule appointments, make payments with Apple Pay, and more. In Business Chat your customers can answer on their own time, whether that is instantly or a few days later. Built-in features like Apple Pay, authentication, visual lists and scheduling templates make the experience convenient for both your customers and your representatives" (Apple Inc. 2019 [3]).

Wie auch bei Facebooks beiden Messenger-Apps ist die Grundlage des Business Chats, dass der Kunde von sich aus eine iMessage-Konversation mit einem Unternehmen startet – beispielsweise über Maps, Safari, Spotlight, Search oder Siri [16].

**Apple Business Chat: Business Opportunities und Features**
Abgesehen von der Reichweite und der zusätzlichen User Experience durch die Vorinstallation von iMessage in allen Apple-Geräten gibt es weitere Vorteile des Business Chats, die eine Nutzung für Unternehmen und Kunden gleichermaßen interessant machen:

- *Dialog:* Das Beantworten von Kundenanfragen ist schnell, persönlich, interaktiv und multimedial („rich content") möglich und findet direkt im 1:1-Chat der Nachrichten App statt.
- *Intelligente Antwortoptionen:* Auf Standardfragen seitens eines Unternehmens – etwa nach der Telefonnummer, Adresse, aktuellem Standort oder E-Mail Adresse – bietet die QuickType-Tastatur intelligente Vorschläge.
- *Kundendaten:* Nutzer können via Tastendruck/Fingertip ihre Kontakt-, Versand- und Zahlungsinformationen zur Verfügung stellen und überprüfen (vergleichbar etwa mit dem 1-Click-Bestellverfahren bei Amazon).
- *Termine:* Durch die Anbindung an Apple Calendar lassen sich Termine und Lieferungen einfach abstimmen und vereinbaren.
- *Listen:* Mit Hilfe von Listen können Unternehmen interessierten Kunden direkt im Chat eine Auswahl verschiedener Services, Produkte und Optionen präsentieren [13] (Abb. 11.3).

**Apple Pay: Bezahlen im Messenger**
Ein großes Alleinstellungsmerkmal des ABC liegt in der Integration eines Payment-Tools: Mit Hilfe von Apple Pay lassen sich Waren und Dienstleistungen

**Abb. 11.3** Schnell, persönlich, direkt: So sieht Kundenservice via Apple Business Chat aus. (Quelle: eig. Darstellung)

direkt im Messenger bestellen und bezahlen. Dabei entstehen weder für den Kunden noch für den Anbieter zusätzliche Kosten [20].

Nahe am Menschen zu sein – dieses Prinzip des Apple Business Chats wird noch deutlicher, wenn man sich einen der ersten Use Cases von ABC in der Praxis betrachtet: So kooperierten das Profi-Baseball-Team Philadelphia Philies und der Food Service-Dienstleister Aramark bei der Versorgung der Stadionzuschauer (Citizens BankPark) über den Apple Business Chat [5].

**Via iMessage zum Stadion-Bier**
Die Baseball-Fans in bestimmten Blöcken hatten während der Spiele die Möglichkeit, via iMessage Getränke (Wasser, Bier) direkt an ihren Platz zu bestellen – indem sie einfach den QR-Code auf der Lehne ihres Sitzes abfotografierten und dadurch direkt zum Bestellprozess im Messenger geführt wurden. Für die Bestellung war kein Bargeld notwendig – die Bezahlung erfolgte direkt mit Apple Pay.

„With this new pilot program, food ordering and delivery is as easy as a text message, and we are excited to be the first sports facility in the country to try out this new technology" (David Buck, Executive Vice President, Philadelphia Philies [5]).

▶   **Tool-Tip**  Ob iPhone oder iPad, Mac oder Apple Watch, ob Maps, Safari, Spotlight oder Search, ob Camera, Calendar oder Apple Pay – der Business Chat ist genau da, wo Apple-Nutzer und Unternehmen aufeinandertreffen. Durch die komfortable Verbindung aller Touchpoints in einer einzigen vorinstallierten Anwendung hat das Tool das Potenzial, neue Maßstäbe für das Business-Messaging der Zukunft zu setzen.

## 11.1.5  Facebook Messenger & Chatbot Builder

Während Facebook seinen grünen Messenger konsequent weiterhin in Richtung 1:1-Kommunikation mit Kunden und Kundenservice ausbaut, stellt sich der blaue Messenger des Konzerns deutlich sales-, marketing- und unterhaltungsorientierter auf. Er entwickelt sich zunehmend zum *Show Room für innovative Werbe- und Kommunikationskampagnen,* der Endkunden positiv überraschen und begeistern will [4].

**Weg von der Plattform – hin zum Messenger**
Der Grund für diese Strategie ist klar: Das Timeline-Format der originären Facebook-Plattform hat gerade bei Jüngeren deutlich an Reiz eingebüßt [23]. Um nicht wie MySpace oder die Lokalisten zu enden, baut Facebook seit Jahren den Messenger als eigenständige Kommunikations- und Unterhaltungsplattform auf und aus und verzichtet dafür sogar auf „Facebook" im offiziellen Namen des „Messenger" – ähnlich wie Versandhändler Amazon 2018 seine Service-Plattform Prime 2018 zur eigenen Marke ausbaute.

> "Imagine a future where the News Feed becomes less important to people. They don't want people to stop using Messenger just because they stop going to the News Feed. And that's the risk they run if it's all bundled together" (Nate Elliott, Social Market Analyst, Nineteen Insights [21]).

Natürlich lässt sich der Messenger in seiner Grundform, gewissermaßen als kostenfreies Add-on zu einer Unternehmensseite auf der Facebook-Plattform auch nutzen, um vereinzelte Kundenanfragen zu beantworten. Allerdings eignet sich dieses Grundvariante, ähnlich wie die Business App von WhatsApp, wenig zur Skalierung und für strukturierten Kundenservice in mittleren und großen Unternehmen.

**Subscription Messages: Newsletter-Versand im Facebook Messenger**
Auch im Facebook Messenger ist unter Einhaltung einiger Voraussetzungen der Versand eines Unternehmensnewsletters an mehrere Empfänger möglich: Als Grundbedingung, um diese so genannten Subscription Messages an mehrere Abonnenten senden zu können, muss ein Unternehmen seine Seite unter Angabe mehrerer Beispiel-Newsletter zur Überprüfung bei Facebook eingereicht haben [11]. Auch der Inhalt der Nachrichten wird von Facebook strikt auf Relevanz für den Empfänger geprüft (vgl. Abschn. 2.2.2).

Für den Erhalt dieser *Subscription Messages* muss der Empfänger die Abonnement-Nachrichten des Unternehmens aktivieren, indem er aktiv via Messenger Kontakt zu dem Unternehmen aufnimmt – bspw. indem er dem Unternehmen eine Nachricht schickt oder über ein Plug-In („An Messenger senden") bzw. eine Click-to-messenger-Ad einen Chat mit dem Unternehmen startet [6].

**Ohne Bot nix los!**
Allerdings bietet der Facebook-Messenger für den Newsletter-Versand keine Broadcast-Funktion á la WhatsApp: Ohne den Einsatz eines Bots müssten sämtliche Nutzer einzeln angeschrieben werden, da auch die Gruppenfunktion des

Messengers für das Content Marketing wenig dienlich ist: Sämtliche Kontakte sind im Gruppenchat füreinander sichtbar – und jeder Nutzer kann, ebenfalls sichtbar für alle Gruppenmitglieder, auf Nachrichten antworten. Dadurch entfallen sämtliche Vorteile des Content Marketings via Messenger (u. a. direkte, persönliche 1:1-Interaktion, keine Trolle, hohe Klick- und Interaktionsraten.).

Eine zentrale Rolle bei der professionellen Nutzung des Facebook Messengers durch Unternehmen spielen daher Bots, welche die Kommunikation zwischen einem Unternehmen und seiner Zielgruppe automatisieren und organisieren: So übernehmen Bots im blauen Messenger nicht nur die Nutzerverwaltung (Opt-In, Opt-Out inkl. Versand entsprechender Bestätigungsnachrichten), sondern können auch

- Präferenzen erfragen (um die Nutzergruppe weiter zu segmentieren und gezielter mit Informationen beliefern zu können) oder
- Newsletter anhand der Nutzerdaten personalisieren (z. B. namentliche Anrede).

**Facebook-Messenger-Bot erstellen**
Der einfachste Weg für Unternehmen, einen Facebook-Chatbot zu erstellen, führt über die Nutzung eines spezialisierten Dienstleisters für entsprechende Bot-Tools. Zu den weltweit bekanntesten Bot-Dienstleistern zählen die US-amerikanischen Unternehmen Gupshup, Chatfuel und ManyChat. Deutsche Anbieter von BotBuildern sind beispielsweise Mercury.ai, Dirico.io, Spectrm oder MessengerPeople [18] (Abb. 11.4).

Dabei stellen die meisten Anbieter auch eine im Funktionsumfang reduzierte kostenlose Version ihrer Tools zur Verfügung. So bietet das Unternehmen Reply.ai mit dem BotBot (Botbot.Reply.ai) einen kostenlosen Bot, der seine Nutzer automatisiert dabei unterstützt, einen ersten, einfachen Messenger-Bot zu erstellen.

Wer als Unternehmen ohne unter Unterstützung durch Drittanbieter einen eigenen Chatbot im Facebook Messenger verwenden möchte, um Nachrichten an mehrere Empfänger zu verschicken oder über die Plattform Kundenservice zu organisieren, muss sich zunächst bei Facebook als Developer registrieren. Im nächsten Schritt wird eine Facebook-App erstellt, die den Bot mit der eigenen Facebook-Seite verknüpft und ihm „die Kontrolle" über den Messenger zuweist. Die Developer-Seite für den Messenger (Developers.Facebook.com/docs/Messenger-Platform) bietet dabei umfangreiche Informationen sowie eine ausführliche Schritt-für-Schritt-Anleitung zur Erstellung eines Bot [7].

**Abb. 11.4** Der WhatsMeBot der Bundesagentur für Arbeit verbindet Unterhaltung mit Mehrwert. Er erfasst die Persönlichkeit des Nutzers – und liefert auf dieser Grundlage Tipps für die Berufswahl. (Quelle: eig. Darstellung)

**Konzeption eines Chatbots**

Ein Chatbot sollte in erster Linie beiden Seiten – den Nutzern ebenso wie dem Unternehmen – einen Mehrwert bieten: Ob es sich dabei um Informationen, News, einen speziellen Service (bspw. Reservierungs- oder Bestellmöglichkeiten) oder „nur" um Unterhaltung zur Kundenbindung und für das Reputation Management einer Marke handelt, hängt von den unternehmerischen Zielen ab, zu deren Erreichen der Chatbot beitragen sollte (vgl. Kap. 9):

Soll der Bot Nutzerdaten erfragen und sammeln sowie Kontakt-Erlaubnis einholen? Soll er den Kunden zu einem Kauf oder einer Registrierung motivieren? Oder: Soll er Nutzer informieren und seine Zufriedenheit und Bindung an die Marke messbar steigern?

> Es braucht keine künstliche Intelligenz für einen Chatbot, sondern eine intelligente, menschliche Konzeption.

Bei einem geführten Dialog leitet der Chatbot den Nutzern mit seinen Fragen und/oder vorgegebenen Antwortmöglichkeiten durch den Dialog. Ein geführter Dialog ist in der praktischen Umsetzung wesentlich einfacher, da der Bot keine künstliche oder semantische Intelligenz benötigt, um etwa die inhaltliche Bedeutung von Anfragen zu verstehen [15].

**„Wieviel verdient mein Chef?"**
Das Chatbot-Erlebnis für den Kunden ist allerdings begrenzter als bei freier Text- oder Spracheingabe, da der Nutzer unter Umständen nicht die Fragen stellen kann, die ihn wirklich interessieren. Der Münchner Dienstleister wertete 2018 die häufigsten Chatbot-Anfragen aus, die nichts mit dem eigentlichen Thema des Kanals zu tun haben. Die häufigsten Fragen dabei richten sich nach dem Sinn des Lebens, dem Beziehungsstatus des Bots und dem Einkommen des Vorgesetzten [15] Bei der Konzeption sollte ein Bot auch für solche Fragen eine schlagfertige, humorvolle Antwort bieten können (Abb. 11.5).

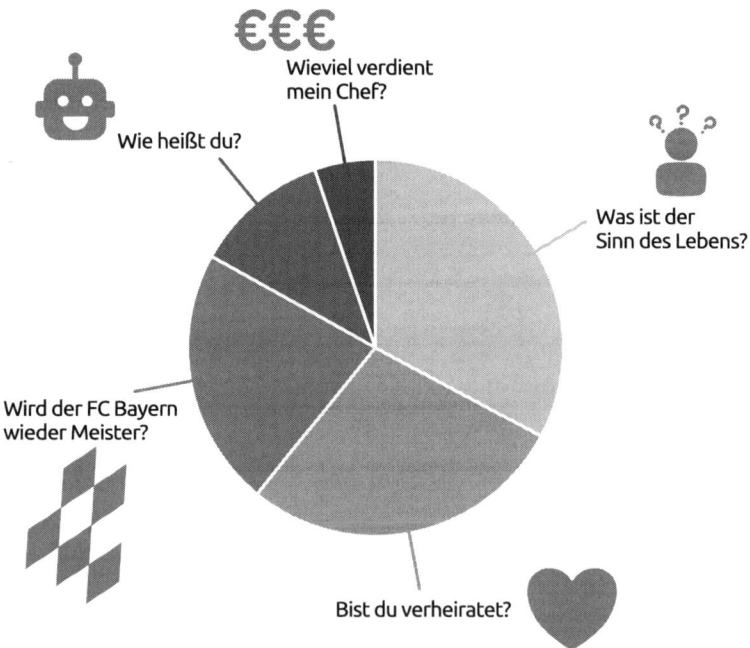

**Abb. 11.5** Wieviel verdient mein Chef? Bei freien Dialogen ist ein guter Chatbot auf vieles vorbereitet. (Quelle: MessengerPeople 2018)

**Durchdachte Dialogstruktur**
In jedem Fall sollte sich ein Unternehmen genügend Zeit für die Konzeption nehmen, um die Dialogstruktur aufzusetzen: Welche Fragen sollen beantwortet werden und wie? Welche Fragen könnten meine Nutzer stellen und wie geht es nach Antwort A dann mit Frage B weiter? Wichtig ist dabei auch ein abwechslungsreicher Mix aus verschiedenen Angeboten oder Eingabemöglichkeiten, gelegentlich aufgelockert durch unterhaltsame Elemente, um die Zahl der Abbrüche zu minieren. Dabei sollte dem Kunden die Möglichkeit geboten werden – etwa durch die Eingabe von „M" für „Menü" oder ein *persistent menu* –, den Chat jederzeit wieder neu beginnen zu können.

**Backup-Lösung: Weitervermittlung an Kundenservice**
Dabei sind möglichst viele Eventualitäten zu bedenken, um „Sackgassen" in der Struktur zu vermeiden. Nichts ist für das Kundenerlebnis frustrierender als ein Chatbot, der plötzlich nicht mehr weiterkommt. Generell bietet sich als „Rückfall-Position" für Anfragen, die der Bot nicht beantworten kann, eine charmante Entschuldigung an, verbunden mit dem Angebot, an einen „echten" Mitarbeiter im Kundenservice weiterzuvermitteln.

> „Um eine gute Übersicht über mögliche Standardfragen zu erhalten, lohnt sich in der Konzeptphase die enge Zusammenarbeit mit dem Support, der täglich in engem Kontakt mit den Kunden steht. Alle Anfragen von Beginn an abzudecken, ist aber selbst mit dem besten Konzept fast unmöglich – Nachbesserungen sind nach dem Relaunch mit großer Wahrscheinlichkeit erforderlich. Hier gilt das Prinzip „Learning by Doing" (Robert Bogner, CEO, Pulpmedia [24]).

Generell gilt: Authentizität und Ehrlichkeit währen am längsten – auch bei einem Bot. Auf Frechheiten oder Beleidigung kann durchaus eine angemessene Antwort gegeben werden. Dabei sollte sich ein Chatbot in seinem Tonfall an der gewünschten Zielgruppe orientieren (vgl. Kap. 8). Sieht man von einigen wenigen Branchenbesonderheiten ab (z. B. Bestattungsbranche, Gesundheitsberatung), können Chatbots mit Charme, Witz und Originalität bei den Nutzern punkten [15].

▶ **Tool-Tip** Natürlich kann ein Chatbot kleinere Schwächen auch selbst thematisieren – beispielsweise zum Gesprächseinstieg á la: „Ich bin Tom und noch ein ganz junger Bot. Aber ich lerne dazu – jeden Tag und gerne." So wird die Erwartungshaltung der Kunden von Beginn an auf ein realistisches Niveau geführt – und bestenfalls positiv übertroffen.

## 11.1.6  Dienstleister: Lösungen für professionelles Business-Messaging

Seit Beginn des professionellen Messenger Marketings in den Jahren 2014/2015 haben sich weltweit zahlreiche Anbieter – von der Digitalagentur bis hin zum selbstständigen Kommunikationsberater – auf die Bereitstellung professioneller Messenger Marketing-Lösungen für Unternehmen und andere Organisationen spezialisiert.

Diese Dienstleister übernehmen in der Regel für ihre Kunden alle Prozesse zur erfolgreichen Umsetzung eines Messenger-Kanals: von der professionellen Beratung hinsichtlich der Ziele und der Wahl der richtigen Kommunikationskanäle und Touchpoints über die Bereitstellung integrierbarer „Widgets" (eine Art „Mini-App" hinter einer grafischen Oberfläche), durch die Kunden per Mausklick direkt die Nummer des Unternehmens in ihr Adressbuch einspeichern können, bis hin zur Evaluation.

Zu den international bedeutendsten Anbietern von Messenger-Lösungen gehören u. a. Twilio, ZenDesk, Salesforce, LivePerson, Facelift, Cisco und MessengerPeople (ehemals: WhatsBroadcast). Dienstleister aus der wie MessengerPeople, Telegra oder Whappodo bieten den Vorteil, dass sich ihre Server in Deutschland befinden und sie mit der Einhaltung der DSGVO die weltweit höchsten Datenschutzstandards erfüllen.

Meist erfolgt die Nutzung professioneller Messenger-Marketing-Lösungen über eine browserbasierte Software nach dem Software-as-a-Service-Modell (SaaS). Das Unternehmen erwirbt dabei die Nutzungsrechte an der Software für einen bestimmten Zeitraum. Für den Betrieb seines Messenger-Kanals ist in der Praxis kein Smartphone nötig, da die Bedienung über die Online-Plattform stattfindet.

Das Leistungsportfolio qualifizierter Messenger-Marketing-Dienstleister umfasst beispielsweise folgende Services und Funktionen:

- *Abonnentenverwaltung: Automatisiertes, datenschutzkonformes Opt-In und Opt-Out der Abonnenten, bspw. über individualisierbare Widgets*
- *Möglichkeiten für Kategorisierung und Targeting, um Präferenzen zu erfassen, Nutzerprofile zu erstellen sowie Zielgruppen zu segmentieren*
- *Spezielle Tools für unterschiedliche Use Cases (z. B. Marketing Automation, Kundenservice)*

- *API-Anbindung: Anbindung der Messenger-Lösung an vorhandene CRM-Systeme*
- *Multi-Messenger-Administration: Verwaltung von Messenger-Kanälen auf verschiedenen Plattformen (bspw. WhatsApp, Facebook Messenger, Telegram, Apple Business Chat, Viber, Insta, Threema)*
- *Analytics: Tracking- und Evaluationstools zur automatisierten Erfassung von Statistiken zu Nutzern, Chats, Klicks und Bots*
- *Chatbot Building: Tools zum einfachen Erstellen von Bots; Beratung, Konzeption/Kreation, Umsetzung; technische Anbindung an Messenger-Plattformen*
- *Zeitversetztes Senden: Automatischer Newsletter-Versand zum gewünschten Zeitpunkt*
- *Große Reichweite: Newsletter-Versand an unlimitierte Anzahl von Empfängern*
- *Minimierung des Risikos einer Sperrung beim Newsletter-Versand durch engen Kontakt zu den Messenger-Plattformen*
- professionelle *Customer Service-Lösungen:* Möglichkeiten der Ticketzuweisung und der Bearbeitung durch mehrere Nutzer, Nachverfolgung des Bearbeitungsverlaufs, Labelling eingehender Anfragen
- *Chatbausteine:* Effizienzsteigerung durch vordefinierte Antworten
- Individuelle *Beratung und Support* (technisch wie inhaltlich).

**Gestaffelte Preise – ab 60 EUR pro Monat**
Die Preise beginnen, je nach Art und Umfang der gewünschten Messenger-Lösung ca. bei 60 EUR pro Monat. Dabei bieten die meisten Dienstleister ihre Services gestaffelt an – etwa nach Leistungsumfang, Anzahl der Bearbeiter im Unternehmen, Anzahl der Endnutzer oder Nachrichten/Chats pro Monat. Ein Messenger-Marketing-Basis-Paket für Einsteiger, kleine Unternehmen und Vereine beginnt bei ca. 60 EUR pro Monat.

Darüber hinaus bieten etablierte Service-Provider auch Business-Lösungen mit erweitertem Funktionsumfang für mittelständische Unternehmen sowie Highend-Lösungen (bspw. mehrere Channels für Unternehmen mit mehreren Marken/ Sparten) für große Unternehmen und internationale Konzerne.

▶ **Tool-Tip** Die meisten seriösen Dienstleister bieten eine mehrwöchige, kostenlose Testphase für ihre Messeger-Marketing-Solutions. Unternehmen sollten von dieser Möglichkeit Gebrauch machen und in diesem Zeitraum alle offenen Fragen sowie Unsicherheiten und Zweifel ehrlich thematisieren.

## 11.2   Checklisten für einen erfolgreichen Start

Für einen entspannten Einstieg in das Thema Business-Messaging sind die relevantesten Anforderungen in Form kurzer Checklisten zusammengefasst. Die „Checklist 1: Datenschutz" gilt dabei unabhängig für jedes Einsatzfeld von Messenger-Apps durch Unternehmen. – ebenso wie die folgenden vier Tipps:

1. Informieren: Abonnieren Sie die Messenger-Newsletter zahlreicher Unternehmen und verschiedener Branchen, um ein Gespür für die Möglichkeiten des Kanals zu entwickeln! Entsprechende Informationen zum Messenger-Account findet man in der Praxis, indem man nach dem Namen eines gewünschten Unternehmens UND WhatsApp sucht.
2. Wissen nutzen: Lassen Sie sich von Dienstleistern beraten und nutzen Sie deren Tipps und Referenzen!
3. Strategisch denken: Entwickeln Sie ein Messenger-Strategie und definieren Sie KPIs für die Zielerreichung!
4. Ausdauer beweisen: Ein erfolgreicher Messenger-Kanal entsteht nicht von heute auf morgen. Bleiben Sie geduldig, probieren und optimieren Sie! Kleinere Aktionen auf Ihrem Kanal (Quizzes, Gewinnspiele) machen Spaß, binden bestehende Kontakte und generieren meist neue Abonnenten.

▶   **CHECKLIST 1: Datenschutz (vgl. Kap. 5)**
- Bestandsaufnahme des Unternehmens erstellen
- Erfüllung der Legitimationstatbestände, wenn es um die Weitergabe personenbezogener Daten an einen Dienstleister geht?
- Einholen der informierten Einwilligung der User, indem sie bei der Datenerhebung und bei einem Opt-In über Art, Ziel und Umfang der Datennutzung informiert werden
- Rechenschaftspflichten der DSGVO: Dokumentation der Datenverarbeitungsvorgänge, so dass die Erfüllung der datenschutzrechtlichen Anforderungen nötigenfalls schriftlich vorgelegt werden werden kann
  Prozesse vorbereiten, um etwaige Auskunftsanfragen oder Löschverlangen zeitnah umsetzen zu können

▶   **CHECKLIST 2: Kundenservice via Messenger (vgl. Abschn. 7.2, Kap. 10)**
- Messenger Account(s) einrichten (Bild, Name, Kategorien, Welcome Nachricht, evtl. Widget)

- Kundenservice-Team und Marketing/Unternehmenskommunikation einbinden
- Guidelines für Kundenservice via Messenger festlegen. U. a.: Innerhalb welcher Zeitspanne soll geantwortet werden? Welche Tonalität wird bei der Kommunikation via Messenger eingesetzt? Ab wann wechselt man zu einem anderen Kommunikationskanal wie dem Telefon?
- Wording-Katalog zugeschnitten auf Messenger, aufsetzen (kurze, informative Antworten)
- Regelmäßige Evaluation: Mechanismus zur Auswertung von Kunden-Feedback einführen
- Potenzial für Automatisierung erfassen (bspw. FAQs: Chatbot-Konzeption)

▶ **CHECKLIST 3: Chatbots (vgl. Kap. 8, Abschn. 11.1.5)**
- Messenger Account(s) einrichten (Bild, Name, Kategorien, Welcome Nachricht, evtl. Widget)
- Durchdachte gründliche Konzeption:
  - Zielgruppe, Einsatzgebiet und Ziel definieren
  - Persönlichkeit des Bots definieren – Name, Charakter, Kommunikationsstil oder neutraler Kommunikator
  - Geführter Dialog oder offene Fragen?
  - Dialog in Form eines Baumdiagrams aufsetzen (Frage – Ja/Nein)
  - Wie sieht der Content aus, den der Bot ausspielt?
  - Blacklist and Bad Words festlegen und dazu passende kommunikative Reaktionen entwerfen
  - „Rückfall-Position" einpflegen, damit der User nicht in einer Sackgasse landet und ihm gar nicht weitergeholfen wird
- Test-Phase: kleinen Personenkreis der Zielgruppe den Bot testen lassen, um einen „Blick von außen" zu gewinnen (z. B. vorübergehend nur für Neuanmeldungen freischalten: Soft Launch)

▶ **CHECKLIST 4: Content-Marketing via Messenger (vgl. Abschn. 7.1, Kap. 10)**
- Messenger Account(s) einrichten (Bild, Name, Kategorien, Welcome Nachricht, evtl. Widget)
- Landing Page aufsetzen & bewerben

- auf eigenen Seiten: Banner, Mobile, Icons; in Text, Pop Up
- E-Mail Newsletter, Social Media
- Print, Out of Home, Events
• Inhaltliche Ausrichtung des Contents festlegen
- Welche Themen, evtl. Kategorien zur Auswahl?
- Frequenz, Tage und Uhrzeiten?
- Welches Format: Post oder Newsletter-Stil?
- Specials wie Videos oder Sprachnachrichten?
- Tonalität?
• Feedback umgehend beantworten und evaluieren!
• Automatisierte Antworten sinnvoll (bspw. in Form eines Bot, der auf bestimmte Keywords antwortet)?
• Prüfen: Möglichkeiten der Monetarisierung des Kanals?
• Optimieren!
- Regelmäßige Auswertung der KPIs
- Umfragen unter Abonnenten
• Für Leben auf dem Kanal sorgen: durch regelmäßige Aktionen wie Invite-a-Friend-Aktionen, Gewinnspiele, Quizzes

## Literatur

1. Apke Myriam (2018): So nutzen Sie WhatsApp Business im Unternehmen. Impulse. de. https://www.impulse.de/management/marketing/whatsapp-business/7298420.html. Zugegeriffen: 12.01.2019
2. Apple (2019): Business Chat. https://developer.apple.com/business-chat/. Zugegriffen: 12.01.2019
3. Apple (2019): Let your customers chat with you through the Messages App. https://register.apple.com/business-chat. Zugegriffen: 12.01.2019
4. Asli Arash (2018): How Facebook Messenger Bots Are Revolutionizing Business. Forbes. com. https://www.forbes.com/sites/forbestechcouncil/2018/06/06/how-facebook-messenger-bots-are-revolutionizing-business. Zugegriffen: 12.01.2019
5. Campitelli Enrico (2018): Brew 2 You: Phillies Fans Can Get Beer Delivered Via Text at Citizens Bank Park. NBC Philadelphia online. https://www.nbcphiladelphia.com/news/sports/csn/phillies/Beer_delivery_at_Citizens_Bank_Park_via_text_message_now_available-488726821.html. Zugegriffen: 12.01.2019
6. Facebook (2019): Übersicht zur Messenger-Plattformrichtlinie. https://developers.facebook.com/docs/messenger-platform/policy/policy-overview. Zugegriffen: 12.01.2019
7. Facebook (2019): Facebook for developers. Messenger-Plattform. https://developers.facebook.com/docs/messenger-platform. Zugegriffen: 14.01.2019

8. Facebook (2019): Wie vielen Personen gleichzeitig kann ich eine Nachricht auf Facebook senden? https://www.facebook.com/help/131313586947248. Zugegriffen: 12.01.2019
9. Facebook (2019): Facebook-Plattform-Richtlinien: Messenger-Plattform. https://developers.facebook.com/policy#messengerplatform. Zugegriffen: 12.01.2019
10. Facebook (2019): WhatsApp Business API. https://developers.facebook.com/docs/whatsapp. Zugegriffen: 12.01.2019
11. Facebook (2019): Transitioning from App-level to Page-level Subscription Messaging. https://developers.facebook.com/docs/messenger-platform/policy/app-to-page-subscriptions/. Zugegriffen: 12.01.2019
12. Lenz Johannes (2017): „7 Fragen an …" den Nikolaus – im Gespräch mit Jens Albers vom Bistum Essen. MessengerPeople.com. https://www.messengerpeople.com/de/7-fragen-an-den-nikolaus-im-gespraech-mit-jens-albers-vom-bistum-essen/. Zugegriffen: 14.01.2019
13. Lenz Johannes (2018): Überblick WhatsApp Business API. MessengerPeople.com. https://www.messengerpeople.com/de/whatsapp-business-api/. Zugegriffen: 12.01.2019
14. Lenz Johannes (2018): Messenger Kommunikation: 18 Kundenservice- und Digitalexperten über die Trends 2019. MessengerPeople.com. https://www.messengerpeople.com/de/messenger-kommunikation-18-kundenservice-und-digitalexperten-trends-2019/. Zugegriffen: 14.01.2019
15. Mehner Matthias (2018): Chatbot: 6 Expertentipps für den erfolgreichen Start! MessengerPeople.com. https://www.messengerpeople.com/de/chatbot-6-expertentipps-fuer-den-erfolgreichen-start/. Zugegriffen: 14.01.2019
16. MessengerPeople (2019): Apple Business Chat. https://www.messengerpeople.com/de/apple-business-chat/. Zugegriffen: 12.01.2019
17. Perez Sarah (2018): Wish, Netflix, Uber and ~100 others testing WhatsApp's new Business API. TechCrunch.com. https://techcrunch.com/2018/08/31/100-comapnies-now-testing-whatsapps-business-api/. Zugegriffen: 12.02.2019
18. Riehle Sebastian (2018): Messenger-Marketing mit Chatbot: Wie du auch ohne E-Mail-Newsletter Leads generierst. Zielbar.de. https://www.zielbar.de/magazin/messenger-marketing-chatbot-leads-18802/. Zugegriffen: 14.01.2019
19. Schwan Ben (2018): Apple Business Chat startet in Deutschland. Heise online. https://www.heise.de/mac-and-i/meldung/Apple-Business-Chat-startet-in-Deutschland-4179519.html. Zugegriffen: 12.01.2019
20. Stein Katharina (2017): Apple Business Chat: Kundeninteraktion via iMessage. Mesaic-Blog. https://www.mesaic.co/de/blog/apple-business-chat-kundeninteraktion-via-imessage/. Zugegriffen: 12.01.2019
21. Stenovec Timothy: The Real Reason Facebook Is Forcing You To Download Messenger. HuffingtonPost.com. https://www.huffingtonpost.com/2014/08/13/facebook-messenger_n_5674703.html. Zugegriffen: 12.01.2019
22. Strothof Michael (2018): Ändern Messenger und Chatbots die Spielregeln im Kundenservice? Otto.de. https://www.otto.de/newsroom/de/kundenfokus/messenger-und-chatbots-im-kundenservice. Zugegriffen: 12.01.2019
23. Wagner Johannes (2018): Facebook verliert immer mehr junge Nutzer und gewinnt bei den Älteren. CNET. https://www.cnet.de/88180321/facebook-verliert-immer-mehr-junge-nutzer-und-gewinnt-bei-den-alten/. Zugegriffen: 12.02.2019

24. Weberberger Michael (2016): Chatbots: Best Practice Beispiele und Experten-Tipps zum erfolgreichen Einsatz. Horizont Österreich online. https://www.horizont.at/home/news/detail/chatbots-best-practice-beispiele-und-experten-tipps-zum-erfolgreichen-einsatz.html. Zugegriffen: 14.01.2019
25. WhatsApp (2019): WhatsApp Business Richtlinie. https://www.whatsapp.com/legal/business-policy/. Zugegriffen: 12.01.2019
26. WhatsApp (2018): Handelsrichtlinie. https://www.whatsapp.com/legal/commerce-policy/. Zugegriffen: 14.01.2019
27. WhatsApp (2018): WhatsApp Business App. https://www.whatsapp.com/business/?lang=de. Zugegriffen: 12.01.2018

# Whats Up? Fazit und Ausblick

# 12

**Zusammenfassung**

Selten wurde eine Technologie so schnell zum Massenphänomen, wie das bei Messenger Apps der Fall war. Die Entwicklung für Unternehmen hat gerade erst bekommen. Das sich Chatbots, Künstliche Intelligenz, WhatsApp News oder WeChat Games durchsetzen werden steht glaube ich außer Frage. Wie die Welt der Messenger aber in 2 Jahren aussehen wird, ist schwer zu definieren. Automatisierung, Visualisierung, bessere Bedienbarkeit und direkter Verkauf sind sicher die wichtigsten Entwicklungen in nächster Zeit.

„Messenger Kommunikation wird persönlicher und zielgerichteter. So wird das Potenzial von WhatsApp und weiteren Messaging Apps noch besser ausgeschöpft. Schneller und persönlicher Kundensupport, sowie eine gezielte Verbreitung von relevanten Inhalten sollten bei Unternehmen ganz oben auf der Agenda stehen" (Jan Firsching, Social Media Stratege bei Brandpunkt und Blogger auf futurebiz.de [6]).

Wenn es eine Aussage gibt, auf die sich branchenübergreifend alle Unternehmen der Welt einigen können, dann ist es wohl die Erkenntnis, dass man die Kunden am besten da erreicht, wo sie sich ohnehin befinden. Und das heißt heute: in Messenger-Apps. Die Nutzung der smarten, intuitiv bedienbaren Kommunikationsraketen ist zum globalen Phänomen unserer Zeit geworden.

Wie die vorangegangen Kapitel gezeigt haben, können WhatsApp, Facebook Messenger, iMessage, WeChat und Co. wertvolle Kanäle für ein Unternehmen sein, um einen persönlichen Kontakt zu seinen Zielgruppen aufzubauen und diesen stetig zu intensivieren. Umgekehrt sind Messenger-Apps für potenzielle und bestehende Kunden ein niedrigschwelliger und komfortabler Weg, um mit einer Marke zu kommunizieren.

© Springer Fachmedien Wiesbaden GmbH, ein Teil von Springer Nature 2019     225
M. Mehner, *Messenger Marketing*,
https://doi.org/10.1007/978-3-658-26060-6_12

Die Kunden des 21. Jahrhunderts wollen mit Unternehmen kommunizieren, sich auf Augenhöhe mit ihnen austauschen, sie mitgestalten und ihre Werte und Leitbilder teilen können. Mit anderen Worten: Sie wollen die Marke im direkten Dialog für sich persönlich „erleben" können [7]. Messenger schaffen somit die Grundlage für eine positive Markenbindung und für Vertrauen – das wertvollste Asset jeder Organisation.

> Richtig eingesetzt, sind WhatsApp und Co. der Schlüssel zu den Herzen der Kunden.

**„Noch in den Kinderschuhen"**
Dabei kann es für Organisationen, die neu in das Business-Messaging einsteigen wollen, durchaus herausfordernd sein, auf Anhieb hohe Abonnentenzahlen oder überragende Klickraten zu erzielen. Doch jede Minute, die sie sich den Möglichkeiten des neuen Kanals widmen, ist eine Investition in zukünftige Erfolge.

Denn, wie bereits bei Social-Media oder im E-Mail-Marketing, gilt auch hier: Je früher, desto besser. Messenger Marketing im Jahr 2019 ist zwar kein Säugling mehr – es steckt aber noch in den Kinderschuhen. First Mover der Messenger-Kommunikation wie die Commerzbank, Lego, Payback oder OTTO – aber auch der „kleine" Handwerker oder Dienstleister vor Ort – können sich im Augenblick einen langfristigen Wettbewerbsvorteil verschaffen, „weil die Zielgruppe noch sehr neugierig auf die neue Art der Kommunikation reagiert und dahinter keine direkte Werbung vermutet" [5].

**Herausforderung und Chance**
Unternehmen, die frühzeitig auf Messenger-Kommunikation setzen,

- sich mit den technischen Grundlagen, Möglichkeiten und Tools vertraut machen,
- eine Strategie für ihre Messenger-Kanäle entwerfen,
- studieren, probieren und optimieren,
- kreativ, leidenschaftlich und authentisch ihre Kontakte pflegen
- und dadurch ihre Plattform und ihre Abonnentenzahl beständig ausbauen,

…werden ihren Wettbewerbern einen großen Schritt voraus sein, wenn sich Messenger erst einmal als universeller Kommunikationskanal in der Beziehung zwischen Kunden und Unternehmen etabliert haben.

Genau darin liegt aber auch eine Chance für die Marketingbranche als solche: Messenger-Apps sind eine großartige Gelegenheit, dem Kunden nach den zahlreichen E-Mail-Spam-, Display-PopUp-, Headline-Clickbaiting- und Program-Split-Sünden in der Ära der digitalen Massenwerbung wieder eins-zu-eins, ehrlich und direkt zu begegnen: als Individuum mit Wünschen, Vorlieben und Ansprüchen – und nicht als anonymes Element einer algorithmisch definierten Zielgruppe.

**Von Visitors zu Living Profiles**
Mit Messenger-Apps lassen sich Bedürfnisse der Kunden durch einen Bot schnell und ohne großen Aufwand erfassen. Durch den 1:1-Kontakt im Messenger werden Visitors, Klicks und Page Impression zu greifbaren Personen: Via WhatsApp erhält ein Kunde bei Threads oder Brille24 maßgeschneiderte Empfehlungen auf der Grundlage seiner freiwillig – sogar: gerne – gelieferten Maße, Wünsche, Vorlieben und Budget-Vorgaben.

Diese *Living Profiles* sind ein wesentlicher qualitativer Unterschied zum bisherigen Tracking via Cookies oder Java-Scripts. Der Unterschied liegt zum einen in der Transparenz für den Kunden, zum zweiten in der Möglichkeit für den Kunden, sein Profil jederzeit selbst zu ändern und zum dritten in der Freiwilligkeit der Angaben: Laut Accentures *Personalization Pulse Check 2018* würden 83 % der Kunden für ein verbessertes, personalisiertes Einkaufserlebnis ihre persönlichen Daten weitergeben, solange transparent ist, wie Unternehmen diese nutzen und die Kunden selbst die Kontrolle darüber haben [1].

Wenn Online-Marketing ein Verkäufer ist, der vom Tresen aus heimlich beobachtet, zu welchen Produkten ein Kunde greift – dann sind chatbotbasierte Empfehlungen via Messenger der vertraute Einkaufsberater, der freundlich auf den Kunden zugeht, seine Vorlieben und Maße kennt und ihm passende Produkte präsentiert.

„Personalization has become the priority for nearly all businesses. As competition increases, businesses face even more pressure to create personally curated experiences that drive consumer engagement and differentiation in the market" [1].

**Der Weg zur „Universalplattform"**
Wie bei allen Innovationen geht es auch bei Messenger Marketing letztlich ums Ausprobieren. Wer sich davor drückt, vermeidet vielleicht Fehlschläge. Oder aber: Er riskiert, den Anschluss zu verlieren [4].

Messenger-Apps werden sich zukünftig über alle Stationen der Customer Journey hinweg zu universellen Plattformen entwickeln, auf denen sich sämtliche Kundeninteraktionen und -transaktionen mit Hilfe von Messengern, offenen APIs und Bots digital abbilden lassen. Bereits heute sind Messenger eine Alternative zu Website-Chats, E-Mail und Telefon. Der Erfolg von Threads zeigt: Sie sind auch eine Alternative zu App, Online-Shop und Website. Und WeChat zeigt: Sie sind sogar eine Alternative für den Browser. Das Internet, wie wir es kennen, wird dabei zum Back-End für die Funktionen des Messengers:

> „Schon heute lässt sich in China beobachten, wie der ehemalige WhatsApp-Klon WeChat mit der Macht des Messengers ganze Wirtschaftszweige und Branchen völlig umgewälzt hat. Ganz abgesehen von der Kommunikation zwischen den Menschen selbst, die sich dramatisch Richtung Messenger verschoben hat. Digitale Assistenten via Smartphone oder Smart Speaker, autonome Autos oder Chatbots für den Kundenservice – der Dialog bestimmt den Markt. Schon 1999 kam das Cluetrain-Manifest heraus, dort hieß es „Märkte sind Gespräche".
>
> Das war nicht falsch, aber unvollständig, denn Märkte sind eigentlich Dialoge, die auch zwischen Mensch und Maschine und sogar zwischen Maschinen stattfinden können. (…) Denn was verniedlichend „Chat" genannt wird – ist, wiederum textlich und stimmlich, in Wahrheit längst das wichtigste, digitale Interface der Zukunft."
> (Sascha Lobo, Autor, Vortragsredner, Internetexperte [6]).

**Universell, visuell, virtuell**

Die Sprache dieses Interfaces ist universell. Bereits heute bietet Facebook die Möglichkeit zur Live-Übersetzung in Messenger-Chats. Unternehmen erreichen mit ihren Messenger-Nachrichten zukünftig eine globale Zielgruppe – unabhängig von allen Sprachbarrieren [2].

Und die Sprache dieses Interfaces ist *visuell:* In absehbarer Zukunft werden Kunden das Kleidungsstück ihrer Wahl im heimischen Wohnzimmer probetragen – oder sich digital bereits hinters Lenkrad des neuen Familienautos setzen. Virtual Reality und Augmented Reality bestimmen die Zukunft des Marketings. Im Vordergrund dieser Entwicklung steht das personalisierte Einkaufserlebnis unabhängig von Ort oder Zeit. Die Plattform für diese Entwicklungen ist weder das Web noch Social Media. Es sind: Messenger [3].

**Werbung, Verkauf und das Zusammenspiel von Apps, Unternehmen und Kunden treiben die Entwicklung**

Dazu kommt das ganze Thema der gesponserten Reichweite, der Werbeplatzierungen und direkte Bezahlmöglichkeiten in Messenger Apps, die dem Messenger Marketing noch einmal eine neue Dimension verleihen werden.

Letztlich wird es von allen drei Seiten, Messenger Apps und deren Entwicklung, Unternehmen und deren Angebot sowie der Endkunde und dessen Nachfrage abhängen, wie schnell und in welche Richtung sich der Markt in den nächsten Jahren weiter entwickeln wird.

Und was kommt danach? Ähnlich wie E-Mail-Marketing oder Social Media wird jede Form des Marketings einmal ihren Höhepunkt erreichen und danach etwas anderes, spannendes kommen. Aber für die nächsten 5–10 Jahren sollten die Möglichkeiten von Messenger Marketing noch genug Potential haben, um eine wichtige Rolle in jedem Marketing Mix zu spielen.

## Literatur

1. Accenture (2018): Making it personal. Why brands must move from communication to conversation for greater personalization. Personalization Pulse Check 2018. https://www.accenture.com/t20161011T222718__w__/us-en/_acnmedia/PDF-34/Accenture-Pulse-Check-Dive-Key-Findings-Personalized-Experiences.pdf. Zugegriffen: 15.01.2019
2. Constine Josh (2018): Facebook tiptoes into translation within Messenger. TechCrunch.com. https://techcrunch.com/2018/05/01/facebook-messenger-translation/. Zugegriffen: 15.01.2019
3. Facebook 2018: F8 2018: Augmented Reality Comes to Messenger. https://www.facebook.com/business/news/f8-2018-augmented-reality-comes-to-messenger?ref=fbiq_article. Zugegriffen: 15.01.2019
4. Gerth Steffen (2018): WhatsApp für die Kunden – Warum ein Intersport-Händler zum Messenger greift. Etailment.de. https://etailment.de/news/stories/whatsapp-handel-21102#. Zugegriffen: 15.01.2019
5. Hieß Florian (2019): Wie Messenger-Marketing die Kommunikation mit Kunden revolutioniert. HubSpot-Blog. https://blog.hubspot.de/marketing/messenger-marketing. Zugegriffen: 15.01.2019
6. Lenz Johannes (2018): Messenger Kommunikation: 18 Kundenservice- und Digitalexperten über die Trends 2019. MessengerPeople.com. https://www.messengerpeople.com/de/messenger-kommunikation-18-kundenservice-und-digitalexperten-trends-2019/. Zugegriffen: 15.01.2019
7. Srock.Stanley Nicole (2018): Brand the Experience – Marken müssen Vertrauen schaffen! ZukunftDesEinkaufens.de. https://zukunftdeseinkaufens.de/brand-the-experience-marken-muessen-vertrauen-schaffen/. Zugegriffen: 15.01.2019

Druck:
Customized Business Services GmbH
im Auftrag der KNV-Gruppe
Ferdinand-Jühlke-Str. 7
99095 Erfurt